KATRIN UND FRANK HECKER

Kosmos Naturführer für unterwegs

KOSMOS

Draußen unterwegs

Auf der Suche nach Haselnüssen kommen Eichhörnchen auch in Gärten und in die Nähe unserer Häuser.

EINFACH BESTIMMEN NACH LEBENSRÄUMEN

Meist passiert es im Alltag und ganz nebenbei: ein Ohrenkneifer krabbelt über unseren Arm (Kneift er nun oder nicht und was hat er eigentlich mit unseren Ohren zu tun?), ein Greifvogel segelt majestätisch über die Wiese neben der Straße (Ein Bussard? Oder gibt es hier Adler – und wie sieht ein Falke aus?) oder die Wiesen sind plötzlich von einem rosafarbenen Blütenteppich überzogen. Und dann gibt es noch die immer wiederkehrenden Fragen nach der Gefährlichkeit von Libellen (Stechen sie nun oder nicht – oder vielleicht nur einige?), Hornissen und anderem suspekten Kleingetier, die fast niemand so richtig befriedigend beantwortet.

Dieses Buch hilft Ihnen bei diesen und vielen weiteren Fragen. Um Ihnen ein rasches Auffinden der gesuchten Pflanzen und Tiere zu ermöglichen, sind diese so angeordnet, wie sie auch in der Natur vorkommen: nämlich sortiert nach den häufigsten Lebensräumen. Dazu gehören der Wald (Nadel- und Laubwälder inklusive Lichtungen und Waldränder), Feld und Wiese (inklusive Hecken, Knicks, Kleingehölze und Wegränder), Gewässer (alle Süßgewässer vom Tümpel über Teiche und Seen bis zu Bächen und Flüssen) und Siedlungen (Gärten, Parks, Häuser, Keller und Schuppen) und, damit das Buch „mit in den Urlaub" darf, auch Berge (Schwerpunkt Alpen) und Küste (Dünen, Strände, Wattenmeer und küstennahes Meer an Nord- und Ostsee).

ARTENAUSWAHL UND ABFOLGE

Innerhalb der einzelnen Kapitel finden Sie die Arten stets in derselben Reihenfolge: von den Pilzen und Pflanzen zu den Tieren und hier von den Wirbellosen über die Vögel bis hin zu den Säugetieren. Wir stellen Ihnen eine Auswahl der häufigsten, typischsten, am ehesten zu beobachtenden, aber auch der schönsten Pflanzen und Tiere vor. So eine Auswahl ist subjektiv und sicher hätten noch viel mehr und auch andere Arten eine Beschreibung verdient! Nicht alle Tiere sind so standorttreu wie beispielsweise der Alpensalamander, den man wirklich ausschließlich in den Bergen beobachten kann. So findet man z. B. die anpassungsfähige Amsel fast überall vom Wald über Hecken bis hin zu Gär-

294 LEBENSRAUM KÜSTE

Denken wir an die Küste, haben wohl die meisten von uns einen feinen Sandstrand vor Augen. Doch die Küste hat vielmehr zu bieten als nur das. Wo Ebbe und Flut zweimal am Tag wie durch Geisterhand die Nordsee »verschlucken« und bald wieder auftauchen lassen, liegt eins der weltweit bedeutendsten Ökosysteme: Das Wattenmeer der Nordsee. Mit seinem zeitweise ohne Wasser daliegenden Meeresboden, den blütenreichen Salzwiesen, Dünenbergen und Felswatt-Lebensräumen zieht es Unzählige ganz besonderer Pflanzen und Tiere in seinen Bann. Vielen davon begegnen wir ganz selbstverständlich auf unseren Spaziergängen in den verschiedenen Lebensräumen der Küste.

326 EXTRA: TIERSPUREN

In unseren Wäldern, Wiesen, Feldern, Parks und Gärten leben viele Tiere, die wir nur selten zu Gesicht bekommen. Dies gilt insbesondere für Säugetiere, die meist dämmerungs- oder nachtaktiv und zudem recht scheu sind. Die klassische Spur ist dabei der Fußabdruck, den ein Tier bei Bewegung auf weichem Grund hinterlässt. Eine Spur kann aber weit mehr sein: Ein abgewetzter Baumstamm, eine Suhle am Waldboden oder ein Erdhaufen auf der Wiese, ein abgenagter Tannenzapfen, ein aus Halmen geflochtenes Nest im Busch, Federn, Kot oder Gewölle und vieles mehr. Dem aufmerksamen Spurenleser können Tierspuren eine Menge von der Anwesenheit und dem Verhalten ihrer Verursacher erzählen.

368 KLAPPE: GIFTPFLANZEN

Viele Pflanzen besitzen giftige Inhaltsstoffe, die unter Umständen sogar tödlich wirken können. Auf der hinteren Buchklappe finden Sie eine Zusammenstellung besonders giftiger Arten, die man kennen sollte, um sich und seine Kinder vor Vergiftungen schützen zu können. Ein Schwerpunkt der Auswahl liegt dabei auf Arten, die überall in Gärten, Parks und auf Friedhöfen angepflanzt sind. Diese Zusammenstellung hat jedoch keine Anspruch auf Vollständigkeit, viele weitere Pflanzen sind ebenfalls giftig. Grundsätzlich sollte man niemals Pflanzen, Früchte oder Pilze essen, die man nicht ganz sicher kennt.

Entdecken und erkennen: Waldmeister für die Maibowle

Üppig bewachsene Teiche zählen zu den pflanzen- und tierreichsten Lebensräumen.

ten. Solche Arten, die im Siedlungsbereich des Menschen leben, haben wir bevorzugt auch hier eingeordnet, davon ausgehend, dass wir in unserer unmittelbaren Umgebung auch am ehesten Tiere wahrnehmen. Andere Tiere wechseln ganz einfach nach einer gewissen Zeit ihren Lebensraum: So wächst eine Libelle wie die Mosaikjungfer zunächst im Teich heran, später fliegt sie aber auch über Waldwegen und sogar in Gärten; der Mäusebussard brütet versteckt im Wald, zu beobachten ist er aber auf seinen Jagdflügen über Wiesen und Feldern. Auch bei den Pflanzen ist es so, dass nur wenige Arten wirklich in einem einzigen Lebensraum gedeihen. Die Seerose werden wir tatsächlich nur in Seen und Teichen antreffen, die Brennnessel dagegen wächst sowohl auf Feldern und Wiesen als auch an Gewässerufern, in Wäldern sowie in Gärten. Wir haben uns darum jeweils für denjenigen Lebensraum entschieden, in dem Ihnen als Spaziergänger die jeweilige Pflanze oder das Tier am ehesten auffällt. Dabei haben wir den Schwerpunkt bewusst auf auffällige und gut zu beobachtende Arten gelegt. Natürlich gibt es viel mehr Käfer (in Mitteleuropa etwa 8000 Arten) als beispielsweise Vögel (in Mitteleuropa keine 400 Arten). Dennoch finden Sie in diesem Buch mehr Vögel als Käfer beschrieben, weil die meisten Vögel der Beobachtung leichter zugänglich sind und weil man darüber hinaus für die exakte Bestimmung vieler Insekten ganz spezielle Literatur benötigt.

TIEREN AUF DER SPUR

Manche Tiere hinterlassen oft ganz charakteristische Spuren, an denen man erkennen kann, dass sie in der Nähe gewesen sein müssen. Das können Fußspuren oder Fraßspuren, aber beispielsweise auch Losungen, Bauten oder Nester sein. Mithilfe des Extra-Kapitels ab Seite 328 können Sie sich auf Spurensuche begeben. Dort finden Sie zu verschiedenen Tieren eine oder mehrere charakteristische Spuren sowie ein Porträtfoto und können so herausfinden, wer da ein Zeichen hinterlassen hat.

Lebensraum Wald

1 Steinpilz, Herrenpilz

Boletus edulis

› kastanienbrauner Hut
› geschätzter Speisepilz
› wächst unter Fichten

MERKMALE Kompakter, fester Pilz mit 5–25 cm Durchmesser. Hut glatt, hell- bis kastanienbraun, bei feuchtem Wetter klebrig. Die Röhren auf der Hut-Unterseite sind anfangs weißlich, später grünlich gelb. Stiel keulenförmig und weiß. Erscheint im September und November. **VORKOMMEN** In ganz Europa, meist in Nadelwäldern unter Fichten. **WISSENSWERTES** Einer der besten und bekanntesten Speisepilze. Der Name Herrenpilz stammt aus den Zeiten, als gefundene Steinpilze noch bei den jeweiligen Großgrundbesitzern, den »Herren«, abgegeben werden mussten.

2 Birkenpilz

Leccinum scabrum

› guter Speisepilz
› nur unter Birken
› im Alter schwammig

MERKMALE Röhrenpilz mit 5–15 cm Hutdurchmesser. Hut graubraun, rötlich- oder dunkelbraun, Röhren weißlich. Schlanker, 5–20 cm langer, weißlicher Stiel mit schwärzlichen, abstehenden Schüppchen. **VORKOMMEN** Im Spätsommer und Herbst häufig unter Birken, auch in Mooren. **WISSENSWERTES** Birke und Birkenpilz bilden eine Symbiose. Durch die verflochtenen Feinwurzeln der beiden Partner bekommt der Baum Mineralien und Nährstoffe vom Pilz, der vom Baum organische Verbindungen erhält.

3 Butterpilz

Suillus luteus

› meist unter Kiefern
› Speisepilz
› schleimiger Hut

MERKMALE Brauner Hut 5–12 cm im Durchmesser, hellgelbe Röhren und weißlicher Stiel. Stiel mit auffälligem, häutigem Ring. Die bei Feuchtigkeit schleimige und klebrige Huthaut lässt sich leicht abziehen. Fleisch gelblich mit angenehmem Geruch. **VORKOMMEN** Im Spätsommer und Herbst weit verbreitet und häufig in Nadelwäldern, meist unter Kiefern. **WISSENSWERTES** Butterpilze sind zwar schmackhafte Speisepilze. Manche Menschen reagieren aber nach dem Verzehr allergisch.

4 Hallimasch

Armillaria mellea

› honiggelbe Hüte
› büschelig an Holz
› in manchen Jahren massenhaft

MERKMALE Wächst büschelig, Hüte 2–12 cm Durchmesser, honiggelb mit schwarzen Schüppchen (können vom Regen abgewaschen sein). Lamellen und Stiel weißlich. Erscheint von September bis November. **VORKOMMEN** Auf der ganzen Welt verbreitet und häufig. Wächst parasitisch an lebenden Laub- und Nadelbäumen und auf Baumstümpfen. **WISSENSWERTES** Der Hallimasch ist ein gefürchteter Forstschädling. Seine Pilzgeflechte durchziehen ganze Wälder, in einigen Jahren sprießen aus ihnen überall die Pilze hervor. Roh ist er giftig, abgekocht wird er von den meisten Menschen vertragen.

1

2

3

4

1 Grüner Knollenblätterpilz
Amanita phalloides

- › Hut meist grün
- › tödlich giftig!
- › unter Eichen

MERKMALE Hut 4–12 cm Durchmesser, variabel gefärbt, meist grünlich, aber auch rein weiß. Lamellen und Stiel weiß. Stiel mit Manschette, zum Grund hin knollig. Erscheint von Juli bis November. **VORKOMMEN** In Laubmischwäldern, oft unter Eichen. **WISSENSWERTES** Einer der gefährlichsten Giftpilze. Es gibt kein Gegenmittel. Der Verzehr führt zunächst zu Brechdurchfällen und endet bei scheinbarer Genesung nach einigen Tagen in 50–90 % der Fälle tödlich. Äußerste Vorsicht beim Sammeln: Dem Knollenblätterpilz sehr ähnlich sind einige Champignon-Arten.

2 Fliegenpilz
Amanita muscaria

- › rot mit weißen Punkten
- › giftig!
- › wächst unter Birken und Fichten

MERKMALE Hut meist 5–20 cm im Durchmesser, leuchtend rot bis orange, häufig mit weißen Flocken, die aber vom Regen abgewaschen sein können. Lamellen und Stiel weiß. Erscheint von Juli bis November. **VORKOMMEN** Auf der ganzen Nordhalbkugel in Nadel- und Laubwäldern, oft unter Birken und Fichten. **WISSENSWERTES** Sein deutscher Name weist auf die frühere Verwendung: Der Hut wurde zerbrochen, in Milch gelegt und zum Fang von Fliegen aufgestellt. Bei nordischen Völkern wurde er in getrocknetem Zustand als Rauschmittel eingesetzt.

3 Stinkmorchel
Phallus impudicus

- › wächst aus »Hexeneiern«
- › stinkt widerwärtig
- › lockt Fliegen und Schnecken

MERKMALE Junger Pilz zunächst eiförmig (»Hexenei«), 3–5 cm groß. Platzt er auf, wächst daraus der 10–20 cm lange Pilz mit weißem Stil und glockenförmigem Hut. Hut 3–4 cm lang, trägt ein wabenartiges Muster, das von einer olivgrünen bis schwarzgrünen Sporenmasse überzogen ist, die aasartig stinkt. Erscheint Juni bis Oktober. **VORKOMMEN** Oft in Laub- und Nadelwäldern, Gärten und Parks. **WISSENSWERTES** Von dem Aasgeruch werden Fliegen und Schnecken angelockt, sie fressen die Sporen, scheiden sie wieder aus und tragen so zur Verbreitung bei.

4 Echter Pfifferling
Cantharellus cibarius

- › dottergelb
- › geschmackvoller Speisepilz
- › selten geworden

MERKMALE Trompetenförmiger, dottergelber Pilz. Hut meist 2–7 cm im Durchmesser, anfangs gewölbt, später trichterförmig vertieft. Die Lamellen laufen weit am gleich gefärbten Stiel herab. Erscheint von Juni bis November. **VORKOMMEN** Weit verbreitet in Europa. Wächst in Laub- und Nadelwäldern, ist vielerorts selten geworden. **WISSENSWERTES** Leicht zu verwechseln mit dem häufigen Falschen Pfifferling *(Hygrophoropsis aurantiaca)*. Dieser ist kein Speisepilz; sein Verzehr führt zu Verdauungsstörungen.

1

2

3

4

1 | Dickschaliger Kartoffel-Bovist
Scleroderma citrinum

- › giftig!
- › ähnelt einer Kartoffel
- › auf sandigen, sauren Böden

MERKMALE 4–10 cm großer Pilz ohne Stiel, der einer am Boden herumliegenden Kartoffel ähnelt. Färbung ockerbraun mit schwarzen Warzen. Ist der Pilz reif, bricht die Schale auf und gibt eine schwarze, pulverartige Sporenmasse frei. Erscheint von Juli bis November. Giftpilz. **VORKOMMEN** In Laub- und Nadelwäldern auf sandigen und sauren Böden, gern am Stammgrund von Bäumen. Auch in Mooren unter Birken und Kiefern. **WISSENSWERTES** Es gibt auch essbare Boviste, diese sind im Unterschied zu den giftigen innen stets ganz weiß.

2 | Echter Zunderschwamm
Fomes fomentarius

- › Baumpilz
- › »brennt wie Zunder«
- › bringt Bäume zum Absterben

MERKMALE Wächst wie ein korkig-harter Hut aus der Rinde von Bäumen heraus. Wird 10–30 cm breit und etwa ebenso hoch. Typisch sind die farbenfrohen Ringe (Zuwachsränder) auf der Oberseite. Ganzjährig. **VORKOMMEN** Wächst parasitisch an geschwächten Laubbäumen, hauptsächlich an Buchen, Birken, Eichen und Kastanien. **WISSENSWERTES** Der Pilz verursacht Weißfäule. Der deutsche Name weist auf die frühere Verwendung hin: Gekocht und in Salpetersäure getränkt, wurde der Pilz als Zunder zum Feuermachen benutzt.

3 | Geweihförmige Holzkeule
Xylaria hypoxylon

- › auf totem Holz
- › geweihförmiger Wuchs
- › häufig auf Buchenstümpfen

MERKMALE 2–6 cm hoch, seitlich abgeflacht, einfach oder geweihförmig verzweigt. Unterer Teil schwarzfilzig, oberer Teil weißlich bestäubt. **VORKOMMEN** Ganzjährig und häufig auf abgestorbenem Laubholz, besonders gerne auf Baumstümpfen. **WISSENSWERTES** Holzkeulen gehören zur Gruppe der sogenannten Saprophyten: Darunter versteht man Pilze mit einer Lebensweise, bei der abgestorbenes, organisches Material wie Blätter oder Holz besiedelt und aufgezehrt wird.

4 | Zinnoberroter Pustelpilz
Nectria cinnabarina

- › überzieht Zweige und Äste
- › Fruchtkörper wie winzige Himbeeren
- › ganzjährig sehr häufig

MERKMALE Hauptfruchtform etwa 2–5 mm im Durchmesser, besteht aus mehreren 0,2–0,4 mm kleinen Fruchtkörpern und erinnert an eine kleine, zinnoberrot bis dunkelrot gefärbte Himbeere. Oft gemeinsam mit der blassrosa bis hellroten, kissenförmigen Nebenfruchtform (Konidienform), bildet 5–6 mm große Pusteln. **VORKOMMEN** Ganzjährig. Überall häufig auf toten Laubholzzweigen, seltener an Nadelholz oder lebendem Holz parasitierend. **WISSENSWERTES** Die kleinen Pilze spielen eine wichtige Rolle beim Abbau organischer Substanz.

1

2

3

4

1 Adlerfarn
Pteridium aquilinum

› größter heimischer Farn
› Wedel wie Adlerflügel
› giftig und krebserregend

MERKMALE Bis zu 2 m hoch. Blätter drei- bis vierfach gefiedert, entspringen einzeln dem unterirdisch kriechenden, weit verzweigten Spross. Bildet oft dichte Bestände. **VORKOMMEN** Häufiger, anspruchsloser Farn in allen Waldtypen, weltweit verbreitet. **WISSENSWERTES** Der Adlerfarn breitet sich nach Waldbränden und Kahlschlägen oft massenhaft aus und verhindert durch die Schattenwirkung seiner Wedel das Hochkommen von Jungbäumen. Sein Wurzelgeflecht wird länger als 50 m und älter als 1000 Jahre. Enthält verschiedene Giftstoffe.

2 Gewöhnlicher Wurmfarn
Dryopteris filix-mas

› trichterförmig
› eingerollte Blätter bilden »Bischofsstäbe«
› Bandwurm-Mittel

MERKMALE Dunkelgrüne, in Trichterform angeordnete, etwa 1 m lange Wedel, die im Unterschied zum größeren Adlerfarn nur zweifach gefiedert sind. Blätter anfangs schneckenförmig eingerollt (»Bischofsstäbe«). **VORKOMMEN** In fast allen Wäldern auf lehmigen, nährstoffreichen Böden. **WISSENSWERTES** Seit alters her wird sein Wurzelstock als wirksames Mittel gegen Bandwürmer verabreicht (Name!). Wegen immer wieder auftretender Vergiftungen wird er aber heute nur noch ausnahmsweise und in besonders hartnäckigen Fällen eingesetzt.

3 Wald-Schachtelhalm
Equisetum sylvaticum

› grazil
› giftige Art
› wie ein kleiner Tannenbaum

MERKMALE 15–50 cm hoch. Gegliederte, hohle Sprosse, anfangs bleich und unverzweigt, später ergrünend und in mehreren Etagen quirlig verzweigt. Seitenäste quirlig verzweigt und bogenförmig überhängend. Die Sporenbehälter sitzen am Sprossende und fallen nach der Reife ab. **VORKOMMEN** Verbreitet und häufig in feuchten Laub- und Mischwäldern, seltener in reinen Nadelwäldern. **WISSENSWERTES** Schachtelhalme sind in Stängelabschnitte mit dazwischen liegenden Knoten gegliedert und lassen sich leicht auseinanderziehen.

4 Keulen-Bärlapp
Lycopodium clavatum

› »Schlangenmoos«
› nur an ungestörten Plätzen
› steht unter Naturschutz

MERKMALE Über 1 m langer, am Boden kriechender Stängel mit kleinen, nadelartigen Blättern, die in heller Haarspitze enden. Im Juni und Juli mit gelblichen Sporenbehältern, diese meist zu zwei bis drei auf senkrecht nach oben wachsenden, 10–30 cm langen Stielen. **VORKOMMEN** In Nadelwäldern auf kargen, kalkarmen Böden. **WISSENSWERTES** Das Sporenpulver (»Hexenmehl«) findet Verwendung bei Feuerwerken: Leicht entzündbar, erzeugt Blitzeffekte, in der Pharmazie dient es als Wundpulver, in der Homöopathie ist es ein wichtiges Konstitutionsmittel.

1
2
3
4

1 Buschwindröschen
Anemone nemorosa

- › Frühjahrsblüher
- › »Osterblume«
- › oft in Massenbeständen

MERKMALE Hahnenfußgewächse *(Ranunculaceae).* 5–25 cm hohe und zarte Waldblume. Pro Stängel eine leuchtend weiße (auch rötlich überlaufene), 2–4 cm große Blüte aus meist sechs Blütenblättern. Etwa in der Mitte des Stängels entspringt ein Quirl aus drei zerschlitzten Blättern. Blütezeit März bis Mai. **VORKOMMEN** Laub- und Mischwälder. **WISSENSWERTES** Das Buschwindröschen ist ein typischer Frühjahrsblüher des Waldes (»Osterblume«). Es entfaltet seine Blätter ab Februar und seine Blüten ab Mitte März, solange die Bäume über ihm noch unbelaubt sind. So nutzt es optimal das im Wald begrenzte Lichtangebot. Nicht selten streckt es seine Blätter durch die Schneedecke hindurch. Die Blüte hält an, bis die Bäume Laub tragen. An geeigneten Standorten bildet es große Bestände aus.

2 Leberblümchen
Hepatica nobilis

- › Märzblümchen
- › »Die Blümelein, sie schlafen«
- › Blattform leberähnlich

MERKMALE Hahnenfußgewächse *(Ranunculaceae).* 5–15 cm hohe, zartlila blühende Waldblume. Blüten aus sechs bis zehn Blütenblättern einzeln am Ende des Stängels, 2–3,5 cm im Durchmesser. Die Blüten erscheinen vor den Blättern (»Tochter vor der Mutter«). Blätter dreilappig, ledrig, oberseits oft braunfleckig, sie entspringen am Grund. Blütezeit März bis Mai. **VORKOMMEN** Vorzugsweise in Kalk-Buchenwäldern. **WISSENSWERTES** Der Name Leberblümchen bezieht sich auf ihre leberähnliche Blattform, ihr zweiter Name »Märzblümchen« auf ihre frühe Blütezeit. Wie in dem bekannten Kinder-Schlaflied »Die Blümelein, sie schlafen ...« schließt das Leberblümchen abends seine tagsüber weit geöffneten Blüten und »schläft« mit nickenden Blütenköpfchen.

3 Scharbockskraut
Ficaria verna

- › junge Blätter essbar
- › »Zigeunersalat«
- › gelbe Blütenteppiche im Frühjahr

MERKMALE Hahnenfußgewächse *(Ranunculaceae).* 5–30 cm hoher Frühjahrsblüher mit niederliegendem oder aufsteigendem Stängel. Blüten 2–3 cm groß, aus acht bis zwölf glänzend gelben Blütenblättern. Blätter herzförmig, fleischig und glänzend. Blütezeit März bis Mai. **VORKOMMEN** In feuchten Wäldern und Gebüschen, oftmals in großen Beständen. **WISSENSWERTES** Das Scharbockskraut überzieht im April stellenweise den Waldboden mit einem gelben Blütenteppich. Der Name »Scharbock« kommt von »Skorbut« – das ist eine Vitamin-C-Mangelkrankheit, gegen die das Kräutlein Abhilfe schafft. Seine jungen Blätter sind sehr Vitamin-C-haltig und können als Salat verspeist werden. Vom Genuss älterer Blätter muss hingegen abgeraten werden, sie schmecken scharf und bitter, woran man den Gehalt an giftigem Protoanemonin erkennt.

1

2

3

1 Hohler Lerchensporn
Corydalis cava

› Giftpflanze!
› blüht lila, weiß und rot
› Frühjahrsblüher

MERKMALE Erdrauchgewächse *(Fumariaceae)*. 20–30 cm hohe Waldblume mit 10–20 Blüten am Stängelende. Die Blüten sind 2–3 cm lang, tragen einen langen, abwärtsgekrümmten Sporn und können lila, rötlich oder weiß gefärbt sein. Blätter zart, zerschlitzt. Blütezeit März bis Mai. **VORKOMMEN** In feuchten Wäldern und Gebüschen. **WISSENSWERTES** Der Name bezieht sich auf die walnussgroße, innen hohle Wurzelknolle (sie ist der giftigste Teil der Pflanze!) sowie auf die Blüten, die einen langen Sporn tragen. In ihn wird reichlich süßer Nektar abgeschieden, den Bienen mit ihren langen Rüsseln heraussaugen. Als Gratisdienst bestäuben sie dabei die Blüten. Andere Insekten, die so nicht an den süßen Saft herankommen, stehlen ihn häufig, indem sie einfach den Sporn hinten abbeißen.

2 Schmalblättriges Weidenröschen
Chamaenerion angustifolium

› Samen mit Haarschopf
› Pionierpflanze
› leuchtend purpurrote Blüten

MERKMALE Nachtkerzengewächse *(Onagraceae)*. 0,5–1,5 m hoch wachsend mit zahlreichen, weithin leuchtenden, purpurroten Blüten am Stängelende. Einzelblüte schüsselförmig flach, aus vier Blütenblättern bestehend, 2–3 cm im Durchmesser. Blätter schmal und bis 15 cm lang, ähneln Weidenblättern (Name!). Blütezeit Juni bis August. **VORKOMMEN** Sehr häufige Pflanze auf steinig sandigem Boden, besiedelt Waldlichtungen und Ödländer, in den Alpen Felsschutt. **WISSENSWERTES** Die hübsche Pflanze taucht urplötzlich auf neu entstandenen Lichtungen und Schutthaufen auf (Pionierpflanze) und breitet sich hier über Wurzelausläufer rasant aus. Jede Pflanze produziert Hunderttausende von Samen. Mit federleichten Haarschöpfen ausgestattet, werden sie vom Wind weit in alle Richtungen verfrachtet.

3 Wald-Sauerklee
Oxalis acetosalla

› schwach giftig
› blüht im Schatten
› dreiteiliges Kleeblatt

MERKMALE Sauerkleegewächse *(Oxalidaceae)*. 5–15 cm hohe Waldpflanze mit typischem, dreiteiligem Kleeblatt und lang gestielten, weißen Blüten. Blüte 1–2 cm groß, aus fünf Blütenblättern bestehend, mit deutlich sichtbaren, violetten Adern und gelbem Fleck am Grund. Blütezeit April/Mai. **VORKOMMEN** Häufig auf feuchten Waldböden. **WISSENSWERTES** Der Sauerklee ist eine typische Schattenpflanze. Er blüht auch noch unter voll belaubten Bäumen an Stellen, die nur noch von 1 % des Sonnenlichts erreicht werden. Damit ist er Rekordhalter unter den mitteleuropäischen Schattenpflanzen. In seinen Blättern enthält er die schwach giftige Oxalsäure und Oxalate (Kleesalze), weshalb man Zurückhaltung beim beliebten Genuss seiner Blätter empfehlen muss! Die seltenen vierblättrigen Kleepflanzen gelten als Glücksbringer.

1

2a

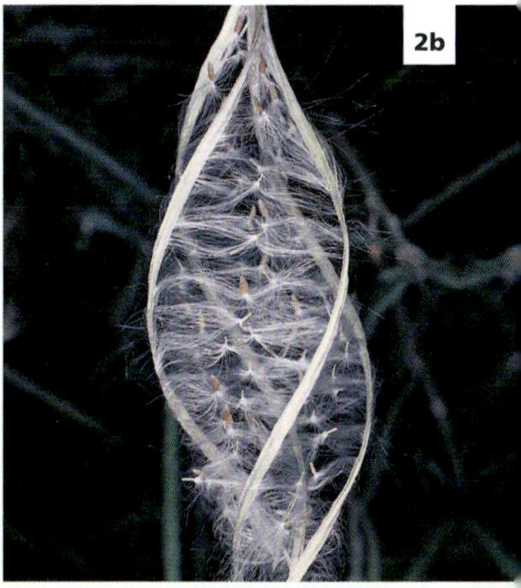
2b

3

1 Wechselblättriges Milzkraut
Chrysosplenium alternifolium

› liebt es feucht
› meist in größeren Beständen
› Frühblüher

MERKMALE Steinbrechgewächse *(Saxifragaceae)*. 5–20 cm hoch. Blüten zu 10–20 doldenartig angeordnet zwischen gelben Hochblättern, unscheinbar grünlich gelb, 3–5 mm im Durchmesser. Blätter rundlich mit grob gezähntem Rand. Stängel dreikantig. Blütezeit März bis Mai. **VORKOMMEN** In feuchten Laubwäldern, Auwäldern und Erlenbrüchen. **WISSENSWERTES** Im Mittelalter erwartete man wegen der milzförmig gestalteten Blätter eine Heilwirkung bei Milzerkrankungen. Dies hat sich aber in der Kräuterheilkunde nicht bestätigt.

2 Wald-Erdbeere
Fragaria vesca

› köstliche Waldfrucht
› Blüten und Früchte häufig zeitgleich

MERKMALE Rosengewächse *(Rosaceae)*. 10–30 cm hohe, aufrechte Staude. Blüten weiß mit fünf Blütenblättern. Blätter dreiteilig, unterseits seidig behaart. Früchte zur Reife rot. Blütezeit April bis Juni, reife Früchte Juli bis September. **VORKOMMEN** Lichte Laub-, Misch- und Nadelwälder. Häufig an Waldwegen oder -rändern. **WISSENSWERTES** Erdbeeren bilden lange Ausläufer, die sich bewurzeln und Tochterpflänzchen bilden. Unsere angepflanzten »Monats-Erdbeeren« sind Zuchtformen.

3 Stinkender Storchenschnabel
Geranium robertianum

› Volksname: Ruprechtskraut
› riecht eklig
› Frucht storchenschnabelförmig

MERKMALE Storchschnabelgewächse *(Geraniaceae)*. 20–50 cm hoch. Blüten rosa mit drei weißlichen Längsstreifen auf jedem Blütenblatt. Gefiederte Blätter. Stängel und oft auch Blätter rötlich überlaufen. Blütezeit Mai bis Oktober. **VORKOMMEN** Häufig in lichten Wäldern, an Wegrändern und auf Schotterflächen. **WISSENSWERTES** Die Art kann an stark sonnigen Standorten sowie im Schatten wachsen und sogar recht weit in Höhlen vordringen. Der Name »Storchschnabel« rührt von den extrem lang geschnäbelten Früchten her, die an den Schnabel eines Storches erinnern.

4 Knoblauchsrauke
Alliaria petiolata

› riecht nach Knoblauch
› oft gemeinsam mit Brennnesseln
› essbar als Gewürz und Salat

MERKMALE Kreuzblütlergewächse *(Brassicaceae)*. 30–100 cm hoch. Kleine, weiße Blüten traubenartig am Ende des Stängels und der oberen Äste. Vier Blütenblätter. Eindeutiges Merkmal ist der starke Geruch nach Knoblauch. Blütezeit April bis Juli. **VORKOMMEN** Häufig in feuchten Wäldern, an Waldrändern und in Gebüschen. **WISSENSWERTES** Wegen des Knoblauchgeschmacks lässt sich die Art in Salat, Suppe, Kräuterquark oder Kräuterbutter verwerten. Am besten nimmt man die frisch geernteten, noch jungen Triebe.

1

2

3

4

1 Wald-Bingelkraut
Mercurialis perennis

› giftig!
› riecht widerlich
› rein männliche und weibliche Pflanzen

MERKMALE Wolfsmilchgewächse *(Euphorbiaceae).* 10–40 cm hoch mit unverzweigtem Stängel, nur in der oberen Hälfte beblättert. Blätter eiförmig, 4–12 cm lang, Blüten unscheinbar, gelblich grün in länglichen Rispen. Blütezeit März bis Juni. **VORKOMMEN** Frühblüher in nährstoffreichen Laub- und Mischwäldern, wo es ein verlässlicher Zeiger für Sickerwasser ist. **WISSENSWERTES** Männliche und weibliche Blüten auf verschiedenen Pflanzen. Die männlichen sind reichblütig, die weiblichen tragen nur ein bis fünf Blüten. Schwach giftig, nicht essbar.

2 Wald-Veilchen
Viola reichenbachiana

› liefert »Ameisenbrötchen«
› herzförmige Blätter
› Blüte mit Nektar-Reservoir

MERKMALE Veilchengewächse *(Violaceae).* 10–20 cm hohe, zarte Waldpflanze mit herzförmigen Blättern. Blüten lang gestielt und gespornt, 1,5–2 cm groß, violett und duften süß. Blütezeit März bis Mai. **VORKOMMEN** Häufig in feuchten Wäldern. **WISSENSWERTES** Die Samen tragen nährstoffreiche Anhängsel, die gern von Ameisen gefressen werden (»Ameisenbrötchen«). Sie verschleppen die Samen und tragen so zur Verbreitung bei. Der Sporn dient als Reservoir, in dem sich süßer Nektar sammelt. Damit lockt er Hummeln und Bienen zur Bestäubung an.

3 Waldmeister
Galium odoratum

› für Maibowle verwendet
› riecht nach Cumarin
› gegen Schlaflosigkeit

MERKMALE Rötegewächse *(Rubiaceae).* 5–25 cm hoch, Blätter in Quirlen wie in Stockwerken übereinander. Blüten klein, weiß und vierzipflig. Blütezeit April bis Juni. **VORKOMMEN** Häufig in nährstoffreichen, feuchten Wäldern. **WISSENSWERTES** Waldmeister enthält Cumarine, die seinen charakteristischen Duft ausmachen. Er ist ein beliebter Zusatz zu Kräutertees. Frischer Waldmeister mit Weißwein ergibt die beliebte Maibowle. Verwendet wird das ganze oberirdische Kraut vor oder während der Blüte. Achtung: Zu viel Cumarin erzeugt Kopfschmerzen!

4 Wald-Schlüsselblume
Primula elatior

› Frühlingskünder
› goldgelbe, nickende Blüten
› Blätter runzelig

MERKMALE Primelgewächse *(Primulaceae).* 10–30 cm hoher Frühblüher mit runzeligen Blättern, die als Rosette am Boden wachsen. Daraus erheben sich die langen Blütenstiele mit jeweils 5–20 Blüten. Blüten goldgelb, 1–2 cm groß, hängend. Blütezeit März bis April. **VORKOMMEN** In feuchten, nährstoffreichen Wäldern mit lehmigen Böden. **WISSENSWERTES** Sie blüht sehr früh und ist eine der ersten Nektarpflanzen für Bienen und Hummeln. Als »Frühlingstee« hilft sie ausgezeichnet bei Herzbeschwerden.

1

2

3

4

1 Siebenstern
Trientalis europaea

› meist sieben Blütenblätter
› bildet Ausläufer
› in kleineren Gruppen

MERKMALE Primelgewächse *(Primulaceae)*. 5–20 cm hoch. Weiße Blüten, sternförmig in meist sieben blütenblattähnliche Zipfel (Name!) ausgezogen. Blüten einzeln auf langen, fadenförmigen Stielen. Stängel aufrecht und unverzweigt. Die oberen Blätter quirlig nahe der Stängelspitze angeordnet. Blütezeit Mai bis Juli. **VORKOMMEN** In lichten Fichten-, Kiefern- und Birkenwäldern mit feuchten, sauren und meist moosigen Böden, auch in Moorgebieten. **WISSENSWERTES** Der Siebenstern besitzt unterirdische Knollen mit Wurzelausläufern, an denen neue Pflanzen austreiben. Dies ist der Grund dafür, dass man die Art an ihrem Standort meist gruppenweise findet. In der Botanik sehr ungewöhnlich ist die Bedeutung der Zahl Sieben bei dieser Art: Sowohl der Kelch als auch die Blütenkrone sind fast immer siebenteilig.

2 Große Sternmiere
Stellaria holostea

› weißes Sternenmeer
› wirkt zerbrechlich
› bildet meist dichte Bestände

MERKMALE Nelkengewächse *(Caryophyllaceae)*. 10–40 cm hoch. Meist 6–15 weiße Blüten pro Pflanze. Blüte 1,5–2,5 cm im Durchmesser, lang gestielt und mit fünf bis zur Hälfte ihrer Länge zweigeteilten Blütenblättern. Steife Blätter lanzettlich, 3–8 cm lang und 5–8 mm breit, in eine Spitze auslaufend. Stängel vierkantig. Blütezeit April bis Juni. **VORKOMMEN** Weit verbreitet und häufig in Laub- und Mischwäldern sowie Hecken und Gebüschen. **WISSENSWERTES** In feuchten Laubwäldern ist die nahe verwandte Wald-Sternmiere *(Stellaria nemorum)* weit verbreitet. Sie besitzt einen runden Stängel, hat eiförmige Blätter und ihre weißen Blütenblätter sind fast bis zum Grund zweigeteilt. Ihren deutschen und wissenschaftlichen Namen (»stella« = Stern) verdanken die Sternmieren ihren Blüten, die voll geöffnet wie kleine, weiße Sternchen aussehen.

3 Kleines Immergrün
Vinca minor

› giftig!
› immergrün
› beliebter Bodendecker

MERKMALE Hundsgiftgewächse *(Apocynaceae)*. 10–20 cm hoch. Hellblau bis blauviolette Blüten 2–3 cm im Durchmesser. Blütenblätter wirken auffällig gestutzt. Blätter immergrün, lanzettlich, lederartig. Stängel niederliegend-kriechend, mitunter am Grunde verholzt. Blütezeit März bis Juni, gelegentlich zweite Blüte im Spätsommer oder Herbst. **VORKOMMEN** In Laubwäldern und Gebüschen, mitunter massenhafte Bestände bildend. Oft in Gärten, Parks und Friedhöfen angepflanzt und von dort aus verwildert. **WISSENSWERTES** Das Immergrün erfreut sich als ganzjährig grüner Bodendecker großer Beliebtheit in Gärten. Da es bevorzugt im Halbschatten wächst, eignet es sich gut zur Bepflanzung unter Büschen. Im Handel sind Zuchtformen mit hellgrün gemusterten Blättern sowie weißen oder rosa Blüten erhältlich.

1

2

3

1 Wald-Vergissmeinnicht
Myosotis sylvatica

- beliebte Gartenpflanze
- dicht behaarte Blätter
- himmelblau

MERKMALE Raublattgewächse *(Boraginaceae)*. 15–50 cm hoch. Blütenstand mit 5–25 anfangs violett überhauchten, dann blauen Blüten mit gelbem Ring am Schlundeingang. Kelch mit abstehenden, hakig eingekrümmten Haaren. Blätter dicht behaart. Blütezeit April bis September. **VORKOMMEN** Gesellig in Laub- und Laubmischwäldern. **WISSENSWERTES** Nicht nur in der deutschen, sondern auch in der niederländischen, englischen, dänischen, schwedischen und norwegischen Sprache findet sich der Name »Vergissmeinnicht«: Die Blüten erinnern an himmelblaue Augen mit einer goldgelben Iris. Wer sie seiner/ihrem Verehrten schenkt, bleibt mit den Äuglein bei der/dem Geliebten – vielleicht mit bewachenden Blicken …

2 Echtes Lungenkraut
Pulmonaria officinalis

- raue Blätter
- Heilpflanze
- junge Blätter essbar

MERKMALE Raublattgewächse *(Boraginaceae)*. 10–30 cm hoch. Blütenstand mit 10–20 anfangs rot, später violett gefärbten Blüten. Blätter abstehend behaart, oft hellfleckig. Blütezeit März bis Mai. **VORKOMMEN** In krautreichen Laub- und Mischwäldern. **WISSENSWERTES** Das Echte Lungenkraut gilt als Hustenmittel. Einen Erkältungstee bereitet man aus zwei bis drei Teelöffeln zerkleinerter Blätter pro Tasse, den man etwa 10 Min. ziehen lässt.

3 Nesselblättrige Glockenblume
Campanula trachelium

- Blätter wie Brennnesseln
- Regenschutz für Insekten
- Nektarpflanze

MERKMALE Glockenblumengewächse *(Campanulaceae)*. 40–90 cm hoch. 5–15 glockenförmige Blüten in lockerer Traube. Blätter eiförmig, brennnesselblattartig gesägt. Stängel scharfkantig und steifhaarig. Blütezeit Juli bis September. **VORKOMMEN** In krautreichen Laub- und Mischwäldern sowie auf Waldlichtungen. **WISSENSWERTES** Insekten verkriechen sich bei Regen gerne in die Blüten. Da die Art eine beliebte Äsungspflanze für Rehe ist, findet man relativ oft abgebissene Exemplare.

4 Ährige Teufelskralle
Phyteuma spicatum

- krallenförmig gekrümmte Blüten
- essbare Wurzeln
- lockt Schwebfliegen an

MERKMALE Glockenblumengewächse *(Campanulaceae)*. 20–60 cm hoch. Grünlich weiße oder gelblich weiße Blüten in anfangs eiförmiger, später walzenförmiger Ähre. Einzelblüte vor dem Aufblühen krallenartig nach innen gekrümmt (Name!). Griffel reicht weit aus Blüte hervor. Blütezeit Mai bis August. **VORKOMMEN** In krautreichen Laub- und Mischwäldern. **WISSENSWERTES** Alle Teufelskrallen-Arten haben rübenförmige Wurzeln, die roh, gebraten oder gekocht essbar sind.

1

2

3

4

1 Roter Fingerhut
Digitalis purpurea

› stark giftig!
› pinkfarbene Glocken
› Hummelblume

MERKMALE Wegerichgewächse *(Plantaginaceae)*. 0,5–1,5 m hoch, mit auffallender Blütentraube. Blüten 3–5 cm groß, glockig und nickend, pinkfarben mit schwarzen Flecken, die weiß umrandet sind. Blätter eiförmig, die meisten am Grund. Blütezeit Juni bis August. **VORKOMMEN** Auf Waldlichtungen. **WISSENSWERTES** Ihren Namen trägt sie wegen ihrer fingerhutähnlich geformten Blüten. Die gesamte Pflanze ist stark giftig. Sie enthält mehr als 25 verschiedene Glykoside und Saponine, die Erbrechen und Atemnot bewirken. In der modernen Pharmazie werden diese Digitalis-Glykoside bei Herzbeschwerden in kleinsten Dosen verabreicht und für Kreislauf-Medikamente genutzt. Der Rote Fingerhut ist eine wichtige Nektarpflanze für Hummeln, die man fast ständig in die Blüten hineinfliegen sieht.

2 Tollkirsche
Atropa bella-donna

› gefährliche Giftpflanze!
› braunviolette Glocken
› schwarz glänzende Beeren

MERKMALE Nachtschattengewächse *(Solanaceae)*. 50–150 cm hoch mit eiförmigen Blättern. Blüten 2,5–3,5 cm groß, glockig, braunviolett. Frucht eine schwarz glänzende, etwa 1 cm große Beere. Blütezeit Juni bis August. **VORKOMMEN** In Wäldern und an Waldrändern. **WISSENSWERTES** »Tollkirsche« bezieht sich auf das in Blättern und Wurzeln enthaltene Gift Hyoscyamin. Schon kleinste Blatt- oder Wurzelstückchen rufen Verwirrungszustände hervor, die zum Tod führen können. »Bella donna« bedeutet »schöne Frau«, weil der Verzehr der Beeren die Pupillen erweitert, was früher als schön galt. Ein hoher Preis für die Schönheit: Schon der Genuss von drei bis vier Beeren mit dem darin enthaltenen giftigen Atropin kann tödlich enden. Da die Beeren leider gut schmecken, zählt die Tollkirsche zu den besonders gefährlichen Giftpflanzen!

3 Fuchssches Greiskraut
Senecio ovatus

› giftig!
› flugfähige Früchte
› lockt viele Insekten an

MERKMALE Korbblütengewächse *(Asteraceae)*. 60–150 cm hoch. Einzelblüten in Körbchen, die wiederum doldenartig am Stängelende sitzen. Blütenkörbchen aus meist nur fünf äußeren Zungenblüten sowie 8–14 innen liegenden Röhrenblüten zusammengesetzt. Blätter breit lanzettlich, gezähnt. Stängel gerillt. Blütezeit Juli bis September. **VORKOMMEN** In krautreichen Mischwäldern, häufig auf Lichtungen oder Kahlschlagflächen. **WISSENSWERTES** Alle Pflanzenteile der verschiedenen Greiskraut-Arten sind giftig. Der Name des Greiskrauts leitet sich davon ab, dass die Früchte weißseidige Härchen entwickeln, die an den weißen Haarschopf älterer Menschen erinnern. Mithilfe dieser Härchen können die reifen Früchte eine gewisse Zeit fliegen.

1

2a

2b

3

1 Gefleckter Aronstab
Arum maculatum

› raffinierte Blütenfalle
› stinkt nach Aas
› Früchte giftig!

MERKMALE Aronstabgewächse *(Araceae)*. 20–40 cm hoch mit einem auffälligen, tütenförmigen, hellgrünen Schaublatt, in dem ein braun-violetter Kolben zu sehen ist. Blätter pfeilförmig, meist dunkel gefleckt (Name!). Beeren erbsengroß, leuchtend rot, giftig! Blütezeit April bis Mai. **VORKOMMEN** In Laubwäldern und Gebüschen. Fehlt im westlichen Tiefland. **WISSENSWERTES** Der Aronstab lockt mit seinem Aasgeruch Fliegen und Mücken an. Mit einem Trick bringt er sie dazu, seine Blüten zu bestäuben: Die Insekten rutschen an dem glatten Schaublatt tief nach unten, wo eine zuckrige Flüssigkeit auf sie wartet – und die Blüten. Hier bleiben sie gefangen, bis die Blüten bestäubt sind. Erst dann welkt das Schaublatt und die Insekten können wieder hinaus. Dabei bleibt Pollen an ihnen haften, mit dem sie die nächste Blüte befruchten.

2 Schattenblume
Maianthemum bifolium

› giftig!
› rote Früchte
› nur zwei Blätter

MERKMALE Spargelgewächse *(Asparagaceae)*. 5–20 cm hoch. 15–25 kleine, weiße Blüten in endständiger Traube. Blühende Pflanzen mit zwei, sehr selten auch drei herzförmigen, wechselständigen, dunkelgrünen Blättern. Nichtblühende Exemplare mit nur einem Laubblatt. Früchte anfangs grünlich weiße, dann grün und rot gefleckte, zur Reife Schließlich hellrote Beeren. Blütezeit April bis Juni. **VORKOMMEN** Häufig in schattigen, humusreichen Wäldern. **WISSENSWERTES** Die appetitlich anmutenden Beeren der Schattenblume sind giftig und führen nach Verzehr zu Beschwerden im Magen-Darm-Bereich. Von Tieren werden die Früchte hingegen problemlos vertragen. Auf diese Weise ist die Verbreitung der nicht verdaulichen Samen gesichert.

3 Einbeere
Paris quadrifolia

› giftig!
› blauschwarze, kirschgroße Beere
› vier Blätter

MERKMALE Germergewächse *(Melanthiaceae)*. 10–30 cm hoch. Einzelne, grünliche, endständige Blüte, 2–4 cm im Durchmesser. Auffällige Staubblätter und violetter, dicklicher Fruchtknoten. Vier (selten nur drei oder fünf bis acht) elliptische Blätter, die unterhalb des Blütenstiels einen Quirl bilden. Zur Fruchtreife eine einzige (Name!) blauschwarze, etwa kirschgroße Beere. Blütezeit Mai bis Juni. **VORKOMMEN** In feuchten Laub-, Misch- und Auwäldern. **WISSENSWERTES** Die ganze Pflanze, insbesondere aber die Beere, ist giftig. Beim Verzehr größerer Mengen kommt es zu Übelkeit, Erbrechen, Schwindel und Verengung der Pupillen. Vergiftungen dieser Art wurden vereinzelt bei Kindern festgestellt, die die Beeren mit Heidelbeeren verwechselt hatten. Da die Beeren allerdings schlecht schmecken, wird es nur selten dazu kommen, dass tatsächlich mehrere davon gegessen werden.

1a
1b
2
3

1 | Maiglöckchen
Convallaria majalis

› giftig!
› Blütenöl für Parfüms
› Heilmittel

MERKMALE Spargelgewächse *(Asparagaceae)*. 10–25 cm hoch mit zwei bis drei großen, elliptischen Blättern. Blüten etwa 1 cm große, weiße Glöckchen, duften intensiv. Blütezeit Mai–Juni. **VORKOMMEN** In nährstoffreichen Laub- und Mischwäldern. **WISSENSWERTES** Das Maiglöckchen zählt zu den meistgepflückten Wildblumen, insbesondere zum Muttertag. Doch sowohl Blätter als auch Blüten und Beeren sind giftig! Sie enthalten herzwirksame Glykoside, die in der richtigen Dosierung in der Medizin als Medikament eingesetzt werden. Das süß duftende Blütenöl dient oft als Zusatz zu Parfüms.

2 | Gemeiner Gelbstern
Gagea lutea

› hat nur ein Blatt
› gelbe Sternchenblüten
› Frühblüher

MERKMALE Liliengewächse *(Liliaceae)*. 10–25 cm hoch mit nur einem langen, schmalen, etwa 1 cm breiten Blatt. Blüten aus sechs gelben Blütenblättern, lang gestielt, 2–3 cm groß. Blütezeit März bis Mai. **VORKOMMEN** In nährstoffreichen Wäldern mit lockeren, feuchten Böden. Bevorzugt Auwälder. **WISSENSWERTES** Wie für Liliengewächse typisch, entspringt der Gelbstern einer Zwiebel. Schon im Frühsommer stirbt der oberirdische Teil der Pflanze wieder ab, die Reservestoffe werden in der Zwiebel eingelagert, aus ihr wächst im nächsten Frühjahr wieder eine Pflanze heraus.

3 | Bär-Lauch
Allium ursinum

› Knoblauchduft
› Blätter wie beim giftigen Maiglöckchen
› essbar

MERKMALE Lauchgewächse *(Alliaceae)*. 15–50 cm hoch mit maiglöckchenartigen Blättern, die beim Zerreiben nach Knoblauch riechen. Weiße Sternblüten, 1–2 cm groß, zu mehreren am Ende des blattlosen Stängels. Blütezeit April bis Juni. **VORKOMMEN** In feuchten Laubwäldern fast ganz Europas, oft in Massenbeständen. Fehlt im Norden. **WISSENSWERTES** Blätter und Zwiebel werden als Knoblauch-Ersatz klein gehackt roh oder gekocht gegessen. Der Geschmack ist scharf zwiebel- bis knoblauchartig.

4 | Vielblütige Weißwurz
Polygonatum multiflorum

› giftig!
› Blätter in einer Ebene
› Blüten unterhalb der Blätter

MERKMALE Spargelgewächse *(Asparagaceae)*. 30–70 cm hoch, eigenartige Wuchsform: Die breit eiförmigen, 8–15 cm langen Blätter sind fast wie Palmwedel in einer Ebene ausgebreitet, darunter findet man die länglich glockenartigen, etwa 1 cm langen, weißlichen Blüten. Eine bis fünf hängen in den Achseln der Blätter. Beeren blauschwarz, 1 cm groß. Blütezeit Mai bis Juni. **VORKOMMEN** Im Schatten feuchter Laubwälder. **WISSENSWERTES** Blätter und Früchte enthalten giftige Saponine!

1a

1b

2

3

4

1 Frauenschuh
Cypripedium calceolus

- schuhförmige Blüte
- Aprikosenduft
- selten, geschützt

MERKMALE Orchideen *(Orchidaceae)*. 20–60 cm hoch. Große Blüte mit einer gelben, schuhförmigen Lippe, die von vier purpurbraunen Blütenblättern umgeben ist. Große, elliptische Blätter. Blütezeit Mai bis Juli. **VORKOMMEN** In schattigen und halbschattigen Laub-, Misch- und Nadelwäldern. **WISSENSWERTES** Die Blüte ist eine Kesselfalle: Der Aprikosenduft lockt Insekten in den Schuh, dessen glatte Wände ein Entkommen verhindern. Durch den Lichteinfall werden die Tiere zum einzigen Ausweg gelockt, bei dem sie Narbe und Staubbeutel passieren und so die Bestäubung gewährleisten.

2 Rotes Waldvöglein
Cephalanthera rubra

- Wärme liebend
- geschützt!
- Blüten erinnern an Vögelchen

MERKMALE Orchideen *(Orchidaceae)*. 20–50 cm hoch. 3–15 rosa bis violette Blüten in lockerer Ähre. Blütenblätter 15–20 mm lang, zur Blüte weit abstehend, sonst glockenförmig. Lanzettliche Laubblätter. Stängel oft geschlängelt oder gebogen. Blütezeit Mai bis Juli. **VORKOMMEN** In trockenen Laub-, Misch- und gelegentlich Nadelwäldern, dort an halbschattigen Standorten. **WISSENSWERTES** In der geöffneten Blüte kann man mit ein wenig Fantasie ein Vögelchen mit offenem Schnabel und ausgebreiteten Schwingen erkennen.

3 Breitblättrige Stendelwurz
Epipactis helleborine

- schokoladenbraune Nektarschüssel
- relativ häufig

MERKMALE Orchideen *(Orchidaceae)*. 30–80 cm hoch. 20–80 Blüten in langer Ähre, hellgrünlich mit meist rötlicher oder violetter Tönung. Blätter breit eiförmig, 10–15 cm lang, 5–10 cm breit. Blütezeit Juli bis September. **VORKOMMEN** In krautreichen Laub-, Misch- und Nadelwäldern, auf Waldwiesen. **WISSENSWERTES** Der Nektar befindet sich in dem schüsselförmigen, dunkelbraunen Blütenteil, der auch für Insekten mit kurzem Rüssel gut zugänglich ist.

4 Vogel-Nestwurz
Neottia nidus-avis

- kein Blattgrün
- Wurzelgeflecht nestartig
- riecht nach Honig

MERKMALE Orchideen *(Orchidaceae)*. 20–45 cm hoch. 20–60 bräunliche Blüten als Ähre an braunem Stängel. Pflanze ohne grüne Blätter, am unteren Stängel vier bis sechs bräunliche Schuppen. Blütezeit Mai bis Juli. **VORKOMMEN** In Laub-, Misch- und Nadelwäldern an schattigen Standorten. **WISSENSWERTES** Die Pflanze kann sich nicht selbstständig durch Photosynthese ernähren, da ihr das dafür notwendige Blattgrün fehlt. Stattdessen profitiert sie von einem Pilz, der in den Wurzeln der Orchidee lebt (Mykorrhizapilz) und sie mit den lebensnotwendigen Stoffen versorgt.

1

2

3

4

1 Weiß-Tanne
Abies alba

- › Nadeln stumpf, weiß gestreift
- › bis 600 Jahre alt
- › Zapfen aufrecht

MERKMALE Kieferngewächse *(Pinaceae)*. Immergrüner Nadelbaum bis 50 m Höhe, steht einzeln, Äste bis zum Grund. Nadeln kurz, am Ende stumpf, 1–3 cm lang, oben dunkelgrün, unten zwei weiße Streifen, stehen deutlich in zwei Reihen am Zweig. Männliche Blüten klein, gelb, weibliche 2–3 cm lang, hellgrün, stets auf der Oberseite der Zweige. Zapfen aufrecht, 8–15 cm lang. Blütezeit Mai/Juni, Samenreife September/Oktober. **VORKOMMEN** In Gebirgen Mittel- und Südeuropas bis 2000 m. **WISSENSWERTES** Luftverschmutzung führt zum Absterben der Bäume.

2 Fichte
Picea abies

- › höchster heimischer Baum
- › Zapfen hängend
- › Nadeln spitz

MERKMALE Kieferngewächse *(Pinaceae)*. Immergrüner, kegelförmiger Nadelbaum, bis 70 m, meist 30–50 m hoch. Nadeln 1–3 cm, spitz, glänzend dunkelgrün. Männliche Blüten erst rötlich, dann gelblich, nach unten gerichtet, weibliche Blüten aufrecht, rötlich, 5–6 cm. Zapfen hängend, 10–15 cm, harzig. Blütezeit Mai/Juni, Samenreife September bis November. **VORKOMMEN** Heimisch in Mittelgebirgen und Alpen, oft angepflanzt. **WISSENSWERTES** Unser häufigstes Nadelholz. Bau- und Tischlerholz, Papierherstellung.

3 Wald-Kiefer, Föhre
Pinus sylvestris

- › asymmetrische Schirme
- › Zapfen hängend
- › beliebt für Möbel

MERKMALE Kieferngewächse *(Pinaceae)*. Immergrün, bis 40 m, alte Bäume oft mit fast schirmförmiger Krone. Nadeln je zu zweit, steif, fest, 3–8 cm, graugrün. Männliche Blüten unscheinbar, gelb, weibliche Blüten am Ende junger Langtriebe, etwa 0,5 cm, rosa. Zapfen 3–8 cm, hängend. Blütezeit Mai/Juni, Samenreife September/Oktober. **VORKOMMEN** In Europa vom Tiefland bis in die Alpen bis 1600 m. **WISSENSWERTES** Von allen europäischen Kiefern ist sie am weitesten verbreitet: von Portugal bis ans Nordkap und in Ostasien fast bis zur Küste.

4 Douglasie
Pseudotsuga menziesii

- › stammt aus Nordamerika
- › Zapfen mit langen, dreizipfligen Schuppen
- › »Oregon Pine«

MERKMALE Kieferngewächse *(Pinaceae)*. Bis 50 m hoch. Nadeln weich, biegsam, unterseits mit zwei silbrigen Streifen. Zapfen hängend mit dreizipfligen, lang heraushängenden Deckschuppen. Blütezeit April/Mai, Samenreife August bis Oktober. **VORKOMMEN** Stammt aus Nordamerika, bei uns häufig als Forst-, Park- und Gartenbaum gepflanzt. **WISSENSWERTES** In Nordamerika werden Douglasien über 100 m hoch. Ihr Holz wird unter dem Namen »Oregon Pine« vermarktet.

1a

1b

2a

2b

3

4

1 | Europäische Lärche
Larix decidua

- leuchtende Herbstfärbung
- im Winter kahl
- gutes Bauholz

MERKMALE Kieferngewächse *(Pinaceae)*. Sommergrüner, schlanker Nadelbaum, bis 40 m hoch. Nadeln 2–3 cm lang, hellgrün und weich, verfärben sich im Oktober goldgelb. Männliche Blüten unscheinbar, gelb, weibliche Blüten eiförmig, rosa, bis 1,5 cm groß. Zapfen 2–6 cm lang, eiförmig, aufrecht auf den Zweigen. Blütezeit März bis Mai, Samenreife September bis November. **VORKOMMEN** Einst nur in den Alpen, heute auch im Tiefland gepflanzt. **WISSENSWERTES** Die Lärche ist der einzige heimische Nadelbaum, der im Winter seine Blätter abwirft. Ihr Holz ist als Bauholz geschätzt, da es äußerst witterungsbeständig ist und auch im Freien keine Imprägnierung benötigt. Da Lärchen zudem schnell wachsen, sind sie für die Forstwirtschaft von hohem Wert und werden regelmäßig angepflanzt.

2 | Grau-Erle
Alnus incana

- grauer Stamm ist namensgebend
- auch Weiß-Erle genannt
- zapfenartige Früchte

MERKMALE Birkengewächse *(Betulaceae)*. Sommergrüner, 10–20 m hoher, oft mehrstämmiger Großstrauch oder Baum. Blätter oval bis rundlich, vorne leicht zugespitzt, 5–10 cm lang, am Rand doppelt gesägt, oberseits dunkelgrün, unterseits anfangs gräulich behaart. Glänzend hellgrauer Stamm. Blütezeit Februar/März, Fruchtreife September/Oktober. **VORKOMMEN** In ganz Mitteleuropa weit verbreitet, meist auf feuchten Standorten im Bereich von Flüssen und in Auwäldern, in den Alpen bis in 1600 m Höhe. **WISSENSWERTES** Weil die wenig anspruchsvollen Grau-Erlen verhältnismäßig schnell wachsen und sich aus ihren Wurzeln reichlich neue Ableger (Wurzelbrut) entwickeln, eignet sich der Baum gut zur Befestigung von Straßenböschungen und anderen rutschgefährdeten Hängen. Grau-Erlen werden kaum 50 Jahre alt, ihr Holz ist in der Forstwirtschaft ohne größeren Wert.

3 | Schwarz-Erle
Alnus glutinosa

- kein Bach ohne Erlen
- Zapfen ganzjährig am Baum
- Pionier auf nassen Böden

MERKMALE Birkengewächse *(Betulaceae)*. Sommergrün, bis 25 m hoch. Blätter rundlich breit, 4–10 cm lang, am Rand gesägt. Blütenkätzchen erscheinen vor den Blättern. Männliche Kätzchen hängend, 6–12 cm lang, purpurn, mit gelben Staubbeuteln. Weibliche Kätzchen winzig, reifen zu erbsengroßen Zapfen heran. Sie verbleiben ganzjährig am Baum und machen Erlen auch im Winter leicht erkennbar. Blütezeit März/April, Fruchtreife September/Oktober. **VORKOMMEN** Überall in Europa in Auwäldern, an Bächen und Flüssen. **WISSENSWERTES** Schwarz-Erlen ertragen mehr Bodennässe als alle anderen heimischen Gehölze. Auf sumpfigem Gebiet bilden sie die sogenannten Erlenbrüche. Erlen sind für Pollenallergiker eine große Last: Zur Blütezeit entlassen sie Millionen von klitzekleinen Pollen, die überall in der Luft umherschweben.

1

2

3

1 Rot-Buche
Fagus sylvatica

› unser wichtigster Laubbaum
› glatte, silbergraue Rinde
› dreikantige Bucheckern

MERKMALE Buchengewächse *(Fagaceae)*. Sommergrüner Baum bis 30 m Wuchshöhe. Frei stehend weit ausladend, tief hängende Zweige. Blätter eiförmig, 10–15 cm lang. Männliche Blüten in hängenden Büscheln, weibliche Blüten inmitten eines filzigen, vierklappigen Fruchtbechers, der später verholzt, im Herbst mit dreikantigen Früchten (Bucheckern). Blütezeit April/Mai, Samenreife September/Oktober. **VORKOMMEN** Überall in Europa häufig. **WISSENSWERTES** Wichtigster Laubbaum, unserem Klima optimal angepasst. Rotblättrige Blut-Buchen sind Gartenformen.

2 Stiel-Eiche
Quercus robur

› Symbolcharakter
› wird älter als 1000 Jahre
› wertvoller Forstbaum

MERKMALE Buchengewächse *(Fagaceae)*. Sommergrüner, stattlicher, bis 40 m hoher Laubbaum. Verzweigt sich früh, daher oft kurzer Stamm. Blätter 10–15 cm lang, ungleichmäßig gelappt. Blüten unscheinbar, Früchte (Eicheln) länglich eiförmig, 2–3 cm lang, in Bechern. Blütezeit April/Mai, Fruchtreife September/Oktober. **VORKOMMEN** Überall in Europa, besonders im mitteleuropäischen Flachland. **WISSENSWERTES** Eichen werden viel älter als Buchen oder Linden. Die älteste deutsche Eiche soll 1400 Jahre alt sein.

3 Hänge-Birke
Betula pendula

› weiße Rinde
› im Herbst goldgelb
› verursacht Pollenallergien

MERKMALE Birkengewächse *(Betulaceae)*. Sommergrüner Laubbaum, bis 20 m hoch, weiße Rinde. Blätter 3–6 cm, meist dreieckig, im Herbst goldgelb. Blütenkätzchen erscheinen vor den Blättern. Männliche gelbbraun, bis 10 cm, hängend (Verursacher von Pollenallergien); weibliche aufrecht, grünlich. Reife Kätzchen 2–3 cm, hängend. Blütezeit April/Mai, Fruchtreife August/September. **VORKOMMEN** Anspruchslos, weit verbreitet in ganz Europa. **WISSENSWERTES** Gezüchtete Formen werden oft als Ziergehölze gepflanzt.

4 Hainbuche
Carpinus betulus

› hartes Holz
› Heckenpflanze
› Früchte mit Flügeln

MERKMALE Birkengewächse *(Betulaceae)*. Bis 25 m hoch. Blätter eiförmig, geriffelt, am Rand doppelt gesägt. Hängende, gelbgrüne Blütenkätzchen. 5–15 cm lange, hängende, traubenförmige Fruchtstände aus Nüsschen mit dreilappigen Flügeln. Glatte, graue Rinde mit gedrehten Längswülsten. Blütezeit April bis Juni, Samenreife ab September. **VORKOMMEN** In ganz Mitteleuropa wichtiger Waldbaum, oft angepflanzt. Auch in Hecken, Parks und Gärten. **WISSENSWERTES** Der dreilappige Fruchtbecher dient den Samen als Flugorgan. Starke Winde können die reifen Samen bis über 1 km weit wehen.

1a

1b

2a

2b

3

4

1 Brombeere
Rubus fruticosus

- undurchdringliche Gebüsche
- zum Teil wintergrün
- saftige Früchte

MERKMALE Rosengewächse *(Rosaceae)*. Teils wintergrüner, 1–2 m hoher, dicht stacheliger Strauch mit langen, bogig überhängenden Zweigen. Blätter eiförmig, 5–10 cm lang. Blüten weiß bis hellrosa, zu mehreren in lockeren Rispen. Frucht kugelig, schwarz glänzend, saftreich und säuerlich aromatisch. Blütezeit Mai bis August, Fruchtreife August bis Oktober. **VORKOMMEN** In ganz Europa an Wald- und Gebüschrändern häufig. **WISSENSWERTES** Zahlreiche kultivierte Sorten in Gärten.

2 Himbeere
Rubus idaeus

- stachelig
- schmackhafte Früchte
- Bienenweide

MERKMALE Rosengewächse *(Rosaceae)*. Sommergrüner Strauch, 1–2 m hoch, stachelig. Blätter eiförmig, 3–8 cm lang, am Rand gesägt, unten weißfilzig. Blüten weiß, nickend. Früchte rot, saftig, schmackhaft. Blütezeit Mai/Juni, Fruchtreife Juli/August. **VORKOMMEN** Weit verbreitet in ganz Europa. An Waldrändern, in Hecken und Gebüschen. **WISSENSWERTES** Himbeeren sind seit der Steinzeit wichtige Obstpflanzen, kultiviert seit dem 16. Jahrhundert. Gezüchtete tragen größere Früchte, schmecken aber nicht so intensiv.

3 Eberesche
Sorbus aucuparia

- »Vogelbeere«
- Parkbaum
- Blüten stinken

MERKMALE Rosengewächse *(Rosaceae)*. Sommergrüner, bis 15 m hoher Laubbaum. Blätter etwa 20 cm lang, aus 10–15 Fiedern bestehend. Junge Blätter riechen beim Zerreiben nach Marzipan. Blüten etwa 1 cm groß, weiß, zahlreich in dichten Schirmen. Früchte (»Vogelbeeren«) korallenrot, um 1 cm groß. Blütezeit Mai/Juni, Fruchtreife August bis Oktober. **VORKOMMEN** In fast ganz Europa in lichten Wäldern, Gebüsch und auf Weiden. **WISSENSWERTES** Häufig in Gärten und Parks gepflanzt. Die Früchte sind Lieblingsspeise vieler Vogelarten und kleiner Säugetiere. Auch für den Menschen sind sie ungiftig, schmecken aber bitter.

4 Gewöhnliche Traubenkirsche
Prunus padus

- blüht frühzeitig
- Blüten in Trauben
- Kirschen sind schwarz

MERKMALE Rosengewächse *(Rosaceae)*. Sommergrüner, bis 17 m hoher Baum, wächst meist vom Grund an verzweigt. Blätter eiförmig, 5–10 cm lang. Blüten weiß, 1–2 cm groß, im Gegensatz zu anderen Kirschen in hängenden Trauben (Name!). Früchte erbsengroß, schwarz glänzend, leicht bitter, aber essbar. Blütezeit April/Mai, Fruchtreife Juli/August. **VORKOMMEN** Verbreitet in Europa auf tiefgründigen, feuchten Böden. Zunehmend auch Straßen- und Parkbaum. **WISSENSWERTES** Bereits ab April entfalten sich Blüten und Blätter gleichzeitig.

1a

1b

2

3

4a

4b

1 Gemeine Haselnuss
Corylus avellana

› »Strauch der Eichhörnchen«
› erster blühender Strauch im Frühjahr
› Winterfutter

MERKMALE Birkengewächse *(Betulaceae)*. Sommergrüner, vom Grund an vielstämmiger, 2–6 m hoher Strauch. Blätter rundlich, 6–10 cm lang, weich behaart, am Rand gesägt. Blütenkätzchen erscheinen lange vor dem Laub. Männliche Kätzchen hängend, gelbbraun, 8–10 cm lang, weibliche knospenförmig. Früchte (Haselnüsse) 1–2 cm lang, ei-rundlich, in tütenförmigem, zerschlitztem Fruchtbecher. Blütezeit Februar bis April, Fruchtreife August/September. **VORKOMMEN** In Europa außer Nordskandinavien an Waldrändern und in Hecken. **WISSENSWERTES** Haselnüsse sind sehr fett- und eiweißreich und damit ein wichtiges Winterfutter für viele Tiere. Die im Handel erhältlichen Haselnüsse stammen meist von einer nah verwandten Art, der Lamberts-Hasel *(C. maxima)*. Sie trägt größere, bis 2,5 cm lange Früchte.

2 Berg-Ahorn
Acer pseudoplatanus

› im Herbst goldgelb
› Früchte geflügelt
› Zuchtform mit roten Blättern

MERKMALE Seifenbaumgewächse *(Sapindaceae)*. Stattlicher, sommergrüner, bis 40 m hoher Laubbaum. Blätter fünflappig, bis 20 cm lang, am Rand grob gezähnt, im Herbst goldgelb. Blüten in hängenden, etwa 10 cm langen, gelblich grünen Rispen, erscheinen mit dem Laub oder kurz danach. Nussfrüchte mit spitzwinklig zueinander stehenden Flügeln. Blütezeit April/Mai, Fruchtreife September/Oktober. **VORKOMMEN** Heimisch in Europa außer auf den Britischen Inseln und in Skandinavien. Bei uns hauptsächlich in den Mittelgebirgen bis 1650 m Höhe, aber auch oft als Garten- und Parkbaum. **WISSENSWERTES** Vom Berg-Ahorn gibt es viele Formen, häufig gepflanzt findet man solche mit rot gefärbten Blättern. Das helle, fast weiße Ahorn-Holz ist ein wertvolles Nutzholz, aus dem Furniere und Tischplatten gefertigt werden.

3 Spitz-Ahorn
Acer platanoides

› Blüten erscheinen vor Blättern
› Blattlappen spitz
› propellerartige Früchte

MERKMALE Seifenbaumgewächse *(Sapindaceae)*. 20–30 m hoch mit schlankem, geradem Stamm. Auffällig leuchtende, gelbgrüne Blütenstände erscheinen vor Laubaustrieb. Blätter fünf- bis siebenlappig, Enden der Lappen zugespitzt (Name!). Früchte mit zwei sich gegenüberstehenden, 4–5 cm langen Flügeln. Blütezeit April/Mai, Samenreife Oktober. **VORKOMMEN** In Laubmischwäldern, als Park- und Alleebäume angepflanzt. **WISSENSWERTES** Das Holz des Spitz-Ahorns ist relativ hart und fest, aber biegsam. Das macht es zu einem wertvollen Nutzholz für die Furnier- und Parkettherstellung, den Bau von Möbeln oder Musikinstrumenten sowie für aufwendige Drechselarbeiten. Die zeitig im Frühjahr erscheinenden Blüten sind reich an süßem Nektar und locken damit hauptsächlich Bienen zur Bestäubung an.

1a

1b

2a

2b

3a

3b

1 Stechpalme
Ilex aquifolium

- Blätter stachelig
- Früchte rot, giftig!
- Weihnachtsschmuck

MERKMALE Stechpalmengewächse *(Aquifoliaceae)*. Immergrüner Strauch oder Baum, meist bis zu 10 m hoch. Blätter ledrig, dick, dunkelgrün glänzend, 3–8 cm lang und am Rand sehr stachelig. Blüten klein, weiß, büschelig in den Blattachseln. Früchte erbsengroß, glänzend rot, giftig! Blütezeit Mai/Juni, Fruchtreife Oktober. **VORKOMMEN** Wächst wild in Europa, meist als strauchiger Unterwuchs in Wäldern. **WISSENSWERTES** Aus der Gattung Ilex gibt es rund 400 Arten, die vor allem in den Tropen zu Hause sind. In Gärten und Parks werden häufig Ziersorten gepflanzt wie die Meservea-Stechpalme *(I. meserveae)* mit kleineren, dunkleren Blättern und sehr zahlreichen Früchten. Stechpalmenzweige sind besonders in England ein beliebter Weihnachtsschmuck, bei uns sind die Wildvorkommen geschützt.

2 Faulbaum
Frangula alnus

- giftig!
- Rinde mit Heilwirkung
- rote und schwarze Früchte

MERKMALE Kreuzdorngewächse *(Rhamnaceae)*. Bis 3 m hoher Strauch. Glatte, eiförmige Blätter. Kleine, weißliche Blüten. Kugelige, 7–8 mm große, anfangs rote, später schwarzviolette Steinfrüchte. Dunkle Rinde mit zahlreichen, länglichen, auffällig hellen Korkwarzen. Blütezeit Mai/Juni, Fruchtreife August bis Oktober. **VORKOMMEN** In feuchten Wäldern wie Erlenbrüchen, Birkenmooren oder Auwäldern, auch in Laubmischwäldern und in Hecken. **WISSENSWERTES** Die Früchte des Faulbaums sind giftig, ihr Verzehr führt zu starken Reizungen der Magenschleimhäute mit anschließendem Erbrechen und Schwindelanfällen, mitunter auch zum Kollaps. Die Rinde wird in der Heilpflanzenkunde als Abführmittel eingesetzt. Da dabei jedoch eine genaue Dosierung zu beachten ist, sollte man auf Selbstmedikation verzichten.

3 Kreuzdorn
Rhamnus cathartica

- giftig!
- dorniger Strauch
- Früchte wirken abführend

MERKMALE Kreuzdorngewächse *(Rhamnaceae)*. Bis 3 m (selten bis 7 m) hoher, dorniger, sparrig verzweigter Strauch. Kahle, glänzende Zweige fast rechtwinklig abstehend. Rundliche Blätter, am Rand fein und regelmäßig gesägt. Unscheinbare, gelblich grüne, angenehm duftende Blüten mit vier Blütenblättern. Erbsengroße, anfangs grüne, später schwarze Steinfrucht. Blütezeit Mai/Juni, Fruchtreife September/Oktober. **VORKOMMEN** Sowohl in feuchten Laubmischwäldern als auch an sonnigen, steinigen Standorten und in Gebüschen. **WISSENSWERTES** Insbesondere die unreifen Früchte des Kreuzdorns sind giftig und rufen Magen-Darm-Beschwerden mit Erbrechen und Durchfall hervor. Völlig reife Früchte hingegen werden in der Pflanzenheilkunde als Abführmittel gepriesen und finden auch in der Homöopathie Verwendung.

1a

1b

2

3

1 Gewöhnliche Esche
Fraxinus excelsior

› Baum der Flüsse
› Blätter gefiedert
› Schraubendreh-Früchte

MERKMALE Ölbaumgewächse *(Oleaceae)*. Sommergrüner, stattlicher, bis 40 m hoher Baum. Blätter 20–40 cm lang, neun- bis 13-fach gefiedert. Blüten unscheinbar, Früchte geflügelt, um 3 cm lang. Blütezeit April/Mai, Fruchtreife September/Oktober. **VORKOMMEN** In ganz Europa verbreitet, vor allem in Schluchten, Mischwäldern und im Tiefland an Flüssen. Oft als Park- oder Zierbaum angepflanzt. **WISSENSWERTES** Die Früchte der Gewöhnlichen Esche gehören zu den sogenannten Schraubendrehfliegern und liefern damit ein beliebtes Kinderspielzeug: Im freien Fall drehen sie sich um ihre Längsachse und bewegen sich zugleich in einer schraubenförmigen Flugbahn. Eschenholz ist ein wertvolles, gut zu bearbeitendes, elastisches Holz. Die ersten Skier wurden daraus gefertigt und heute noch werden Sportgeräte daraus hergestellt.

2 Zitter-Pappel, Espe
Populus tremula

› mit »zappelnden« Blättern
› zweihäusige Bäume
› Wind als Bestäuber

MERKMALE Weidengewächse *(Salicaceae)*. Sommergrüner, bis 30 m hoher Baum, dessen Blätter schon bei der kleinsten Windbewegung »wie Espenlaub zittern«. Das liegt an den langen, seitlich abgeflachten Blattstielen. Blätter rundlich, 3–7 cm lang mit gewelltem Rand. Es gibt rein männliche und rein weibliche Bäume (zweihäusig). Männliche Blütenkätzchen hängend, rötlich grau, weibliche Kätzchen ebenfalls hängend, grün und seidig behaart, reif 5–10 cm lang und grauzottig. Frucht eine vielsamige Kapsel. Blütezeit März/April, Fruchtreife Mai. **VORKOMMEN** In ganz Europa häufig. **WISSENSWERTES** Die Blüten der Pappeln verzichten auf jeden Schmuck und sie duften auch nicht verführerisch. Denn anders als die nah verwandten Weiden müssen sie keine Insekten zur Bestäubung anlocken. Ihre Pollenmengen werden einfach mit dem Wind verfrachtet.

3 Sal-Weide
Salix caprea

› weiche Blätter
› Blüten tragen einen Pelz
› frühe Nektarquelle für Bienen

MERKMALE Weidengewächse *(Salicaceae)*. Sommergrüner, bis 9 m hoher, mehrstämmiger Baum oder Strauch. Blätter eiförmig, 4–12 cm lang, unterseits dicht weißlich behaart. Blütenkätzchen erscheinen lange vor den Blättern. Männliche Kätzchen eiförmig, 3 cm lang, zunächst mit Haarpelz, aufgeblüht dekorativ goldgelb; weibliche länglicher und grün. Blütezeit März bis Mai, Fruchtreife Mai/Juni. **VORKOMMEN** Ganz Europa. Oft mit anderen Weidenarten an Gewässern, auch an Waldrändern und in Hecken. **WISSENSWERTES** Die Blütenkätzchen der Sal-Weide erscheinen früh im Jahr. Vor Frostschäden schützt sie ihre jungen Blüten mit einem weißen, katzenfellähnlichen Haarpelz. Ihre duftenden, nektar- und pollenreichen Blüten sind eine wichtige Nahrung für früh im Jahr fliegende Bienen. Die Kätzchen stehen deshalb unter Naturschutz.

1a

1b

2a

2b

3a

3b

1 Trauben-Holunder, Berg-Holunder
Sambucus racemosa

- › Blüten locken Käfer und Fliegen an
- › leuchtend rote Früchte
- › Fruchtfleisch gekocht essbar

MERKMALE Moschuskrautgewächse *(Adoxaceae)*. 1–4 m hoher Strauch, selten baumförmig. Unpaarig gefiederte Blätter. Zahlreiche kleine, grünlich gelbe Blüten in aufrechter, rundlicher Rispe. Etwa 5 mm große, leuchtend korallenrote Früchte. Blütezeit März bis Mai, Fruchtreife Juli/August. **VORKOMMEN** Meist in sonnigen Lagen auf Kahlschlagflächen, Waldlichtungen sowie in Hecken und an Wegrändern. **WISSENSWERTES** Das Fruchtfleisch des Trauben-Holunders ist sehr vitaminreich und lässt sich gekocht ähnlich wie die Früchte des Schwarzen Holunders (s. S. 122) zu Mus, Marmelade, Gelee oder Saft verwerten. Allerdings müssen die Früchte immer voll ausgereift sein – man darf sie niemals roh verwenden! Außerdem sind die kleinen, gelborangen Steinkerne giftig und müssen ausgesiebt werden.

2 Wald-Geißblatt
Lonicera periclymenum

- › wächst wie eine Liane
- › duftet abends und nachts
- › lockt Nachtschmetterlinge

MERKMALE Geißblattgewächse *(Caprifoliaceae)*. Sommergrüner, über 5 m hoch kletternder Schlingstrauch. Blätter 5–8 cm lang, eiförmig, treiben schon im zeitigen Frühjahr aus. Blüten duftend, röhrenförmig, gelblich weiß, oft rötlich angehaucht, zu mehreren in endständigen Köpfchen. Früchte erbsengroß, dunkelrot. Blütezeit Mai bis August, Fruchtreife August/September. **VORKOMMEN** In fast ganz Europa in Wäldern, Gebüschen und Hecken. **WISSENSWERTES** Die Blüten sind zunächst weiß bis cremefarben und rötlich überlaufen, erst nach der Bestäubung verfärben sie sich gelb. Mit ihrem Duft, der besonders intensiv in den Abendstunden ist, locken sie zahlreiche Nachtschmetterlinge an. Im Schwirrflug vor den Blüten stehend, saugen sie mit ihren langen Rüsseln den Nektar aus den Blüten.

3 Gewöhnliche Waldrebe
Clematis vitalba

- › einheimische Liane
- › Wildform der beliebten Garten-Clematis
- › fedrige Früchte auch im Winter am Strauch (3a)

MERKMALE Hahnenfußgewächse *(Ranunculaceae)*. Sommergrüner, bis über 10 m kletternder Schlingstrauch. Blätter länglich, 3–10 cm. Blüten grünlich weiß, 2–3 cm groß, in reichblütigen Rispen. Früchte fallen schon von Weitem auf, sie tragen zahlreiche dicht fedrige, 3 cm lange Griffel, die im Winter am Strauch verbleiben. Blütezeit Juni bis September, Fruchtreife Oktober. **VORKOMMEN** In feuchten Wäldern und an Waldrändern. **WISSENSWERTES** Die Waldrebe ist eine der wenigen heimischen Lianen. Bekommt sie genug Nährstoffe, überwuchert sie mit ihren rankenden Blattstielen ganze Bäume und manchmal sogar Baumgruppen. Infolge der Lichtarmut können diese absterben, und nicht selten brechen sie unter der Last der Sprosse zusammen. Durch Züchtung entstanden viele beliebte Garten-Clematis-Sorten mit auffälligen Blüten.

1

2

3a

3b

1 Gemeiner Seidelbast
Daphne mezereum

- sehr giftig!
- Frühblüher im Wald
- Früchte korallenrot, glänzend

MERKMALE Seidelbastgewächse *(Thymelaeaceae)*. Sommergrüner, bis 1,5 m hoher Strauch. Stark duftende, rosarote Blüten, erscheinen vor den länglichen Blättern. Früchte erbsengroß, rot glänzend. Blütezeit Februar bis April, Fruchtreife August/September. **VORKOMMEN** In schattigen Laub- und Mischwäldern und an Flüssen und Bächen. **WISSENSWERTES** Alle Teile der Pflanze sind für Säugetiere giftig. Vögel können die Früchte in großen Mengen verzehren und tragen so zur Samenverbreitung bei. Geschützt.

2 Blaubeere, Heidelbeere
Vaccinium myrtillus

- süße Früchte
- liefert köstliche Marmelade
- verursacht farbechte Flecken

MERKMALE Heidekrautgewächse *(Ericaceae)*. 10–40 cm hoher Zwergstrauch mit kantigen, grünen Zweigen. Glockenförmige, grünlich rötliche Blüten. Blätter rundlich eiförmig, zugespitzt. Früchte blauschwarz mit rotem Saft. Blütezeit Mai/Juni, Früchte August bis Oktober. **VORKOMMEN** In Wäldern mit saurem Boden und in Heidegebieten. **WISSENSWERTES** Die Früchte sind sehr vitaminreich und werden sowohl frisch als auch zu Marmelade verarbeitet gegessen. Zum Verwechseln ähnlich sieht ihr die bitter schmeckende Rauschbeere (s. u.).

3 Rauschbeere
Vaccinium uliginosum

- giftig!
- nicht mit Heidelbeeren verwechseln!

MERKMALE Heidekrautgewächse *(Ericaceae)*. 20–80 cm hoher, verzweigter Strauch. Braune, rundliche Zweige. Zwei bis drei weißlich-rosafarbene, glockenförmige Blüten in den Achseln der oberen Blätter. Blätter dunkelgrün. Frucht eine bereifte, dunkelblaue Beere mit hellem Fleisch und Saft. Blütezeit Mai/Juni, Fruchtreife August/September. **VORKOMMEN** In moorigen Wäldern, im Gebirge und auf Heideflächen. **WISSENSWERTES** Übermäßiger Verzehr der giftigen Beeren führt zu rauschartigem Zustand (Name!), Erbrechen und Schwindel.

4 Preiselbeere
Vaccinium vitis-idaea

- Früchte essbar
- immergrün
- glockenförmige Blüten

MERKMALE Heidekrautgewächse *(Ericaceae)*. 10–25 cm hoher Zwergstrauch. Eiförmige Blätter immergrün, lederartig, am Rand leicht eingerollt. Zwei bis zehn weiß-rötliche, glockenförmige Blüten in Trauben am Ende der Zweige. Frucht eine leuchtend rote Beere. Blütezeit Mai bis August, Fruchtreife August bis Oktober. **VORKOMMEN** In lichten Wäldern, insbesondere in Kiefernwäldern. Auch in Mooren und Heiden. **WISSENSWERTES** Die leicht säuerlich und herb schmeckenden Früchte sind reich an Vitamin C und Provitamin A.

1a

1b

2

3

4

1 Schwarzer Schnegel
Limax cinereoniger

- Rücken gekielt
- schwarz-weiß-schwarze Sohle
- tagsüber verborgen

MERKMALE 10–20 cm lange Nacktschnecke. Oberseite grauschwarz bis schwarz. Sohle dreigeteilt: Mittelfeld weiß, beide Seitenfelder schwarz. Rücken etwa über halbe Körperlänge mit deutlich ausgeprägtem, scharfem Kiel. **VORKOMMEN** In Wäldern und Gebüschen. **LEBENSWEISE** Tagsüber unter Steinen, Holz und loser Rinde verborgen. Ernährt sich von Pilzen, Pflanzen und Aas. **WISSENSWERTES** Zur Paarung kriechen die Schnecken meist an Baumstämmen empor und umwickeln sich spiralig mit ihren Körpern.

2 Schließmundschnecke
Cochlodina laminata

- spindelförmiges Gehäuse mit »Schwingtür«
- oft an Baumstämmen

MERKMALE Ca. 1,5 cm langes, oft gewundenes, spindelförmiges Gehäuse. **VORKOMMEN** Häufig in Laub- und Mischwäldern. **LEBENSWEISE** Schließmundschnecken leben an Baumstämmen, aber auch an bemoosten Felsen, unter moderndem Holz oder in der Bodenstreu. Sie ernähren sich von Pflanzen sowie von Algen- und Pilzaufwuchs. **WISSENSWERTES** Die Schnecke kann ihr Gehäuse mit einer Kalkplatte verschließen, die an einem elastischen Stiel hängt. Kriecht sie aus dem Haus, drückt sie die Tür von innen auf – zieht sie sich in ihr Haus zurück, federt die Tür von alleine wieder zu.

3 Rollassel, Kugelassel
Armadillidium spec.

- rollt sich ein
- unter Steinen und Laub
- »Bio-Häcksler«

MERKMALE 10–12 mm lang mit hochgewölbtem Körper. Glänzende, graue Oberseite, fein punktiert. **VORKOMMEN** In Laubwäldern unter Steinen, Falllaub und im Moos. **LEBENSWEISE** Rollasseln sind von großer Bedeutung im Stoffkreislauf des Waldes, da sie sich von verrottenden Pflanzenteilen ernähren und diese für den weiteren Abbau zerkleinern. **WISSENSWERTES** Rollasseln können sich bei Störungen zu einer geschlossenen Kugel einrollen und so alle empfindlichen Körperteile mit ihrem harten Panzer schützen. Hierin ähneln sie den Saftkuglern (vgl. S. 56).

4 Mauerassel
Oniscus asellus

- gehört zu den Krebsen
- mag es feucht
- lebt versteckt

MERKMALE Ovaler, stark abgeflachter, 15–18 mm langer Körper. Dunkelbraun mit hellen Flecken. **VORKOMMEN** Oft unter Steinen, moderndem Holz oder der Rinde abgestorbener Bäume. **LEBENSWEISE** Mauerasseln ernähren sich hauptsächlich von verrottenden Pflanzen. **WISSENSWERTES** Asseln atmen ähnlich wie Fische mit Kiemen. Deshalb können sie nur an Orten leben, die so nass sind, dass ihre Hinterbeine feucht bleiben – dort sind ihre Kiemen verborgen.

1

2

3

4

1 Brauner Steinläufer
Lithobius forficatus

- nur nachts unterwegs
- unter Steinen versteckt
- kann schmerzhaft beißen!

MERKMALE 2–3 cm langer, rotbrauner »Hundertfüßer« mit 15 Beinpaaren und schnurförmigen Fühlern. Das letzte Beinpaar ist auffallend verlängert. Hält zwei mächtige Giftklauen unter dem Kopf bereit. **VORKOMMEN** In Wäldern, Wiesen und Gärten. **LEBENSWEISE** Hält sich tagsüber unter Laub, Steinen, Rinde oder Holz verborgen. Kriecht nachts aus seinem Versteck und geht auf Raubzüge. **WISSENSWERTES** Mit seinen Fühlern ertastet er Asseln, Spinnen und Insekten, packt sofort mit seinen Giftklauen zu und lähmt seine Beute mit einem Biss.

2 Gerandeter Saftkugler
Glomeris marginata

- bildet Kugel
- ist ein »Tausendfüßer«
- lebt versteckt

MERKMALE 10–20 mm lang, asselähnliches Aussehen. Glänzend schwarz mit hellen Segmenträndern. **VORKOMMEN** In Laubwäldern. **LEBENSWEISE** Saftkugler leben versteckt unter moderndem Holz oder in der Laubstreu und ernähren sich von verrottenden Pflanzen. Bei Gefahr rollen sie sich zu einer etwa erbsengroßen Kugel zusammen. **WISSENSWERTES** Im Aussehen und Verhalten ähnlich ist die Kugel- oder Rollassel (*Armadillidium vulgare*, vgl. S. 54). Ein Unterscheidungsmerkmal sind die Beine: Saftkugler tragen unter jedem Rückenschild zwei Beinpaare verborgen, bei den Kugelasseln ist es jeweils nur eines.

3 Schnurfüßer
Tachypodoiulus niger

- typischer »Tausendfüßer«
- Körper geringelt
- rollt sich zu flacher Spirale

MERKMALE 3–5 cm langer, wurmförmiger Körper. Glänzend schwarzbraun. Körper mit über 30 Segmenten (Ringen). **VORKOMMEN** Besonders in Laubwäldern. **LEBENSWEISE** Schnurfüßer leben in der Laubstreu, alten Baumstubben und unter moderndem Holz und Steinen. **WISSENSWERTES** »Tausendfüßer« gehören zu den Doppelfüßern *(Diplopoda)*, da an jedem Segment zwei Beinpaare sitzen. Übrigens haben sie »nur« um die 100–260 »Füße«.

4 Bandfüßer
Polydesmus spec.

- zwei Beinpaare pro Segment
- baut kunstvolle Eikammern
- immer genau 20 Körpersegmente

MERKMALE Etwa 2 cm langer Körper mit 20 Ringen, deren Rückenschilder flach sind und breite Seitenflügel tragen. **VORKOMMEN** Meist in feuchten Wäldern. **LEBENSWEISE** Bandfüßer bewohnen morsches Holz sowie die feuchte Laubstreu des Waldbodens. Sie sind lichtscheue Pflanzenfresser. **WISSENSWERTES** Die Weibchen bauen charakteristische Eikammern: Sie bilden einen ringförmigen Wall aus Erde, legen ihre Eier hinein und verschließen das Ganze mit einem kuppelförmigen Dach.

1a

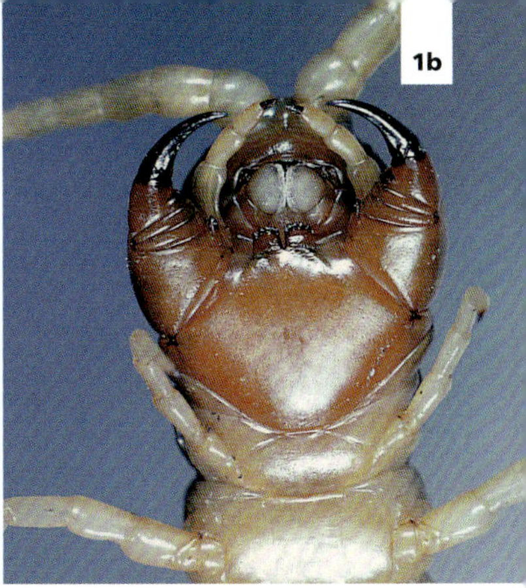
1b

2

3

4

1 | Waldwolfsspinne
Pardosa lugubris

› fürsorgliche Mütter
› jagen wie Wölfe
› für den Menschen harmlos

MERKMALE Bis 1 cm große, dunkelbraune Spinne mit breitem, hellem Streifen auf dem Vorderkörper.
VORKOMMEN Im Bodenlaub, an Waldrändern und auf sonnigen Lichtungen.
LEBENSWEISE Wolfsspinnen bauen keine Netze, sondern jagen frei auf dem Boden. Dabei erbeuten sie ihre Opfer ähnlich wie Wölfe, nämlich nach vorsichtigem Anschleichen durch einen gezielten Sprung (Name!). Wolfsspinnen sind besonders fürsorgliche Mütter. Ihre Eier spinnen sie in einen seidenen Kokon, den sie vier bis sechs Wochen lang an ihrem Hinterleib mit sich herumtragen. Sind die Jungspinnen geschlüpft, dürfen sie auf dem Rücken der Mutter reiten, bis sie nach etwa einer Woche groß genug für eigene Jagdausflüge sind.
WISSENSWERTES Oft sieht man viele Wolfsspinnen nahe beieinander herumlaufen. Das hat mit sozialem Verhalten nichts zu tun, denn kleinere Tiere werden gern gefressen.

2 | Baldachinspinne
Linyphia triangularis

› baut Baldachinnetz
› lauern mit Bauch nach oben
› sehr häufig

MERKMALE Körperlänge 5–7 mm, wirkt aber durch lange Beine größer. Vorderkörper oben bräunlich mit dunklem, gegabeltem Streif. Hinterkörper oben mit gezacktem Längsband. Flanken hell gestreift. Unterseite dunkel. **VORKOMMEN** Häufig in Wäldern, Hecken, Parks und Gärten zwischen niedrigen Sträuchern. **LEBENSWEISE** Die Tiere lauern mit dem Bauch nach oben unter ihren Netzen. **WISSENSWERTES** Typisch sind die Netze der Baldachinspinnen, die besonders im Spätsommer und Herbst durch die morgendlichen Tautröpfchen auffallen und oft massenhaft die niedrige Vegetation überziehen: Von einem waagerecht gespannten Gespinstteppich gehen nach oben Fang- und Stolperfäden ab. In diesem Fadengewirr verfangen sich Insekten, fallen auf den Baldachin und werden von der unter dem Netz lauernden Spinne gegriffen.

3 | Holzbock, Zecke
Ixodes ricinus

› saugt Blut
› überträgt gefährliche Krankheiten
› auch auf Wiesen häufig

MERKMALE Etwa 0,5 cm groß und rotbraun gefärbt. Mit Blut prall vollgesogene Tiere werden bis 1 cm groß und sehen aus wie gräuliche Kaffeebohnen. Zecken zählen zu den Spinnentieren und haben acht Beine. **VORKOMMEN** Sehr häufig in Wäldern mit reicher Kraut- und Strauchschicht, aber auch auf Wiesen!
LEBENSWEISE Ausgewachsene Männchen leben rein vegetarisch. Weibchen und Jungtiere (Larven) saugen Blut. **WISSENSWERTES** Beim Saugen können Zecken gefährliche Krankheiten wie Hirnhautentzündung und Borreliose übertragen. Bilden sich nach einem Biss Rötungen um die Wunde, sollte man in jedem Fall einen Arzt aufsuchen! Generell sollte man sich nach sommerlichen Wanderungen durch Wald und Wiese gründlich nach Zecken absuchen.

1

2a

2b

3a

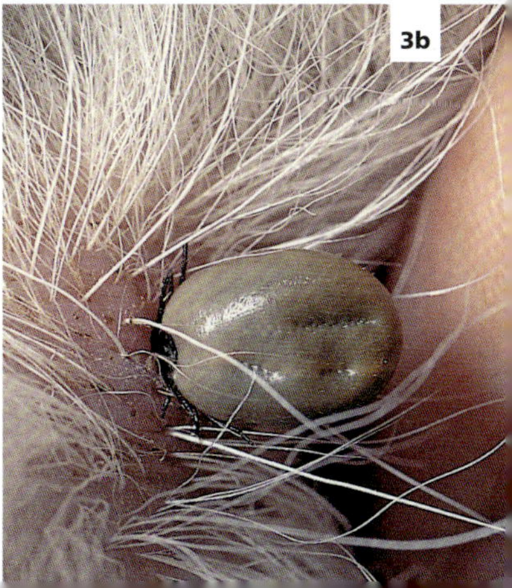
3b

1 Waldschabe
Ectobius lapponicus

› tagaktiv und Wärme liebend
› nur Männchen fliegen
› überlange Fühler

MERKMALE 10–15 mm lang, länglich ovaler Umriss. Bräunlich gelbe Flügel. Lange, fadenförmige Fühler. **VORKOMMEN** In und auf der Kraut- und Bodenschicht von Laub-, Misch- und Nadelwäldern. **LEBENSWEISE** Die tagaktiven, Wärme liebenden Waldschaben ernähren sich von vermodernden Pflanzen sowie von Kleintieren. **WISSENSWERTES** Die Männchen sind mit ihren gut ausgebildeten Hinterflügeln flugfähig, die Weibchen haben nur verkümmerte Flugflügel und können sich daher nur krabbelnd fortbewegen.

2 Beerenwanze
Dolycoris baccarum

› saugt an Beeren
› angestochene Früchte werden ungenießbar
› schön gefärbt

MERKMALE 10–12 mm lang, Körper bräunlich, Deckflügel rötlich violett. Hinterleib am Rand schwarz-weiß gemustert, Fühler schwarz-weiß geringelt. **VORKOMMEN** Stellenweise häufig an Waldrändern. **LEBENSWEISE** Beerenwanzen ernähren sich von Pflanzensäften, die sie mit dem Rüssel einsaugen. Ihr Name spielt auf ihre Vorliebe zu Blau-, Him- und Brombeeren an. **WISSENSWERTES** Die angestochenen Früchte sind ungenießbar, da die Wanzen beim Saugen des Saftes übel schmeckenden Speichel einspritzen.

3 Totengräber
Nicrophorus vespilloides

› »Leichenbestatter«
› Aaskäfer
› Flügelbinden orange

MERKMALE Etwa 2 cm lang. Schwarz mit zwei orangeroten Querbinden auf den Flügeldecken. **VORKOMMEN** In Wäldern häufig, meist an Kadavern zu finden. **LEBENSWEISE** Totengräber machen ihrem Namen Ehre: Liegt im Wald ein totes Tier, etwa eine Maus, so dauert es nicht lange, bis eine ganze Schar von ihnen, vom Verwesungsgeruch angelockt, herbeifliegt, um den Leichnam »zu beerdigen«. Sie graben die Erde unter dem Kadaver weg, sodass dieser tief in die Erde sinkt. Ein Weibchen legt dann auf ihm seine Eier ab – der Tierleichnam dient als erste Nahrung für den Nachwuchs.

4 Rothalsige Silphe
Oiceoptoma thoracicum

› rotes Halsschild
› Aaskäfer
› oft an Stinkmorcheln

MERKMALE Etwa 1,5 cm lang. Schwarz mit unverwechselbarem rötlichem Halsschild. **VORKOMMEN** Häufig in Laub- und Mischwäldern. **LEBENSWEISE** Sowohl die Käfer als auch deren Larven ernähren sich von Aas, faulenden Pflanzen und Pilzen sowie von Kot. Damit kommt ihnen eine äußerst wichtige Bedeutung im Stoffkreislauf der Wälder zu. **WISSENSWERTES** Der Käfer wird auch vom Aasgeruch der Stinkmorcheln (s. S. 10) angelockt. Hier frisst er die schleimige, olivgrüne Masse, die die unverdaulichen Pilzsporen enthält, und verbreitet diese daraufhin per Ausscheidung.

1

2

3

4

1 Hain-Laufkäfer
Carabus nemoralis

› Greifzangen
› lange Laufbeine

MERKMALE 2–3 cm langer Käfer, oben glänzend schwarzgrün bis bronzefarben, kräftige Greifzangen, lange Laufbeine (Name!). **VORKOMMEN** In Wäldern, aber auch in Hecken, Gärten und gelegentlich in Kellern. **LEBENSWEISE** Krabbelt meist nachts durch die Laubstreu und räubert Raupen, Schnecken, Würmer und auch Fallobst. Hält sich am Tag unter Steinen versteckt. **WISSENSWERTES** Laufkäfer können schädliche Insekten wie Kartoffelkäfer reduzieren, einige Arten nutzt man zur biologischen Schädlingsbekämpfung.

2 Waldmistkäfer
Anoplotrupes stercorosus

› Körper gewölbt
› fliegt mit lautem Brummen durch den Wald
› Larve frisst Kot

MERKMALE Etwa 2 cm großer, blauschwarz glänzender, rundlich gewölbter Käfer. **VORKOMMEN** In Wäldern. **LEBENSWEISE** Frisst tierische Exkremente und spielt eine wichtige Rolle im Naturkreislauf. Neben die Kothaufen graben die Käfer 30–40 cm tiefe Röhren, füllen sie mit Kot und legen ein Ei hinein. Die Larve ernährt sich vom Kot, verpuppt sich darin und erscheint im nächsten Jahr als Käfer. **WISSENSWERTES** Fliegt an Frühlingsabenden laut brummend dicht über dem Boden auf der Suche nach Kot.

3 Maikäfer, Feldmaikäfer
Melolontha melolontha

› Fühler fächerartig
› erscheint im Mai
› gefürchtet: Maikäferjahre

MERKMALE 2–3 cm großer, kräftiger Käfer mit kastanienbraunem Rücken, schwarzem Kopf und Hals und gefächerten Fühlern. **VORKOMMEN** In Wäldern und Feldern, jahrweise häufig. **LEBENSWEISE** Gräbt sich im Mai aus dem Boden (Name!) und beginnt sofort, die Blätter verschiedener Laubbäume (Kastanie, Rot-Buche, Eiche u. a.) zu fressen. Gräbt Eier in den Erdboden, die Larven (Engerlinge) fressen Pflanzenwurzeln. **WISSENSWERTES** Alle drei bis vier Jahre kommt es zu Massenvermehrungen (»Maikäferjahre«), in denen die Käfer Bäume komplett kahl fressen können. Bei uns gibt es auch noch den Waldmaikäfer.

4 Hirschkäfer
Lucanus cervus

› unser größter Käfer
› mit Zangen wie Geweihe
› braucht alte Eichenwälder

MERKMALE Männchen (links) bis 8 cm, mit mächtigen, geweihartigen Zangen am Kopf und rotbraunen Flügeldecken. Weibchen (rechts) 3–5 cm, kleinere Zangen, dunkelbraun. **VORKOMMEN** Nur in alten Eichenwäldern mit morschen Bäumen in Mittel- und Südeuropa. **LEBENSWEISE** Schwärmt in der Abenddämmerung brummend durch den Wald. Ritzt Bäume an und leckt Baumsäfte. Legt Eier in morsches Holz. Die Larven leben hier fünf bis acht Jahre und werden 11 cm groß! **WISSENSWERTES** Mit den Zangen kämpfen die Männchen um die Weibchen.

1

2

3a

3b

4a

4b

1 Buchdrucker, Familie Borkenkäfer
Ips typographus

› als »Forstschädlinge« gefürchtet
› typische Fraßbilder unter der Rinde (s. S. 332)

MERKMALE 4–5 mm lang, bräunlich mit feiner Behaarung. **VORKOMMEN** In Nadelwäldern, besonders mit Fichtenbeständen. **LEBENSWEISE** Borkenkäfer können in Monokulturen größeren Schaden anrichten. Ihre Holz fressenden, madenförmigen Larven hinterlassen unter der Rinde typische Fraßbilder. Namen wie Buchdrucker oder Kupferstecher haben ihren Ursprung in den Fraßmustern der Käferlarven. **WISSENSWERTES** In unseren Wäldern gibt es über 100 weitere Borkenkäfer-Arten.

2 Skorpionsfliege
Panorpa communis

› gefleckte Flügel
› Schwanz wie ein Skorpion
› sticht nicht!

MERKMALE Etwa 2 cm groß, durchsichtige Flügel mit dunklen Adern und Flecken. Das Gesicht ist in einen Rüssel verlängert und am Hinterleib des Männchens (links) prangt ein Stachel, der an den von Skorpionen erinnert. **VORKOMMEN** In feuchten Laubwäldern, Parks und Gärten. **LEBENSWEISE** Frisst tote Kleintiere, die sie auch aus Spinnennetzen stiehlt, sowie verrottende Pflanzen und Früchte. **WISSENSWERTES** Der Stachel dient nicht zum Stechen. Er ist eine Zange, mit der das Männchen (links) das Weibchen (rechts) bei der Paarung festhält.

3 Rote Waldameise
Formica rufa

› baut Hügel
› verspritzt Säure

MERKMALE Etwa 1 cm groß, rot und schwarz gefärbt. Auffälliger als die Ameise sind ihre Nester. Das sind bis über 1 m hohe Erdhügel, die mit Nadeln bedeckt sind (s. S. 328). **VORKOMMEN** Häufig in Nadelwäldern. **LEBENSWEISE** In einem Nest lebt ein ganzes Ameisenvolk aus bis zu 100 000 Tieren. Sie gehen gemeinsam auf Jagd und erlegen so auch größere Tiere, z. B. Heuschrecken und Käfer. **WISSENSWERTES** Zur Verteidigung verspritzen sie Ameisensäure, die auf der Haut brennt.

4 Riesen-Holzschlupfwespe
Rhyssa persuasoria

› nützlich, da Schädlingsbekämpfer
› für Menschen völlig harmlos

MERKMALE 2–3 cm lang. Körper schwarz mit weißen Zeichnungen. Weibchen mit mehr als körperlangem Legebohrer. **VORKOMMEN** In Nadelwäldern. **LEBENSWEISE** Weibliche Schlupfwespen sind in der Lage, die im Holz lebenden Larven von Holzwespen zielsicher aufzuspüren. Mit ihrem langen Legebohrer stechen sie diese bis in eine Tiefe von 3 cm an, lähmen sie und deponieren ein Ei an ihnen: Die eigene Larve ernährt sich sodann von der Holzwespenlarve. **WISSENSWERTES** Da die Larven der Holzwespen der Forstwirtschaft einen gewissen Schaden zufügen, ist die Schlupfwespe als natürlicher Feind gern gesehen und wird als Nützling eingestuft.

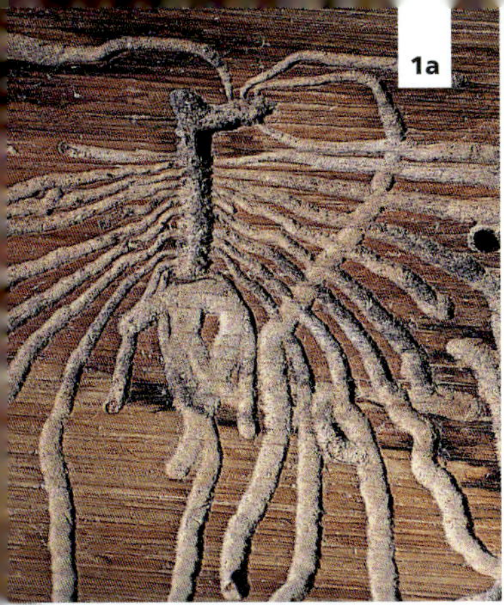
1a

1b

2a

2b

3

4

1 Schwammspinner
Lymantria dispar

- Fühler kammartig
- frisst Bäume kahl
- manchmal sehr häufig

MERKMALE Etwa 3 cm groß, Männchen braun, Weibchen gelblich weiß. Besonders das Männchen hat auffallend große, kammartige Fühler. Die Raupe ist sehr variabel gefärbt. **VORKOMMEN** Häufig in Laubwäldern, im Norden selten. **LEBENSWEISE** Die hellen Männchen fliegen auf der Suche nach Weibchen nachmittags im Wald umher. Das Weibchen legt die Eier an Baumrinde ab. In manchen Jahren kommt es zu Massenentwicklungen, dann fressen die Raupen ganze Bäume kahl. Flugzeit Juli bis September. **WISSENSWERTES** Der Name bezieht sich auf die schwammartigen Eigelege.

2 Nagelfleck
Aglia tau

- auffällige Augenflecke
- Raupe frisst Buchenblätter
- geschützt

MERKMALE Flügel orangebraun mit je einem schwarz gesäumten, violetten Augenfleck. **VORKOMMEN** In Laub- und Mischwäldern mit Buchenbeständen. **LEBENSWEISE** Die Flugzeit beginnt bereits Ende März und endet im Juni. Insbesondere die männlichen Tiere kann man tagsüber im Zickzackflug dicht über dem Boden beobachten. Die Raupen ernähren sich von Buchenblättern. **WISSENSWERTES** Mit relativ großen, geweihartigen und rot-weiß geringelten Fortsätzen sieht die Jungraupe recht bizarr aus.

3 Waldbrettspiel
Pararge aegeria

- Zeichnung eines Brettspiels
- Männchen mit Revier
- Raupe an Gräsern

MERKMALE Flügeloberseite dunkelbraun mit typischer weißlicher Fleckenzeichnung und gelb umrandeten Augenflecken am Flügelrand. Hinterflügel zackig gewellt. **VORKOMMEN** Häufig in lichten Wäldern, an Waldrändern und auf Waldlichtungen. **LEBENSWEISE** Das Männchen sitzt im Halbschatten auf Blättern, verteidigt hier ein Revier gegen Konkurrenten und wartet auf vorbeikommende Weibchen. Die Falter saugen nicht nur an Blüten, sondern häufig an Baumsäften und reifen Früchten. Die hellgrün gefärbte Raupe frisst an verschiedenen Waldgräsern.

4 Kaisermantel
Argynnis paphia

- »schön wie des Kaisers Mantel«
- Hochzeitstänze

MERKMALE 3,5–4 cm groß. Orange mit schwarzen Punkten und Flecken. **VORKOMMEN** Auf Waldwiesen und an Waldwegen. **LEBENSWEISE** Die Falter saugen Nektar an den Blüten von Brombeeren, Wasserdost und Disteln, die Weibchen legen ihre Eier an Baumrinde ab. Die Raupen schlüpfen erst nach dem Winter, sie fressen an Veilchen und Himbeeren. Flugzeit Juli und August. **WISSENSWERTES** Auf sonnigen Waldlichtungen kann man die Balztänze beobachten. Dabei wird das Weibchen immer wieder vom Männchen unter- und überflogen.

1

2

3a

3b

4

1 | Sperber 001
Accipiter nisus

› Kleinvogeljäger
› quer gestreifte Brust
› jagt im Winter am Futterhaus

MERKMALE Etwa krähengroß mit quer gestreifter Unterseite (»Sperberung«). Im Flug sind außerdem die recht kurzen, runden Flügel in Kombination mit dem langen Schwanz ein gutes Erkennungsmerkmal. **VORKOMMEN** Brutvogel meist in Fichtenforsten, jagt aber in Hecken- und Buschlandschaften, im Winter auch häufig in der Nähe von Ortschaften, wo er vom Kleinvogel-Angebot an Futterhäuschen profitiert. **LEBENSWEISE** Der Sperber ist ein Überraschungsjäger, der plötzlich aus der Deckung herausgeschossen kommt und sich pfeilschnelle Verfolgungsjagden mit Kleinvögeln liefert. Zu seiner Hauptbeute zählen Spatzen, Finken und Amseln. **WISSENSWERTES** Dass irgendwo ein Sperber lauert, bemerkt man am ehesten an der Reaktion erregter Kleinvögel: Sie lassen dann hohe, durchdringende Alarmrufe hören.

2 | Habicht 002
Accipiter gentilis

› des Sperbers »großer Bruder«
› erbeutet Vögel ab Drosselgröße
› wendiger Überraschungsjäger

MERKMALE Etwas größer als ein Bussard, ist er eine große, kräftige Ausgabe des Sperbers. **VORKOMMEN** Brütet in Wäldern mit alten Baumbeständen, seine Jagdgebiete liegen in offener, buschreicher Landschaft. **LEBENSWEISE** Schlägt vor allem diejenigen Vögel, die der Sperber aufgrund seiner geringeren Größe kaum noch bekommt. Vor allem Drosseln, Tauben und Eichelhäher stehen auf seinem Speiseplan, aber auch Säugetiere wie Eichhörnchen und Kaninchen. **WISSENSWERTES** Der Habicht ist der Symbolvogel des Naturschutzes für die rücksichtslose Verfolgung einer Tierart, die zum katastrophalen Rückgang führte. Kaum ein anderer Vogel wurde und wird zum Teil noch so von Jägern, Taubenzüchtern und Kleintierhaltern gehasst wie der Habicht.

3 | Rotmilan 003
Milvus milvus

› »Gabelweihe«
› »Müllverwertung« beim Nestbau

MERKMALE Etwas größer als ein Bussard. Rötlich gefärbt mit weißlichem Kopf und Hals. Tief gegabelter, rotbrauner Schwanz. Im Flug von unten gesehen kontrastreich gefärbt. **VORKOMMEN** In lichten Laub- und Mischwäldern, jagt über Felder und Wiesen. **LEBENSWEISE** Rotmilane machen Jagd auf verschiedene Kleinsäuger und Vögel, gehen aber auch gerne an Aas und »Straßenopfer«. Ihr Nest befindet sich meist hoch in den Bäumen und ist oft mit Lumpen, Papier und ähnlichem Müll ausgekleidet. **WISSENSWERTES** Die meisten Rotmilane ziehen während der kälteren Wintermonate in den Mittelmeerraum, einige bleiben jedoch auch bei uns. Der Schwarzmilan *(Milvus migrans)* hat einen weniger deutlich gegabelten Schwanz, schlanke, lange Flügel und dunkle Flügelunterseiten mit einem etwas helleren Feld nahe der Flügelspitzen.

1

2

3

1 Waldohreule 004
Asio otus

› lange Federohren
› orangefarbene Augen
› brütet in Krähennestern

MERKMALE Etwa krähengroße, schlanke Eule (viel schlanker als Waldkauz) mit langen, aufrichtbaren Federohren und orangefarbenen Augen, an denen man sie auch dann erkennt, wenn ihre Federohren angelegt sind. **VORKOMMEN** Brütet in kleinen Feldgehölzen oder am Waldrand, jagt in offener Landschaft. **LEBENSWEISE** Baut keine eigenen Nester, sondern brütet in ehemaligen Krähen- und Elsternestern, aber auch in verlassenen Nestern von Greifvögeln, Tauben und in Eichhörnchenkobeln. Lebt fast ausschließlich von Feldmäusen. **WISSENSWERTES** Waldohreulen sind stark vom Angebot an Feldmäusen abhängig. In schlechten Mäusejahren brüten sie erst gar nicht. In kalten Wintern erregen oftmals ganze Trupps von Waldohreulen in Städten Aufsehen. Hier ist das Angebot an Nahrung besser als auf dem Land.

2 Uhu 005
Bubo bubo

› größte Eule der Welt
› ruft laut seinen Namen: »U-hu«
› häufig ausgewilderte Vögel

MERKMALE Fast so groß wie ein Adler, massiger Körper mit dickem Kopf, großen, orangegelben Augen und langen Federohren. **VORKOMMEN** Hauptsächlich Brutvogel in den Alpen und im Mittelgebirge, durch Aussetzen gezüchteter Vögel auch wieder kleine Bestände im Flachland. **LEBENSWEISE** Jagt überwiegend nachts, erbeutet häufig Igel, Ratten und Vögel bis Entengröße, kann sogar Hasen fangen. Brütet in Felswänden, Wäldern und Kiesgruben. **WISSENSWERTES** Durch starke Bejagung wurde der Uhu in weiten Landesteilen ausgerottet. Viele der heute bei uns brütenden Paare sind ausgewilderte Vögel. Dass die Wiederansiedlung gelang, zeigt, dass der Lebensraum für die ehemals bedrohte Eule noch existiert. Für den Menschen ist diese große Eule nicht gefährlich.

3 Waldkauz 006
Strix aluco

› unheimliches »huuu huhuhuhuh«
› brütet in Höhlen
› am Brutplatz aggressiv

MERKMALE Gedrungene, kompakte Eule, größer als eine Krähe. Mit großem, rundem Kopf und – im Unterschied zur Waldohreule – schwarzen Augen. Ihr nächtlich vorgetragener Reviergesang wird vielfach in Kriminalfilmen eingesetzt, denn er klingt so schön schauerlich. **VORKOMMEN** In Wäldern, Parks und auf Friedhöfen häufig. **LEBENSWEISE** Das Weibchen legt seine Eier in Baumhöhlen, aber auch auf Dachböden, in Nistkästen oder alte Krähennester. Waldkäuze jagen oft von Sitzwarten aus, unternehmen aber auch Suchflüge, plündern Nester und fischen. Am liebsten fressen sie Mäuse, aber auch Kleinvögel oder Frösche. **WISSENSWERTES** Der Waldkauz ist bezüglich Jagdtechnik, Beute und Neststand unsere vielseitigste und anpassungsfähigste Eule.

1a

1b

2

3a

3b

1 Ringeltaube 007
Columba palumbus

› gurrt fünfsilbig »hu hu hu – hu hu«
› fliegt mit lautem Flügelklatschen auf
› im Winter in Schwärmen auf Feldern

MERKMALE Unsere größte Taube. Häufig zu hörender fünfsilbiger Ruf (Türkentaube: dreisilbig). Je ein weißer Fleck an den Halsseiten und eine im Flug auffällige, weiße Flügelbinde. Erschreckt Waldspaziergänger nicht selten, wenn sie urplötzlich mit lautem Flügelklatschen auffliegt. **VORKOMMEN** Brütet in Wäldern, kleinen Feldgehölzen, Parks, Tierparks und Gärten, zur Nahrungssuche häufig in Trupps auf Äckern. **LEBENSWEISE** Frisst Baumfrüchte wie Eicheln und Bucheckern, aber auch Getreide, Kohl, Klee, Raps und Beerenfrüchte. Schließt sich im Winter mit Artgenossen zu Schwärmen zusammen. **WISSENSWERTES** Ausgerechnet Ringeltauben, die Lieblingsspeise des Habichts, brüten gern in unmittelbarer Nähe des Habichtsnestes. Hier, in der Zone um sein Nest, sind sie interessanterweise sicher.

2 Pirol 008
Oriolus oriolus

› typische gelb-schwarze Färbung
› wellenförmiger Flug
› »düdlio«-Rufe

MERKMALE Etwa amselgroß, kräftiger Schnabel, Männchen (s. Foto) leuchtend gelb und schwarz, Weibchen und Jungvögel grünlich gelb. Scheu und daher trotz auffälliger Färbung leicht zu übersehen. Eher anhand ihrer flötenden »düdlio«-Rufe auszumachen. **VORKOMMEN** Hauptsächlich in sonnigen, aber feuchten Laubwäldern und Auwäldern. **LEBENSWEISE** Verborgen in laubreichen Baumkronen, das kunstvolle Napfnest hängt meist in Astgabeln. Futtersuche in dichtem Laub, vor allem Raupen und Früchte. **WISSENSWERTES** Mit der Zerstörung alter Laubwälder und Auenlandschaften ist der Pirol bei uns selten geworden. In unseren Breiten lebt der Pirol von Mai bis September, die kalte Jahreszeit verbringt er als Zugvogel in Süd- und Ostafrika.

3 Eichelhäher 009
Garrulus grandarius

› bunter Rabe
› pflanzt neue Wälder
› blau-weiße Flügelabzeichen

MERKMALE Etwas kleiner als eine Krähe und unser buntester Rabenvogel: Er ist rötlich braun gefärbt mit blau-weißen Flügelabzeichen, die ebenso wie der weiße Rückenfleck besonders im Flug auffallen. **VORKOMMEN** In Wäldern und kleinen Feldgehölzen mit Eichen, außerhalb der Brutzeit auch in Gärten. **LEBENSWEISE** Frisst Eicheln und andere Früchte, Insekten, Eier und Jungvögel. Brütet auf Bäumen und Büschen. **WISSENSWERTES** Im Herbst sieht man Eichelhäher häufig unermüdlich zwischen Eichen und einem nahen Waldstück hin- und herfliegen, den dicken Kehlsack prall gefüllt mit bis zu zwölf Eicheln. Ein einziger Vogel versteckt so jedes Jahr mehrere Zehntausend Eicheln als Wintervorrat – diejenigen, die er davon nicht wiederfindet, keimen zu neuen Nahrungsbäumen heran.

1a

1b

2

3

1 Schwarzspecht [010]
Dryocopus martius

- größter europäischer Specht
- ruft weit schallend »klióóhhh«
- lange Trommelwirbel

MERKMALE Knapp krähengroß, schwarz, kräftiger, heller Schnabel, rote Kopfkappe. **VORKOMMEN** In Wäldern mit alten Bäumen. **LEBENSWEISE** Zimmert Bruthöhlen z. B. in mindestens 80–100-jährige Buchen. Sucht seine Nahrung in Mischwäldern mit vermodernden Bäumen und Totholz. Hackt mit seinem Schnabel Holz bewohnende Insekten und Larven heraus (s. S. 341). **WISSENSWERTES** Die rote Kappe reicht beim Männchen von der Stirn bis zum Scheitel, ist beim Weibchen nur am Hinterkopf.

2 Buntspecht [011]
Dendrocopus major

- häufigster Specht Europas
- im Winter am Futterhaus
- zimmert Baumhöhlen

MERKMALE Etwa amselgroß, schwarz-weiß. Männchen mit rotem Fleck am Kopf. **VORKOMMEN** Häufiger Brutvogel in allen Wäldern, auch in Parks und Gärten. **LEBENSWEISE** Unser vielseitigster Specht. Frisst bevorzugt Holz bewohnende Käfer und Schmetterlingslarven, aber auch Eier und Jungvögel und im Winter Samen von Kiefern und Fichten. Regelmäßiger Gast am Futterhaus. Brütet in selbst gezimmerten Baumhöhlen (s. S. 340). **WISSENSWERTES** Trommelt ausgiebig an guten Resonanzkörpern.

3 Nachtigall [012]
Luscinia megarhynchos

- »Es war die Nachtigall ...«
- singt nachts
- überwintert in Afrika

MERKMALE Größer als ein Spatz, braun mit rostrotem Schwanz. Nächtlicher, schluchzender Gesang mit klaren Flötenstrophen. **VORKOMMEN** Brütet in buschreichen Wäldern, Parks und Gärten. **LEBENSWEISE** Lebt sehr versteckt. Frisst Insekten und Beerenfrüchte. **WISSENSWERTES** Berühmt seit Shakespeares Romeo und Julia, wo sie tragischerweise mit der Lerche verwechselt wird (»Es war die Nachtigall und nicht die Lerche!«). Allerdings singen die meisten Nachtigallen in der Morgen- und Abenddämmerung – nur wer noch kein Weibchen hat, der muss auch nachts noch singen.

4 Trauerschnäpper [013]
Ficedula hypoleuca

- fängt Insekten im Flug
- brütet in Höhlen und Nistkästen
- überwintert im tropischen Afrika

MERKMALE Kleiner als ein Spatz, schwarz und weiß mit feinem Schnabel. **VORKOMMEN** Verbreiteter Brutvogel in lichten Wäldern, Gärten und Parks. **LEBENSWEISE** Sitzt ruhig auf einer Warte, meist zwischen Blättern auf Ästen, und erbeutet von hier aus überfallartig fliegende Insekten wie Mücken, Fliegen und Schmetterlinge. Brütet in natürlichen Baumhöhlen oder in Nistkästen. **WISSENSWERTES** Trauerschnäpper kommen nur da vor, wo es geeignete Bruthöhlen gibt.

1

2

3

4

1 Wintergoldhähnchen
Regulus regulus 014

› kleinster europäischer Vogel
› turnt in Baumwipfeln
› oft in Nadelwäldern

MERKMALE Winzig, nur etwa halb so groß wie ein Spatz. Graugrün mit gelb-schwarz gestreiftem Scheitel. Am ehesten durch den feinen, hohen Gesang, ein auf- und absteigendes »sisisisi«, auszumachen. **VORKOMMEN** Verbreiteter Brutvogel vor allem in Nadelwäldern. **LEBENSWEISE** Turnt meist hoch oben im Geäst, wobei er Blattläuse von den Blättern absammelt. Baut ein Nest aus Spinnweben, Moos und Federn. **WISSENSWERTES** Kaum im Nadelwald angekommen, hört man schon ihr feines »sisisi« von weit oben. Im Winter oft mit Meisen am Futterhäuschen.

2 Waldbaumläufer
Certhia familiaris 015

› sehr klein
› klettert an Baumstämmen hoch
› im Winter an Futterstellen

MERKMALE Kleiner als ein Spatz, typisch sind das rindenfarbige Gefieder und der feine, relativ lange, gebogene Schnabel. **VORKOMMEN** Brütet hauptsächlich in Nadelwäldern. **LEBENSWEISE** Klettert senkrecht an Baumstämmen hoch, erbeutet dabei kleine Insekten und Spinnen. Das Nest aus Pflanzenmaterial wird in Spalten, hinter Rinde oder in Höhlen versteckt. **WISSENSWERTES** Nah verwandt ist der Gartenbaumläufer. Er brütet häufig in Mischwäldern, Parks und in Gärten mit alten Bäumen. Dabei huscht er mausartig an den Baumstämmen empor.

3 Haubenmeise
Lophophanes cristatus 016

› zimmert eigene Bruthöhle
› trägt eine Haube
› ruft »zi gürr«

MERKMALE Größe wie Blaumeise, schwarz-weiß gezeichneter Kopf mit spitzer Federhaube. **VORKOMMEN** Häufiger Brutvogel in Nadelwäldern, aber auch in Parks und Gärten. **LEBENSWEISE** Kommt nur da vor, wo sie das ganze Jahr Deckung in immergrünen (Nadel-) Bäumen findet. Hackt Bruthöhlen in morsches Holz oder Baumstubben. Frisst Insekten und Samen von Nadelbäumen. Legt Nahrungsvorräte zwischen Zweigen und Nadeln an. **WISSENSWERTES** Im Winter seltener am Futterhaus als andere Meisen, wesentlich scheuer.

4 Tannenmeise
Periparus ater 017

› leuchtend weißer Fleck im Nacken
› kleinste Meise Europas
› Höhlenbrüter

MERKMALE Kleiner als Blaumeise. Schwarzer Kopf mit weißem Nackenfleck und weißen Wangen. Typischer Gesang »Mieze-mieze-mieze«. **VORKOMMEN** Hauptsächlich in Fichten- und Tannenwäldern, auch in Mischwäldern und Parks. **LEBENSWEISE** Tannenmeisen hüpfen und flattern auf der Suche nach Insekten und Spinnen durch die dicht benadelten Äste. Im Winter sieht man sie, an Fichtenzapfen hängend, die Samen herauspicken. Sie bauen ihr Nest in bereits vorhandene Baumhöhlen, in ausgefaulte Wurzelstubben oder in Erdlöcher.

1

2

3

4

1 Erlenzeisig
Spinus spinus

018

› liebt Erlensamen
› im Winter in Schwärmen
› kommt auch ans Futterhäuschen

MERKMALE Kleiner als Spatz. Gelblich-grünliche Grundfärbung. Männchen am Scheitel und Kinn schwarz. Weibchen schlichter gefärbt, unterseits streifig. **VORKOMMEN** Lichte Nadel- und Mischwälder. **LEBENSWEISE** Die Nahrung der Erlenzeisige besteht aus verschiedenen Sämereien, zur Brutzeit angereichert mit Insekten. Die Weibchen bauen ihre Nester meist weit oben in Nadelbäumen. Erlenzeisige haben einen schnellen, zwitschernden, angenehmen Gesang, der meist mit arttypischen »tüli«-Rufen eingeleitet und mit einem nasal klingenden »Knätschen« beendet wird. Vorgetragen wird der Gesang meist aus Baumkronen heraus, manchmal im fledermausartigen Singflug. **WISSENSWERTES** Außerhalb der Brutzeit bilden Erlenzeisige meist größere Trupps, die insbesondere in Erlen- und Birkenbeständen auf Nahrungssuche gehen.

2 Buchfink
Fringilla coelebs

019

› unser häufigster Fink
› »zi zi würzgebier«
› in Trupps am Futterhaus

MERKMALE Spatzengroß mit kräftigem Finkenschnabel, das Männchen (links) zur Brutzeit zimtbraun mit grauem Kopf, das Weibchen (rechts) schlicht olivgrau. Im Flug zwei weiße Binden auf jedem Flügel. **VORKOMMEN** Überall da, wo es Bäume gibt; einer unserer häufigsten Brutvögel von der Küste bis zum Hochgebirge. **LEBENSWEISE** Buchfinken sieht man zur Nahrungssuche häufig mit ruckartigen Trippelschritten am Boden herumlaufen, hier picken sie hauptsächlich Samen auf, zur Brutzeit aber auch Insekten. Ihr Nest bauen sie meist in Astgabeln auf Büschen und Bäumen, aber auch an Häusern. **WISSENSWERTES** Seinen eingängigen Gesang (»Finkenschlag«) hat schon jeder gehört: Er besteht aus einer schmetternden Strophe abfallender Tonhöhe und klingt wie »zi zi zizizizi würzgebier«.

3 Kernbeißer
Coccothraustes coccothraustes

020

› »Kirschkernbeißer«
› versteckt in Baumkronen
› im Winter am Futterhaus

MERKMALE Deutlich größer als ein Spatz, fast starengroß. Braunrot mit grauem Nacken, wobei das kräftiger gefärbte Männchen bunt wirkt. Typisch sind der dicke Kopf und der schon aus der Ferne augenfällige, massige Schnabel. **VORKOMMEN** Brütet in Buchenwäldern, Parks und größeren Gärten mit hohen Bäumen. **LEBENSWEISE** Kernbeißer leben versteckt hoch oben in Baumkronen und verraten sich am ehesten durch ihre scharfen »zick«-Rufe. Ihre Nester bauen sie hoch oben in Laubbäumen. Sie fressen Früchte und hartschalige Samen, im Frühjahr auch Knospen. Mit ihren kräftigen Schnäbeln knacken sie sogar Samen von Steinobst (»Kirschkernbeißer«). **WISSENSWERTES** Im Winter sieht man sie oft in gemischten Finkentrupps am Futterhaus, wo sie sprungartig am Boden umherhüpfen.

1

2a

2b

3

1 Waldspitzmaus
Sorex araneus

- keine echte Maus
- Einzelgänger
- frisst Insekten

MERKMALE Typische Insektenfresser-Gestalt (keine Maus!): lange und spitze, rüsselförmige Schnauze, winzige Augen und Ohren und samtweiches Fell. Kleiner als eine Hausmaus. **VORKOMMEN** In Wäldern, Wiesen, Gärten und Parks, im Winter auch in Gebäuden. **LEBENSWEISE** Sucht in dichtem Bodenbewuchs nach Nahrung. Vertilgt Würmern, Spinnen, Schnecken, Käfern und Aas, genau wie der verwandte Igel, daher für den Menschen ein ausgesprochener Nützling. Baut ein Kugelnest unter Baumwurzeln, oft auch unter Holzstapeln. **WISSENSWERTES** Spitzmäuse werden zwar vielfach von Eulen oder Katzen gefangen (auch sie halten die kleinen Tiere zunächst für Mäuse), dann aber wegen ihres penetranten Moschusgeruches meist liegen gelassen.

2 Waldmaus
Apodemus sylvaticus

- langer Schwanz
- eine der häufigsten Mäuse
- besetzt Vogelkästen

MERKMALE Mit etwa 10 cm so groß wie eine Hausmaus, der Schwanz ist noch einmal genauso lang. Oberseits graubraun (nicht grau wie die Hausmaus), die Unterseite ist weißlich. Große Augen und Ohren verraten das Nachttier. **VORKOMMEN** In Wäldern, Hecken, Feldern, Wiesen, Parks und Gärten, im Winter auch in Gebäuden. **LEBENSWEISE** Einzelgänger, der hauptsächlich in der Dämmerung und nachts unterwegs ist. Die Tiere springen sehr gut und klettern gern auf Bäume. Sie graben tiefe Gänge mit Nest- und Vorratskammern. Hier horten sie Haselnüsse, Eicheln und Bucheckern für den Winter. Im Sommer fressen sie Grassamen, Getreide, Knospen, Früchte, Insekten, Würmer und Schnecken. **WISSENSWERTES** Nicht selten werden Vogel-Nistkästen von den gut kletternden Waldmäusen besetzt.

3 Rötelmaus
Myodes glareolus

- leicht zu beobachten
- rotbrauner Rücken
- Massenvermehrungen

MERKMALE So groß wie eine Hausmaus, oberseits kräftig rotbraun, Bauchseite weißlich. Im Gegensatz zur Waldmaus hat die Hausmaus kleine Ohren und einen nur etwa halbkörperlangen Schwanz. **VORKOMMEN** In Wäldern, Wiesen, Parks, Hecken und Gebüschen, im Winter gelegentlich auch in Gebäuden. **LEBENSWEISE** Die geselligen Wühlmäuse sind dämmerungs- und nachtaktiv, häufig aber auch am Tage tätig und dann leicht zu beobachten, weil wenig scheu. Ihre Nestkammern bauen sie in Reisighaufen oder in morschen Baumstümpfen. Hier bringen die Weibchen bis zu viermal im Jahr drei bis sieben Junge zur Welt. Diese können sich bereits wieder im Alter von zehn Wochen fortpflanzen. **WISSENSWERTES** Gibt es genug zu fressen, kommt es leicht zu Massenentwicklungen. Davon profitieren ihre Fressfeinde, die Eulen.

1

2

3a

3b

1 | Rotfuchs
Vulpes vulpes

- schlau
- roter Pelz und buschiger Schwanz
- Hauptspeise: Mäuse

MERKMALE Wie ein mittelgroßer, kurzbeiniger Hund. Unverwechselbar mit seinem roten Fell und dem mächtigen, buschigen Schwanz. **VORKOMMEN** Ursprünglich ein Waldbewohner; heute in fast allen Lebensräumen vom Wattenmeer der Küste bis zum Hochgebirge. **LEBENSWEISE** Dämmerungs- und nachtaktiv, frisst hauptsächlich Mäuse. Bringt Junge in Erdhöhlen zur Welt. **WISSENSWERTES** Der sprichwörtliche »schlaue Fuchs« ist allen Versuchen, ihn bei uns loszuwerden, entkommen. Anders als die ebenfalls ursprünglich bei uns beheimateten und ausgerotteten, aber jetzt wieder in Verbreitung befindlichen Raubtiere Bär, Wolf und Luchs gibt es den Fuchs gar nicht so selten. Überaus vorsichtig und anpassungsfähig, nutzt er viele verschiedene Lebensräume und Nahrungsquellen bis hin zu Mülltonnen mitten in den Großstädten (s. S. 350).

2 | Dachs 021
Meles meles

- Gesicht schwarz-weiß gestreift
- die Burg im Wald
- Fuchs als Untermieter

MERKMALE Wie ein mittelgroßer, plumper und schwerfälliger Hund. Kurze Beine und schwarz-weiß gestreiftes Gesicht. **VORKOMMEN** In Wäldern, Flussauen und Gebirgen. **LEBENSWEISE** Dachse halten sich tagsüber und im Winter mehrere Monate in ihren Bauten auf. Entsprechend geräumig legen sie ihre »Dachsburgen« an. Das sind bis zu 30 m weit verzweigte Gangsysteme mit verschiedenen Ein- und Ausgängen und geräumigen Höhlen auf mehreren Etagen, an denen fast ständig weitergebaut wird. Dachse sind Allesfresser, vom Regenwurm über Schnecken, Insekten und Jungvögel bis zu Früchten und Aas ist ihnen alles recht. **WISSENSWERTES** Dachsburgen werden über Generationen weitervererbt und oft von mehreren Tieren bewohnt. Sie sind so geräumig, dass darin häufig noch der Fuchs als Untermieter Platz findet (s. S. 349).

3 | Baummarder 022
Martes martes

- geht nachts auf Beutefang
- springt von Baum zu Baum
- gelber Kehllatz

MERKMALE Katzengroß, aber kurzbeiniger mit langem, buschigem Schwanz. Färbung kastanienbraun mit typischem, gelbem Kehlfleck. **VORKOMMEN** In höhlenreichen Wäldern, Parks und Gebirgen. **LEBENSWEISE** Einzelgänger, der am liebsten in der Dämmerung und nachts unterwegs ist. Meist am Boden, klettert und springt aber auch bis zu 4 m von Baum zu Baum. Besitzt mehrere Lager in Baumhöhlen oder verlassenen Nestern. Als Nahrung dienen Eichhörnchen, Mäuse, Vögel, Eier, Obst und größere Insekten. Besonders nachts kommen ihm sein vorzügliches Gehör und sein feiner Geruchssinn zugute. **WISSENSWERTES** Der Baummarder hat noch einen Bruder mit weißer statt gelber Brust, den Steinmarder. Dieser ist viel weniger scheu und lebt in unmittelbarer Nähe des Menschen (s. S. 208).

1

2

3

1 Wildschwein [023]
Sus scrofa

- Allesfresser
- beliebtes Jagdwild
- gestreifte Frischlinge

MERKMALE Kräftige Schweine mit dicht borstigem, dunkelbraunem Fell. Männchen (»Keiler«) bis zu 1,8m lang und 350kg schwer, hervorstehende Eckzähne (»Hauer«) im Unterkiefer. **VORKOMMEN** In Wäldern, zur Nahrungssuche häufig auf Feldern. **LEBENSWEISE** Nah verwandte Weibchen (»Bachen«) bilden mit ihren Jungen (»Frischlinge«) Familienverbände von bis zu 50 Tieren. Zur Nahrungssuche oft auf Maisäckern. Die Keiler sind außerhalb der Paarungszeit Einzelgänger. **WISSENSWERTES** Bachen verteidigen ihre Frischlinge aggressiv, auch gegenüber Menschen (s. S. 351).

2 Rothirsch [024]
Cervus elaphus

- König unserer Wälder
- herbstliches Brunftgeschrei
- mächtiges Stangengeweih

MERKMALE Unser größter Hirsch (bis zu 350kg). Im Sommer rotbraun, im Winter graubraun. Männchen (links) mit großem Stangengeweih, Weibchen (rechts) geweihlos. Vorkommen Große Wälder mit Freiflächen, Heiden und Moore. **LEBENSWEISE** In Rudeln, Hirschkühe mit Jungen getrennt von den Hirschen, treffen nur zur Fortpflanzungszeit (»Brunft«) Ende September bis Mitte Oktober zusammen. Frisst Kräuter, Blätter und Baumfrüchte, schält Rinde von Bäumen. **WISSENSWERTES** Im Spätwinter verlieren die Hirsche ihr Geweih und bilden in 100 Tagen ein neues (s. S. 353).

3 Damhirsch [025]
Dama dama

- Schaufelgeweih
- weiß gepunktet
- oft in Gattern

MERKMALE Mittelgroß (bis zu 200kg schwer). Im Sommer rotbraun mit weißen Punkten, im Winter dunkler und schwächer gepunktet. Männchen mit Schaufelgeweih, Weibchen ohne. **VORKOMMEN** Mischwälder in Ebenen und Mittelgebirgen. **LEBENSWEISE** Lebt im Sommer getrennt nach Geschlechtern, im Herbst zur Brunft treffen sich die Tiere und bleiben bis zum Frühjahr zusammen. Fressen Gräser, Kräuter, Baumfrüchte und Rinde. **WISSENSWERTES** Wirft sein Geweih im April/Mai ab, das neue ist Ende August fertig. Oft in Parks und Gattern (s. S. 353).

4 Reh [026]
Capreolus capreolus

- unser kleinster Hirsch
- kurzes Geweih
- Kitze gepunktet

MERKMALE Grazil, im Sommer rotbraun, im Winter graubraun, Männchen mit kurzem, nur bis 30cm langem Geweih. **VORKOMMEN** In lichten Wäldern, zur Nahrungssuche oft auf Feldern. **LEBENSWEISE** In kleinen Familienrudeln, die Böcke einzeln. Im Herbst und Winter in gemischten Rudeln. Fressen Knospen von Laubbäumen und Tannen, Kräuter, Baum- und Feldfrüchte. **WISSENSWERTES** Kitze sind geruchlos und werden zum Schutz gegen Feinde in dichter Vegetation versteckt. Ist die Gefahr vorbei, kehrt die Mutter zu ihnen zurück (s. S. 352).

1a

1b

2a

2b

3

4

Lebensraum — Wiese und Feld

1 Wiesen-Fuchsschwanz
Alopecurus pratensis

› blüht früh
› weich
› wichtiges Futtergras

MERKMALE Süßgräser *(Poaceae)*. 30–100 cm hoch. Dichter, sehr weicher, walzenförmiger, bis 10 mm dicker und 6–10 cm langer Blütenstand. Wächst in lockeren oder dichten Horsten. Blütezeit Mai bis Juli. **VORKOMMEN** Häufig auf Wiesen, an Wegen und Ufern. Wird auf Weiden auch ausgesät. **WISSENSWERTES** Der Wiesen-Fuchsschwanz ist eines der besten und ertragreichsten Gräser und liefert wertvolles Futter. Sein Name leitet sich von der Form des Blütenstandes ab, die entfernt an den Schwanz eines Fuchses erinnert.

2 Wiesen-Knäuelgras
Dactylis glomerata

› weit verbreitet
› Ährchen im Knäuel gehäuft
› gutes Weidegras

MERKMALE Süßgräser *(Poaceae)*. 30–120 cm hoch. Großer, einseitswendiger, fast dreieckiger Blütenstand mit geknäulten Ährchen (Name!). Untere Rispenästchen waagerecht abstehend. Kräftige, aufrechte Halme. Pflanze gräulich grün, völlig unbehaart. Bildet Horste. Blütezeit Mai bis September. **VORKOMMEN** Häufig auf Wiesen, Weiden und an Wegrändern. **WISSENSWERTES** Das Wiesen-Knäuelgras ist ein ertragreiches Weidegras. Zur Heugewinnung muss es früh im Jahr gemäht werden, da es ansonsten relativ hart und spröde wird.

3 Wiesen-Lieschgras
Phleum pratense

› Timothe
› gutes Weidegras
› Rasengras in Gärten

MERKMALE Süßgräser *(Poaceae)*. 40–150 cm hoch. Sehr dichter, zylindrischer, 6–15 cm langer und 6–10 mm breiter Blütenstand. Blätter hell blaugrün. Aufrechte oder bogig aufsteigende, kräftige Halme. Pflanze völlig unbehaart. Blütezeit Mai bis August. **VORKOMMEN** Weit verbreitet und häufig auf Wiesen, Weiden und an Wegrändern. **WISSENSWERTES** Das Wiesen-Lieschgras wird oft auch als Timothe oder Timotheusgras bezeichnet. Dieser Name geht auf Timotheus Hansen zurück, der das für die Weidewirtschaft wertvolle Futtergras um 1720 nach Amerika eingeführt hat.

4 Zittergras
Briza media

› zittert im Wind
› herzförmige Ährchen
› in Gärten als Ziergras

MERKMALE Süßgräser *(Poaceae)*. 20–50 cm hoch. Nickende, ei- bis herzförmige Ährchen an dünnen, geschlängelten Stielen – diese zittern im Wind (Name!). Bildet lockere Rasen. Blütezeit Mai bis September. **VORKOMMEN** Auf Magerwiesen und Trockenrasen sowie an Weg- und Waldrändern. **WISSENSWERTES** Das dekorative Zittergras wird gerne in Gärten als Ziergras angepflanzt. Ursprünglich handelt es sich um eine relativ häufige und verbreitete Art. Heute ist es eher selten geworden, möglicherweise aufgrund von Düngung und zu starker Beweidung der Wiesen.

1

2

3

4

1 Gerste
Hordeum vulgare

- sehr lange Grannen
- Bestandteil von Bier
- Anbau bis 70 Grad nördlicher Breite

MERKMALE Süßgräser *(Poaceae)*. Ca. 120 cm hoch. Ähren nickend mit bis zu 15 cm langen Grannen. Zuchtformen mit zweizeiligen, flachen Ähren oder mehrzeiligen dicken Ähren. **VORKOMMEN** Auf Feldern angebaut. **WISSENSWERTES** Bei der Gerste mit den zweizeiligen Ähren handelt es sich um die sogenannte Sommergerste, die zum Bierbrauen verwendet wird, zum Teil auch als Viehfutter. Die mehrreihige sogenannte Wintergerste wird als Viehfutter und für Brot genutzt. Gerste verträgt von allen Getreidearten die größten klimatischen Extreme. Sie kann in Norwegen am weitesten nördlich und in den Bergen am höchsten hinauf angepflanzt werden.

2 Hafer
Avena sativa

- bildet Rispe
- Hauptbestandteil im Müsli
- sehr gesund

MERKMALE Süßgräser *(Poaceae)*. 60–120 cm hoch. Ährchen anfangs aufgerichtet, später überhängend, in allseitswendiger, 15–25 cm langer Rispe. **VORKOMMEN** Auf Feldern angebaut, häufig verwildert. **WISSENSWERTES** Hafer ist sehr gesund, da er besonders reich an lebensnotwendigen Aminosäuren ist und das enthaltene Fett zu einem großen Prozentsatz aus ungesättigten Fettsäuren besteht. Da zudem bei der Herstellung von Haferflocken die äußerste Kornschicht erhalten bleibt, ist Müsli besonders vitaminreich.

3 Weizen
Triticum aestivum

- weltweit wichtigstes Getreide
- keine Grannen
- Anbau seit 9000 Jahren

MERKMALE Süßgräser *(Poaceae)*. 80–130 cm hoch. Aufrecht stehende Ähren ohne Grannen. **VORKOMMEN** Auf Feldern angebaut. **WISSENSWERTES** Weizen wird im Wesentlichen für Brot und andere Backwaren genutzt, da sein Korn einen besonders hohen Stärke- sowie Kleberanteil hat. Archäologische Funde in Kleinasien zeigen, dass bereits 7000 Jahre v. Chr. Weizen angebaut wurde. Heute gibt es viele Zuchtformen dieses weltweit wichtigsten Getreides.

4 Roggen
Secale cereale

- liefert Schwarzbrot
- 4–8 cm lange Grannen
- Wintergetreide

MERKMALE Süßgräser *(Poaceae)*. 100–180 cm hoch. Vierkantige, 5–15 cm lange, anfangs aufrechte, später nickende Ähre. Mit 4–8 cm langen Grannen. Blätter bläulich bereift. **VORKOMMEN** Auf Feldern angebaut, zuweilen verwildert. **WISSENSWERTES** Roggen wird fast nur als Wintergetreide angebaut. Im Herbst ausgesät, überwintert er und reift im kommenden Frühjahr und Sommer heran. Roggen wird vor allem zum Brotbacken genutzt und liefert das bekannte Schwarzbrot.

1

2

3

4

1 Mais
Zea mays

› viele Zuchtformen
› stammt aus Mexiko
› Grundlage vom Popcorn

MERKMALE Süßgräser *(Poaceae)*. 1–3 m hoch. Männliche Ähren in 20–40 cm langen, endständigen Rispen angeordnet. Weibliche Blütenstände an kurzen Seitenästen des Halms, von zahlreichen Blattscheiden eingehüllt, an deren Spitze die langen Narben hervortreten. Die Ährchen und später die Körner sind in Längsreihen an der fleischigen Achse eines Kolbens angeordnet. **VORKOMMEN** Auf Feldern angepflanzt. **WISSENSWERTES** Mais wurde erstmals durch die Indios vor ca. 5000 Jahren in Mexiko als Kulturpflanze angebaut und gezüchtet. Mit Columbus kam der Mais nach Spanien, wo er etwa ab dem Jahre 1525 feldmäßig kultiviert wurde. Heute ist Mais weltweit eine der wichtigsten Getreidesorten und bildet einen bedeutenden Anteil der Nahrungsgrundlage für viele Teile der Weltbevölkerung. Aus dem in unseren Breiten angebauten Mais wird im Wesentlichen Tierfutter gewonnen. Die Kolben des sogenannten Zuckermais sind gekocht oder gegrillt sehr schmackhaft.

2 Raps
Brassica napus subsp. *napus*

› leuchtend gelbe Felder
› zur Herstellung von Öl
› eine Kohlart

MERKMALE Kreuzblütlergewächse *(Brassicaceae)*. 70–130 cm hoch. Leuchtend gelbe Blüten. Bläulich grüne, kohlartige, glatte Blätter. Stängel bläulich bereift, im oberen Abschnitt verzweigt. Schote mit 15–18 kleinen, kugeligen Samen. Blütezeit April bis Juni. **VORKOMMEN** Auf Feldern angebaut, Schwerpunkt in Norddeutschland. **WISSENSWERTES** Meist wird bei uns Winterraps angebaut, der im Herbst gesät wird, den Winter als niedriges Pflänzchen mit blaugrünen Blättern überdauert. Im Frühjahr schließlich sind die leuchtend gelben Felder sehr auffallend. Der Anbau dient hauptsächlich der Gewinnung von Rapsöl. Raps gehört in die Verwandtschaft der Kohlpflanzen, ebenso wie die verschiedenen Kohl-Formen Blumen-, Rot-, Weiß- und Rosenkohl, Kohlrabi und Wirsing, die zum Teil bereits seit der Antike gezüchtet und kultiviert werden.

3 Buchweizen
Fagopyrum esculentum

› stark duftend
› mehlhaltige Früchte
› lockt Bienen an

MERKMALE Knöterichgewächse *(Polygonaceae)*. 30–60 cm hoch. Blüten weißlich oder rötlich, in Rispen zusammenstehend. Gestielte, herzförmige Blätter. Stängel meist rötlich. Stark duftend. Blütezeit Juni bis August. **VORKOMMEN** Auf Feldern angebaut. **WISSENSWERTES** Die dreikantigen, etwa 4–6 mm großen Früchte erinnern an kleine Bucheckern, woraus sich vermutlich der Name Buchweizen ableitet. Die Früchte sind mehlhaltig und können ähnlich wie Getreide genutzt werden. Neben der Nutzung der Früchte wird Buchweizen mancherorts als Bienenweide, als Viehfutter sowie zur Gründüngung angebaut.

1

2

3

1 Klatsch-Mohn
Papaver rhoeas

› giftiger Milchsaft
› leuchtend rot
› früher auf jedem Acker

MERKMALE Mohngewächse *(Papaveraceae)*. 20–90 cm hoch mit leuchtend roten, 6–8 cm großen Blüten. Stängel abstehend behaart, Blätter zerschlitzt. Samen in einer eiförmigen Fruchtkapsel. Blütezeit Mai bis Juli. **VORKOMMEN** Auf ungespritzten Getreideäckern, auf Schutt und an Wegrändern. **WISSENSWERTES** Noch vor zwei bis drei Jahrzehnten, bevor chemische Unkrautvernichtungsmittel in Mode kamen, war bei uns jeder Acker rot getupft mit seinen Blüten. Die gesamte Pflanze und insbesondere der weißliche Milchsaft sind giftig und führen zu Magen-Darm-Störungen, Erbrechen, Atembeschwerden und Bauchschmerzen. Den Namen Klatschmohn trägt er, weil Kinder die recht losen Blütenblätter der einst überaus häufigen Blume gerne »geklatscht« haben.

2 Schöllkraut
Chelidonium majus

› giftig!
› orangegelber Milchsaft
› Blütenblätter fallen leicht ab

MERKMALE Mohngewächse *(Papaveraceae)*. 30–70 cm hoch. Blüten gelb, 1,5–2,5 cm im Durchmesser, mit vier leicht abfallenden Blütenblättern. Gefiederte Blätter oberseits hellgrün, unterseits blaugrünlich bereift. Stängel und Blätter führen auffallenden orangegelben Milchsaft. Blütezeit Mai bis September. **VORKOMMEN** Häufig auf Ödland, in Hecken, an Weg- und Waldrändern. **WISSENSWERTES** Die ganze Pflanze und insbesondere der Milchsaft enthalten giftige Substanzen, die äußerlich hautreizend wirken und innerlich u. a. zu Verdauungs- und Herzrhythmusstörungen führen können. Andererseits gilt das Schöllkraut als Heilpflanze und wird in Medikamenten und in der Homöopathie erfolgreich verwendet. Aufgrund der geschilderten Vergiftungsgefahren sollte auf eine Selbstmedikation verzichtet werden.

3 Scharfer Mauerpfeffer
Sedum acre

› giftig
› wächst auf Mauern
› schmeckt scharf

MERKMALE Dickblattgewächse *(Crassulaceae)*. 3–15 cm hoch, kissenartiger oder rasenförmiger Wuchs. Eine bis sieben sternförmige, gelbe Blüten in lockerem Blütenstand. Fleischige, oberseits abgeflachte, unterseits gewölbte Blätter. Blütezeit Juni bis August. **VORKOMMEN** Auf trockenem, steinig-sandigem Untergrund auf Trockenrasen, Mauern, Wegrändern. **WISSENSWERTES** Die Blätter schmecken brennend scharf und wurden früher in der Heilpflanzenkunde verwendet. Allerdings sind sie giftig und sollten keinesfalls geschluckt werden. Die Familie der Dickblattgewächse gehört zu den Blattsukkulenten, die in der Lage sind, größere Mengen Wasser in ihren fleischigen Blättern zu speichern. So können sie auch extrem trockene Lebensräume besiedeln. Im Garten werden verschiedene Mauerpfeffer-Arten gerne an Trockenmauern gepflanzt oder zur Dachbegrünung verwendet.

1

2

3

1 Vogel-Wicke
Vicia cracca

- häufig
- Blätter mit Ranken
- wertvolle Futterpflanze

MERKMALE Schmetterlingsblütler *(Fabaceae)*. 20–150 cm lang. Pflanze niederliegend, aufsteigend oder kletternd. 15–50 intensiv violette Blüten in zu einer Seite gewandten Traube. Blätter mit 6–18 Paaren Seitenfiedern und am Ende verzweigter Ranke. Blütezeit Juni bis August. **VORKOMMEN** Wiesen, Weg-, Feld- und Waldränder, Gebüsche. **WISSENSWERTES** Mithilfe der verzweigten Ranken an den Blattenden hangelt und klettert die Wicke zwischen anderen Pflanzen empor. Sie gilt als wertvolles und eiweißreiches Futterkraut und ist daher auf Wiesen und Weiden gerne gesehen.

2 Wiesen-Klee
Trifolium pratense

- »Rot-Klee«
- eiweißreiche Futterpflanze
- altes Schönheitsmittel

MERKMALE Schmetterlingsblütler *(Fabaceae)*. 10–50 cm hoch mit 1–2 cm großen, purpurroten bis rosafarbenen Blütenköpfchen. Typische, dreiteilige Kleeblätter. **VORKOMMEN** Sehr häufig auf nährstoffreichen Wiesen und an Wegrändern. **WISSENSWERTES** Seit Mitte des 18. Jahrhunderts wird die eiweißreiche Futterpflanze bei uns auch als »Kleewiese« angebaut. Süße Nektarpflanze, lockt viele Hummeln und Schmetterlinge an. Als Tee dient er dem hormonalen Ausgleich in den Wechseljahren.

3 Wiesen-Kerbel
Anthriscus sylvestris

- »Gülleblume«
- weiße Blütenschirme
- im Mai massenhaft an Straßenrändern

MERKMALE Doldengewächse *(Apiaceae)*. 60–150 cm hoch mit weißen Blütenschirmen. Jeder »Schirm« besteht aus vielen, winzigen Einzelblüten. Blätter gefiedert, erinnern an Farnwedel. Blütezeit April bis Juni. **VORKOMMEN** Auf nährstoffreichen Wiesen und an Feldrändern. **WISSENSWERTES** So dekorativ Wiesen sind, auf denen der Wiesen-Kerbel massenhaft blüht: Sie zeigen, dass hier der Boden mit Jauche überdüngt wurde (»Gülleblume«). Kerbel überwuchert andere Pflanzen, in seinem Schatten können viele Gräser und Wildkräuter nicht mehr wachsen.

4 Wiesen-Bärenklau
Heracleum sphondylium

- Vorsicht, giftig!
- Blätter wie Bärentatzen
- wächst massenhaft

MERKMALE Doldengewächse *(Apiaceae)*. 0,5–1,5 m hoch mit bis zu 20 cm großen, weißen Blütenschirmen, die unangenehm riechen. Blätter bis 50 cm lang und gelappt oder gefiedert, im Umriss einer Bärentatze ähnelnd (Name!). Blütezeit Juni bis September. **VORKOMMEN** Häufig auf überdüngten Wiesen und an Wegrändern. **WISSENSWERTES** Ähnlich wie bei der nah verwandten Herkulesstaude enthält der Pflanzensaft giftige Furocumarine. In Verbindung mit Sonnenlicht kann es nach Berührung auf der Haut zu Rötungen und zu Entzündungen kommen.

1

2

3

4

1 Wilde Möhre
Daucus carota

› Wurzel riecht nach Karotte
› essbar
› weiße Dolden mit purpurner Lockblüte

MERKMALE Doldengewächse *(Apiaceae)*. 50–120 cm hoch. Dolden 3–7 cm groß, zur Blütezeit flach gewölbt, zur Fruchtreife vogelnestartig zusammengeneigt. In der Mitte der Dolde oft eine schwarz-purpurne Lockblüte (»Möhrenblüte«). Blätter zwei- bis vierfach gefiedert, behaart. Wurzel möhrenartig. Blütezeit Mai bis August. **VORKOMMEN** Auf Wiesen, Äckern, Dämmen, an Wegrändern. **WISSENSWERTES** Die pfahlförmige, dünne Wurzel ist essbar, auch die frischen Blätter, die gekocht hervorragend schmecken. Die Wilde Möhre ist die Stammform der Möhre oder Karotte.

2 Sonnen-Wolfsmilch
Euphorbia helioscopia

› giftig!
› Blüte wendet sich mit der Sonne
› weißer Milchsaft

MERKMALE Wolfsmilchgewächse *(Euphorbiaceae)*. 5–30 cm hoch. Gelblich grüne Blüten in meist fünfstrahligem Blütenstand. Blätter verkehrt eiförmig, im vorderen Teil gesägt. Weißer Milchsaft. Blütezeit April bis November. **VORKOMMEN** Häufig auf Äckern, Ödland und Gärten. **WISSENSWERTES** Der Milchsaft tritt bei Verletzung der Pflanze aus. Er enthält verschiedene Giftstoffe, die haut- und schleimhautreizend wirken (darf keinesfalls in die Augen kommen!). Der Pflanze dient dieser Milchsaft als Wundverschluss sowie als Schutz gegen Tierfraß.

3 Tüpfel-Johanniskraut
Hypericum perforatum

› Heil- und Giftpflanze
› Blätter getüpfelt
› blüht um den Johannistag

MERKMALE Hartheugewächse *(Hypericaceae)*. 30–80 cm hoch mit goldgelben, 2–3 cm großen Blüten. Blätter eiförmig, 1–2 cm groß und, gegen das Licht gehalten, gepunktet (Name!). Blütezeit um den 24. Juni (Johannistag) bis September. **VORKOMMEN** Auf trockenen, mageren Böden. **WISSENSWERTES** Enthält den roten Farbstoff Hypericin; er wird in der Medizin gegen Schlaflosigkeit, Neurosen und Depressionen eingesetzt. Kontakt kann in Verbindung mit Sonnenlicht zu Hautveränderungen führen!

4 Acker-Stiefmütterchen
Viola arvensis

› Heilpflanze
› »Stiefmutter mit ihren Töchtern«
› Blüten gelb oder violett

MERKMALE Veilchengewächse *(Violaceae)*. 5–20 cm hoch, Blüten 1–1,5 cm lang, meist gelblich, aber auch blauviolett. Untere Blätter herzförmig bis rundlich, obere länglich und an den Rändern eingebuchtet. Blüht Mai bis Oktober. **VORKOMMEN** Auf Äckern und in Gärten. **WISSENSWERTES** Der Name Stiefmütterchen wird im Volksglauben so gedeutet, dass das untere Blütenblatt die Stiefmutter ist, die beiden seitlichen, ähnlich gefärbten, ihre beiden leiblichen Töchter und die beiden oberen, schlichteren Blätter ihre Stieftöchter.

1a

1b

2

3

4

1 Wiesen-Schaumkraut
Cardamine pratensis

› Nässezeiger
› färbt im Frühling Wiesen lila
› oft mit Schaum am Stängel

MERKMALE Kreuzblütlergewächse *(Brassicaceae)*. 15–50 cm hoch mit zart lilafarbenen Blüten aus vier Blütenblättern. Blätter zerschlitzt. Blütezeit April bis Juni. **VORKOMMEN** Auf feuchten Wiesen und Weiden, meist auf lehmigen Böden mit hohem Grundwasserstand. **WISSENSWERTES** Name bezieht sich auf die schaumigen Häufchen, die man oft an seinen Stängeln sieht. Sie stammen von einem Insekt, der Schaumzikade. Die Zikade saugt Pflanzensäfte aus dem Stängel, Überschüsse schäumt sie mit der Atemluft auf und benutzt den Schaum als Versteck (s. S. 130).

2 Hirtentäschelkraut
Capsella bursa-pastoris

› »Unkraut«
› Früchte wie Hirtentaschen
› blüht sogar im Winter

MERKMALE Kreuzblütlergewächse *(Brassicaceae)*. 20–40 cm hoch mit kleinen, unscheinbaren, weißen Blüten, aber auffälligen Früchten. Sie sind herzförmig und 0,5–1 cm groß. Blätter am Stängel und als Blattrosette am Grund ungeteilt oder eingebuchtet. Blütezeit Februar bis November. **VORKOMMEN** Sehr häufiges »Unkraut« an Wegen und Rasen. **WISSENSWERTES** Der deutsche und der wissenschaftliche Name (lat. *bursa pastoris* = Hirtentasche) beziehen sich auf die Form der Früchte, die an Hirtentaschen erinnern.

3 Wilde Malve
Malva sylvestris

› Heilpflanze
› Blätter essbar
› Wärme liebend

MERKMALE Malvengewächse *(Malvaceae)*. 20–120 cm lang, niederliegend oder aufsteigend, selten aufrecht. Blütenblätter rosa-violett mit drei dunklen Streifen, vorn tief ausgerandet. Zwei bis sechs Blüten in den Achseln der oberen Blätter. Stängelblätter drei- bis siebenteilig gelappt. Blütezeit Mai bis September. **VORKOMMEN** Sonnige, warme Standorte auf Wiesen, Brachen, Ödland und an Wegrändern. **WISSENSWERTES** Aus den getrockneten Blüten und Blättern lässt sich ein Tee gegen Atemwegs- und Hauterkrankungen bereiten.

4 Sauer-Ampfer
Rumex acetosa

› essbar
› sehr häufig
› pfeilförmige Blätter

MERKMALE Knöterichgewächse *(Polygonaceae)*. 30–100 cm hoch. Lockerer, blattloser, blassroter Blütenstand. Grundblätter eiförmig länglich, Stängelblätter pfeilförmig. Früchte rötlich. Stängel aufrecht, manchmal rötlich überlaufen. Blütezeit Mai bis Juli. **VORKOMMEN** Häufig auf Wiesen, Ödland und an Dämmen und Wegen. **WISSENSWERTES** Die Blätter lassen sich als Salat oder Wildgemüse verwenden. Man sollte aber nicht allzu große Mengen verzehren, da der hohe Oxalsäuregehalt zu Stoffwechselstörungen führen kann.

1
2a
2b
3
4

1 Schlangen-Knöterich
Bistorta officinalis

› Wurzeln schlangenartig
› inselartige, dichte Bestände
› Blüten in rosafarbenen Ähren

MERKMALE Knöterichgewächse *(Polygonaceae)*. Bis 1,2 m hoch, oft in dichten, inselartigen Beständen. Blüten in 5–8 cm langer, rosafarbener Ähre, Blätter bis zu 20 cm lang, oft mit gewelltem Rand. Blütezeit Mai bis August. **VORKOMMEN** Häufig auf feuchten Wiesen und an Ufern, fehlt im Norden. **WISSENSWERTES** Sowohl die zahlreichen deutschen Namen (z. B. Nattern-Knöterich, Ottern-Knöterich) als auch der wissenschaftliche Name (lat. *bistorta* = zweimal gedreht) beziehen sich auf den schlangenartig gewundenen Wurzelstock. Aus ihm wachsen weit reichende, unterirdische Ausläufer. Die im Wurzelstock enthaltenen Gerbstoffe gelten als Volksmittel gegen innere Blutungen.

2 Rote Lichtnelke
Silene dioica

› riecht nicht
› lockt Tagfalter und Hummeln
› häufig auf Feuchtwiesen

MERKMALE Nelkengewächse *(Caryophyllaceae)*. 30–70 cm hoch. Duftlose Blüten rosa bis purpurrot, 1,5–2,5 cm im Durchmesser, in lockeren Blütenständen. Fünf Blütenblätter tief zweigeteilt. Blätter am Grund in einer Rosette, am Stängel gegenständig. Stängel aufrecht, dicht behaart. Blütezeit April bis September. **VORKOMMEN** Häufig auf feuchten Wiesen, auf Kahlschlägen und in Hecken. **WISSENSWERTES** Die Rote Lichtnelke ist eine wichtige Nektarpflanze für Tagfalter und Hummeln und ist bei Rehen als Äsungspflanze beliebt. Den Namen »Lichtnelke« trägt diese Art, weil sie ihre Blüten nur tagsüber öffnet. Andere Nelkenarten haben ihre Blüten in der Nacht geöffnet und locken dann verschiedene Nachtfalter zur Bestäubung an. Ähnlich ist die Kornrade *(Agrostemma githago)*, die früher eine typische Ackerpflanze war, aber durch Pestizideinsatz selten geworden ist. Ihre Blütenblätter sind ungeteilt, die Blätter lineal-lanzettlich.

3 Kuckucks-Lichtnelke
Silene flos-cuculi

› blüht dann, wenn der Kuckuck ruft
› zeigt hohen Grundwasserstand an
› zerschlitzte Blüten

MERKMALE Nelkengewächse *(Caryophyllaceae)*. 30–70 cm hoch mit leuchtend pinkfarbenen, 1,5–3 cm großen Blüten aus fünf zerschlitzten Blütenblättern. Blätter schmal, 1,5–4 cm lang. Blütezeit April bis Juni. **VORKOMMEN** Auf nassen, nährstoffreichen Lehmböden, häufig auf Feuchtwiesen. **WISSENSWERTES** Ihr Name bezieht sich gleich mehrfach auf den Kuckuck (lat. *flos cuculi* = Kuckucksblume): Zum einen blüht sie zu der Zeit, wenn der Kuckuck laut rufend aus seinem Winterquartier zu uns zurückkehrt, zum anderen findet man an ihren Stängeln häufig den »Kuckucksspeichel« (s. S. 330), ein Phänomen, das auch auf dem zur selben Zeit blühenden Wiesen-Schaumkraut zu finden ist. Aus Unkenntnis über den wahren Verursacher schrieb man dem Kuckuck die Schuld zu.

1

2

3

1 Acker-Winde
Convolvulus arvensis

- weit verzweigter Wurzelstock
- Blüte blüht nur einen Tag
- Windungen im Uhrzeigersinn

MERKMALE Windengewächse *(Convolvulaceae)*. 20–80 cm lang, niederliegend oder sich hochwindend. Blüte weiß oder rosa, außen rötlich gestreift, etwa 30 cm im Durchmesser. Blätter pfeil- oder spießförmig. Weit kriechender Wurzelstock. Blütezeit Mai bis Oktober. **VORKOMMEN** Häufig auf Äckern, Wiesen, Schuttplätzen, Weinbergen, an Zäunen und in Gärten. **WISSENSWERTES** Acker-Winden haben niederliegende Stängel, die sich nicht aus eigener Kraft aufrichten können. Treffen sie aber auf andere Gewächse – oft z. B. das Getreide auf Äckern – oder andere aufrechte Strukturen, winden sie sich im Uhrzeigersinn immer höher in Richtung Licht. Die Blüten der Acker-Winde öffnen sich früh am Morgen und sind schon am Abend verblüht. Für Bauern und Gärtner sind die Pflanzen Unkräuter, die sich wegen ihres weit verzweigten Wurzelstocks kaum dauerhaft bekämpfen lassen.

2 Schwarze Königskerze
Verbascum nigrum

- gelbe Blütenkerzen
- blüht nur einmal
- wichtige Nahrungspflanze für Nachtschmetterlinge

MERKMALE Braunwurzgewächse *(Scrophulariaceae)*. 0,5–1 m hoch mit zahlreichen, gelben Blüten, die ährenartig am Stängelende stehen. Blüten 1,5–2,5 cm groß mit wolligen, violetten Staubblättern. Die meisten Blätter stehen am Grund, sie sind 15–40 cm lang, am Rand gekerbt und unterseits filzig behaart. Blütezeit Juni bis September. **VORKOMMEN** Auf Ödland, an Wegrändern, auf Waldlichtungen und auf Schutt. **WISSENSWERTES** Königskerzen zählen zu den sogenannten zweijährigen Pflanzen, d. h., im ersten Jahr entwickeln sich aus den Samen nur Blattrosetten, erst im Folgejahr gelangt die Pflanze zur Blüte. Nach Ausbildung der Samen stirbt sie schließlich ab. Wo sie gerne wächst, wird sie sich über ihre Samen weitervermehren. Ihre Blätter sind eine beliebte Futterpflanze für viele Raupen von Nachtschmetterlingen wie z. B. dem Braunen Bär und dem Braunen Mönch.

3 Gamander-Ehrenpreis
Veronica chamaedrys

- zwei Haarreihen am Stängel
- Blüten fallen leicht ab
- Blüten mit Wegweisern

MERKMALE Braunwurzgewächse *(Scrophulariaceae)*. 10–30 cm hoch. 10–30 Blüten in traubigem Blütenstand. Blüten blau mit weißem Schlund, ca. 1 cm im Durchmesser. Blätter eiförmig, gekerbt, im unteren Bereich kurz gestielt, im oberen sitzend. Stängel mit zwei deutlichen, gegenständigen Haarleisten. Lange unterirdische Ausläufer. Blütezeit Mai bis August. **VORKOMMEN** Sehr häufig auf nährstoffreichen Wiesen, an Wegrändern und in Gebüschen. **WISSENSWERTES** Auf den himmelblauen Blütenblättern sind strichartige, dunkelblaue Längsstreifen ausgebildet. Sie sowie der weiße Schlundring wirken auf Blüten besuchende Insekten wie feine Wegweiser zum Zentrum der Blüte, wo der Nektar zu finden ist.

1

2a

2b

3

1 Natternkopf
Echium vulgare

› eingerollte Blütenstände
› gute Bienenweide
› zweijährig

MERKMALE Raublattgewächse *(Boraginaceae)*. 30–100 cm hoch. Anfangs rötliche, später blaue Blüten in eingerollten Blütenständen. Blätter länglich lanzettlich. Stängel violett punktiert. Stängel und Blätter dicht steifborstig behaart. Blütezeit Juni bis Oktober. **VORKOMMEN** An trockenen, sonnigen Standorten auf Wiesen, Dämmen, Schotterflächen, Straßen- und Wegrändern. **WISSENSWERTES** Den Namen verdankt der Natternkopf dem Aussehen seiner Blüten: Der herausragende, gespaltene Griffel erinnert zusammen mit der dreizipfligen Blüten-Oberlippe an einen züngelnden Schlangenkopf. Die Pflanze ist zweijährig: Im ersten Jahr bildet sie nur eine Blattrosette aus, im zweiten Jahr kommt sie dann zur Blüte.

2 Kriechender Günsel
Ajuga reptans

› Heilpflanze
› bildet Ausläufer
› vierkantiger Stängel

MERKMALE Lippenblütler *(Lamiaceae)*. 10–30 cm hoch. Zwei bis sechs blaue Blüten quirlig angeordnet in den Achseln der oberen Blätter. Blätter gegenständig, eiförmig. Stängel vierkantig. Bildet lange, oberirdische Ausläufer. Blütezeit Mai bis August. **VORKOMMEN** Häufig auf Wiesen, an Wegrändern und Gebüschen, auch in lichten Wäldern. **WISSENSWERTES** Der Kriechende Günsel findet in der Heilpflanzenkunde Verwendung: Die enthaltenen Gerbstoffe schaffen, innerlich angewendet, Linderung bei Verdauungsstörungen und Entzündungen, äußerlich aufgetragen unterstützen sie die Wundheilung. Man bereite dazu aus 1–2 Teelöffeln zerkleinertem Kraut pro Tasse einen Aufguss, den man etwa 5 Minuten ziehen lässt. Die Art wird auch in der Homöopathie genutzt. Die Pflanze vermehrt sich meist durch Ausläufer. Ihre reifen Samen werden von Ameisen verbreitet, die diese fortschleppen, einen Teil der nährstoffreichen Samenhülle abknabbern und den Samen selbst liegenlassen.

3 Gundermann, Gundelrebe
Glechoma hederacea

› essbar als Salat oder Gemüse
› Heilpflanze
› nierenförmige Blätter

MERKMALE Lippenblütler *(Lamiaceae)*. 10–25 cm hoch. 2–20 blauviolette, quirlig in den Achseln der oberen Blätter angeordnete Blüten. Blätter gegenständig, rundlich bis nierenförmig, grob gesägt, oberseits glänzend, unterseits rötlich überlaufen. Stängel kriechend, lange Ausläufer bildend. Blütezeit April bis Juni. **VORKOMMEN** Sehr häufig auf feuchten Wiesen und Weiden, an Wegrändern und in Auwäldern. **WISSENSWERTES** Gundermann gilt als schmackhafte Wildpflanze: Im Frühjahr kann man ihn gemeinsam mit Scharbockskraut, Löwenzahn, Gänseblümchen und Brennnessel zu einem köstlichen Salat bereiten. Als Wildgemüse verwendet man ihn als Spinat gekocht oder in einer Kräutersuppe. Als Heilpflanze hilft ein Tee aus zerkleinertem Kraut bei Durchfall, Appetitlosigkeit oder Magenbeschwerden.

1

2

3

1 Weiße Taubnessel
Lamium album

- »weißer Bienensaug«
- eine Nessel, die nicht brennt
- Blüten mit Ober- und Unterlippe

MERKMALE Lippenblütler *(Lamiaceae)*. 20–50 cm hoch mit gesägten, brennnesselartigen Blättern und vierkantigem Stängel. Blüten weiß, 2–3 cm lang, aus Ober- und Unterlippe bestehend, zwischen denen sich ein tiefer Schlund öffnet. Diese charakteristische Blütenform ist namensgebend für die ganze Familie der Lippenblütler. Blütezeit April bis Oktober. **VORKOMMEN** Oft auf überdüngten Böden an Wegrändern und Gräben. **WISSENSWERTES** Ihr Name rührt von den brennnesselähnlichen Blättern her; im Gegensatz zu diesen brennen sie aber nicht, sondern sind »taub«. Wichtige Nektarpflanze für Bienen, die mit ihren langen Rüsseln an den reichlichen, süßen Saft tief unten im Schlund der Blüte gelangen. Ein beliebtes Kinderspiel ist es, die Blüten abzuzupfen und den Nektar herauszusaugen.

2 Gefleckte Taubnessel
Lamium maculatum

- brennnesselartige Blätter
- rot gefleckte Blüten
- Hummelblume

MERKMALE Lippenblütler *(Lamiaceae)*. 20–60 cm hoch mit brennnesselartigen Blättern und vierkantigem Stängel. Blüten tiefrosa, in »Stockwerken« übereinander angeordnet. Sie bestehen aus Ober- und Unterlippe, wobei die Unterlippe dunkel gefleckt ist (Name!). Blütezeit April bis November. **VORKOMMEN** Häufig auf nährstoffreichen Böden, an Wald- und Wegrändern und in Gebüschen. Wächst an schattigeren Standorten als die Weiße Taubnessel. **WISSENSWERTES** Den Namen Taubnessel trägt sie wegen ihrer rot gefleckten Blüten und ihrer nesselartigen Blätter, die aber »taub« sind, also nicht brennen. Die Blüten werden vor allem von langrüssligen Hummeln besucht, die ihre dicken Körper regelrecht in den schmalen Blütenschlund hineinwühlen müssen, um an den begehrten Nektar am Grund zu gelangen.

3 Wiesen-Salbei
Salvia pratensis

- Blätter runzelig
- blauviolette Blütenähren
- verwandt mit demw Echten Salbei *(S. officinalis)*

MERKMALE Lippenblütler *(Lamiaceae)*. 30–60 cm hoch mit leuchtend blauvioletter Blütenähre am Stängelende. Stängel vierkantig, Blüten 2–2,5 cm lang, aus Ober- und Unterlippe bestehend. Blätter hauptsächlich als Rosette am Grund, 6–12 cm lang, runzelig und am Rand gekerbt. Blütezeit Mai bis August. **VORKOMMEN** Auf trockenen Böden in sonnig-warmen Lagen, an Wegrändern und Böschungen. **WISSENSWERTES** Bekannt und nah verwandt ist der Echte Salbei *(S. officinalis)*. Er kommt wild nur am Mittelmeer vor, wird bei uns aber häufig als Heil- und Gewürzpflanze gehalten. Die ätherischen Öle des Salbeis geben Fleisch- und Fischgerichten einen guten Geschmack. Da sie allerdings schwach giftig sind, sollte man nicht zu viel davon nehmen. Salbeibonbons helfen gegen Halsweh, denn die Öle töten Bakterien ab.

1

2

3

1 Wiesen-Glockenblume
Campanula patula

› lila Glocken
› duftet süß
› »Elfenblume«

MERKMALE Glockenblumengewächse *(Campanulaceae)*. 20–50 cm, mit lilafarbenen, 1–2,5 cm großen Blütenglocken. Blätter schmal, lang. Blütezeit Mai bis Juli. **VORKOMMEN** Feuchte, nährstoffreiche Böden. Auf Wiesen, Lichtungen und an Wegrändern. **WISSENSWERTES** Ihre Zartheit und Schönheit inspirierte die Menschen seit jeher. Glockenblumen werden oft als Blütenkleider von Elfen gezeichnet, in Kinderbüchern öffnen sie den Weg ins Zwergenreich.

2 Schafgarbe
Achillea millefolium

› »Bauchwehkraut«
› weiße Blütenschirme
› kann Hautausschläge verursachen

MERKMALE Korbblütengewächse *(Asteraceae)*. 20–80 cm hoch mit weißen Blütenschirmen aus zahlreichen, winzigen Einzelblüten. Blätter filigran gefiedert (*millefolium* = tausendblättrig). Blütezeit Juni bis November. **VORKOMMEN** Auf trockenen Wiesen und an Wegrändern. **WISSENSWERTES** Wertvolle Heilpflanze, hilft als Tee gegen Verdauungsstörungen und bei Menstruationsbeschwerden. Ein Aufguss aus den Blättern mit den darin enthaltenen ätherischen Ölen hilft bei schlecht heilenden Wunden. Vorsicht: In frisch gemähten Rasen kann sie bei Allergikern Hautausschläge verursachen!

3 Echte Kamille
Matricaria chamomilla

› typischer Duft
› Heilpflanze
› hemmt Entzündungen

MERKMALE Korbblütengewächse *(Asteraceae)*. 15–50 cm hoch mit den bekannten, gelb-weißen Kamilleblüten. Die inneren, gelben Röhrenblüten sind von einem Kranz weißer Zungenblüten umgeben. Blüten 1,5–2,5 cm groß, Blätter gefiedert. **VORKOMMEN** Ödländer, Weg- und Ackerränder. **WISSENSWERTES** Wichtige Heilpflanze, vor allem die Blüten enthalten die entzündungshemmenden ätherischen Öle Bisabolol und Matricin. Als Tee gegen Bauchweh, äußerlich gegen Entzündungen.

4 Wiesen-Margerite
Leucanthemum vulgare

› »Wucherblume«
› auch im Rasen
› Abzählspiel »Er liebt mich, er liebt mich nicht ...«

MERKMALE Korbblütengewächse *(Asteraceae)*. 20–80 cm hohe, dekorative Wiesenblume, die wie ein übergroßes Gänseblümchen blüht. Blüten innen gelb, außen weiß, 3–5 cm groß. Blätter schmal eiförmig, am Rand gezähnt. Blütezeit Mai bis Oktober. **VORKOMMEN** Sehr häufig auf Wiesen, selten auf gemähten Rasen und Weiden. **WISSENSWERTES** Den Namen »Wucherblume« trägt sie, weil sie auf neu angelegten Böschungen häufig als Erste und in Massen auftritt. Die Blüten werden von zahlreichen Käfern, Schmetterlingen und Fliegen besucht. Orakelpflanze für frisch Verliebte.

1

2

3

4

1 Rainfarn
Tanacetum vulgare

- »Farnblätter«
- Heil- und Giftpflanze
- duftet intensiv

MERKMALE Korbblütengewächse *(Asteraceae)*. 0,5–1,5 m hoch mit intensiv duftenden, gelben Blütenschirmen. Blüten 0,5–1 cm groß, Blätter farnähnlich gefiedert (Name!). Blütezeit Juli bis September. **VORKOMMEN** An Wegen, Dämmen und Waldrändern. **WISSENSWERTES** Enthält ätherische Öle und Bitterstoffe, gelegentlich aber auch giftiges Thujon. Das getrocknete Kraut riecht so intensiv, dass sich damit Mücken, Läuse und Mäuse vertreiben lassen.

2 Huflattich
Tussilago farfara

- Blüten vor den Blättern
- hufeisenförmige Blätter
- vertreibt Husten

MERKMALE Korbblütengewächse *(Asteraceae)*. 10–30 cm hoch mit leuchtend gelben, 2–2,5 cm großen Blüten. Die Blätter erscheinen erst, nachdem die Pflanze verblüht ist. Sie sind bis 20 cm lang und im Umriss herz- bis hufeisenförmig. Blüht Februar bis April. **VORKOMMEN** Auf feuchten, humusarmen Böden, häufig auf Ödland und an lichten Waldstellen. **WISSENSWERTES** Neben den früh blühenden Weidenkätzchen eine der ersten Nektarpflanzen im Jahr für Bienen. Der lateinische Name bezieht sich auf die schleimlösende Wirkung bei Husten (lat. *tussis* = Husten, lat. *ago* = ich treibe).

3 Gemeiner Beifuß
Artemisia vulgaris

- würzt den Braten
- Blätter duften aromatisch
- ein Verwandter des Wermuts

MERKMALE Korbblütengewächse *(Asteraceae)*. 0,5–1,5 m hoch mit unscheinbaren, kleinen Blüten. Stängel kantig und oft rot, Blätter tief geteilt und unterseits weißfilzig, riechen aromatisch. Blütezeit Juli bis September. **VORKOMMEN** Häufig auf Ödländern, an Wegrändern und Ufern. **WISSENSWERTES** Wie der verwandte Wermut *(A. absinthium)* wird Beifuß zum Würzen von Fleischgerichten, Soßen und Suppen verwendet. In größeren Mengen sind beide Pflanzen schwach giftig, weshalb vor Wermutschnäpsen gewarnt wird (gilt nicht für Wermutweine).

4 Acker-Kratzdistel
Cirsium arvense

- Schmetterlingspflanze
- unbeliebtes Ackerunkraut
- Blätter stechen nur am Rand

MERKMALE Korbblütengewächse *(Asteraceae)*. 0,5–1,5 m hoch, reich verzweigt, Blätter nur am Rand bestachelt. Blüten 1–1,5 cm groß, rosa bis violett. Blütezeit Juli bis September. **VORKOMMEN** Sehr häufig auf Wiesen, Weiden, Äckern, Schuttplätzen. **WISSENSWERTES** Jede Pflanze produziert pro Jahr bis zu 6000 Samen, die mit ihren Flughaaren kilometerweit fliegen. Wo sie einmal wächst, bildet sie bald dichte Bestände und ist mit ihren mehr als 2 m tiefen Wurzeln kaum noch zu beseitigen. Gut für die zahlreichen Schmetterlinge, die von ihrem Nektar leben.

1

2a

2b

3

4

1 | Kornblume
Centaurea segetum

- kornblumenblaue Blüten
- Blume der Getreideäcker
- heute selten

MERKMALE Korbblütengewächse *(Asteraceae)*. 20–90 cm hoch mit leuchtend blauen, 2,5–3,5 cm großen Blüten. Blätter lang und schmal, graugrün. Blütezeit Juni bis September. **VORKOMMEN** Getreidefelder, vor allem im Wintergetreide, auf Bahndämmen und Schuttplätzen. **WISSENSWERTES** Sprichwörtlich ist ihr leuchtendes Blau: Die Pflanze hat dieser Farbe ihren Namen gegeben, dem Kornblumenblau. Einst auf jedem Acker, wurde sie wie auch der Klatschmohn durch Spritzmittel selten. Mit der biologischen Landwirtschaft kehrt auch die schöne Blaue wieder in unsere Landschaft zurück.

2 | Wegwarte
Cichorium intybus

- himmelblaue Blüten
- auch bekannt als »Blümchenkaffee«
- alte Heilpflanze

MERKMALE Korbblütengewächse *(Asteraceae)*. 0,2–1,5 m hoch und sparrig verzweigt, mit 3–4 cm großen, himmelblauen Blüten. Blätter am Grund als Rosette. Blütezeit Juli bis September. **VORKOMMEN** Trockene Wegränder, Steinbrüche und Brachland. **WISSENSWERTES** Nach einer Volkssage ist sie ein verzaubertes Mädchen, das treu am Wegesrand auf ihren Geliebten wartet. Vor 100 Jahren wurde die Wegwarte kultiviert und daraus die Zichorienwurzel als Kaffee-Ersatz gezogen.

3 | Echte Goldrute
Solidago virgaurea

- alte Heilpflanze
- lockt Insekten an
- Stängel oft braun überlaufen

MERKMALE Korbblütengewächse *(Asteraceae)*. 30–100 cm hoch. Zahlreiche, gelbe, 1–2 cm große Blütenkörbchen in einem rispigen Gesamtblütenstand am Ende des Stängels. Äußere Zungenblüten überragen die inneren Röhrenblüten. Blätter wechselständig, lanzettlich. Blütezeit Juli bis Oktober. **VORKOMMEN** Auf trockenen Wiesen und Heideflächen, an Wegrändern und Straßenböschungen und in lichten Wäldern. **WISSENSWERTES** Die Goldrute ist eine alte Heilpflanze. Sie wirkt harntreibend und hilft bei Blasen- und Nierenbeschwerden.

4 | Herbstzeitlose
Colchicum autumnale

- tödlich giftig!
- krokusähnlich
- zur Blütezeit im Herbst ohne Blätter

MERKMALE Zeitlosengewächse *(Colchicaceae)*. Krokusähnlich, blüht aber im Herbst (Name!). Blüte bis zu 20 cm lang, blassrosa bis violett. Zur Blütezeit ohne Blätter. Die Blätter entwickeln sich erst im Frühjahr, sie sind bis zu 50 cm lang und 2–4 cm breit. Zwischen ihnen befindet sich die Fruchtkapsel. Blütezeit August bis Oktober. **VORKOMMEN** Feuchte Wiesen und Auwälder. **WISSENSWERTES** Enthält das Gift Colchizin. Bereits einer bis fünf der Samen wirken beim Menschen tödlich.

1

2

3

4

1 Geflecktes Knabenkraut
Dactylorhiza maculata

- › Blätter gefleckt
- › rosafarbene Blütenpyramide
- › streng geschützt

MERKMALE Orchideengewächse *(Orchidaceae)*. 20–60 cm hoch mit dunkel gefleckten Blättern. Blüten zu 20–70 in einer pyramidenförmigen Ähre am Stängelende. Einzelblüte 1–2 cm groß, rosafarben. Blütezeit Juni bis August. **VORKOMMEN** In wechselfeuchten Magerwiesen, Heiden und lichten Wäldern. **WISSENSWERTES** Eine der häufigsten Orchideen Europas mit dunkel gefleckten Blättern. Durch Trockenlegung von Feuchtwiesen stark zurückgegangen.

2 Mücken-Händelwurz
Gymnadenia conopsea

- › riecht unangenehm
- › langer Sporn
- › selten, geschützt

MERKMALE Orchideengewächse *(Orchidaceae)*. 20–60 cm hoch. Dunkelrosa bis weißliche Blüten in zylindrischer Ähre. Blüten mit langem Sporn. Hellgrüne, schmale Blätter rinnig gefaltet, meist rosettig angeordnet. Blütezeit Mai bis August. **VORKOMMEN** Auf Wiesen und Magerrasen, in Flachmooren, Heidegebieten und lichten Wäldern. **WISSENSWERTES** Der Name Händelwurz leitet sich von den handförmig geteilten Wurzelknollen ab. Der lange Blütensporn enthält den Nektar, der dort nur für langrüsselige Tag- und Nachtfalter erreichbar ist.

3 Fliegen-Ragwurz
Ophrys insectifera

- › täuscht Insektenmännchen
- › bräunliche Blüte mit auffälligem hellen Fleck
- › selten, geschützt

MERKMALE Orchideengewächse *(Orchidaceae)*. 15–50 cm hoch. Samtig braune Lippe mit blaugrauem, glattem Fleck. Dunkle Kronblätter. Blütezeit Mai bis Juli. **VORKOMMEN** Auf Magerrasen, an Wegböschungen, in lichten Kiefernwäldern. **WISSENSWERTES** Die Blüten der verschiedenen Ragwurz-Arten erzeugen Duftstoffe, die den Sexuallockstoffen weiblicher Bienen und Wespen ähneln: So locken sie die jeweiligen Männchen an. Die Lippe ist so gezeichnet und gebaut, dass sie das Männchen zur Kopulation mit dem vermeintlichen Weibchen veranlasst. Dabei wird die Orchidee bestäubt.

4 Violette Sommerwurz
Phelipanche purpurea

- › keine grünen Blätter
- › Schmarotzerpflanze
- › an Schafgarben

MERKMALE Sommerwurzgewächse *(Orobanchaceae)*. 15–45 cm hoch. Viele blauviolette Blüten. Aufrechter Stängel meist violett überlaufen. Ohne grüne Blätter. Blüht Mai bis August. **VORKOMMEN** Auf trockenen Rasen und Wiesen. **WISSENSWERTES** Es gibt viele sehr ähnliche Sommerwurz-Arten. Alle besitzen kein Blattgrün und parasitieren als Vollschmarotzer auf den Wurzeln jeweils ganz spezifischer Wirtspflanzen. Oft ist eine genaue Artbestimmung nur möglich, wenn man auf die umgebenden Pflanzen achtet. Die hier vorgestellte Art parasitiert meist auf Schafgarben.

1a

1b

2

3

4

1 Gewöhnlicher Wacholder
Juniperus communis

› immergrün
› säulenförmig
› Küchengewürz

MERKMALE Zypressengewächse *(Cupressaceae)*. Immergrüner, 0,5–6 m hoher Strauch. Blätter nadelförmig, 1–2 cm lang, steif, stechend. Blüten klein, unscheinbar, am Grund der Nadeln. Beeren reif schwarzbraun, bläulich bereift, 0,5–1 cm. **VORKOMMEN** In Europa auf sandigen Böden in sonniger Lage. Häufig in Heiden und an Felshängen. Blütezeit April bis Juni, Samenreife August bis Oktober. **WISSENSWERTES** Die Beeren sind begehrte Vogelnahrung, beliebtes Küchengewürz und werden als harntreibendes, blutreinigendes Mittel verwendet.

2 Hundsrose
Rosa canina

› unsere häufigste Rose
› Hagebutten-Tee
› Winternahrung für Vögel

MERKMALE Rosengewächse *(Rosaceae)*. 1–3 m hoher, stacheliger Strauch mit überhängenden Zweigen. Blätter fünf- bis siebenteilig, Blüten 5 cm groß, weiß bis rosa, schwach duftend. Früchte (Hagebutten) 2–2,5 cm groß, eiförmig und korallenrot. Blütezeit Mai/Juni, Fruchtreife September/Oktober. **VORKOMMEN** Eine der häufigsten Rosen Mitteleuropas, von der Ebene bis 1500 m Höhe an sonnigen Wegrändern und auf Lichtungen. **WISSENSWERTES** Hagebutten sind ein begehrtes Winterfutter für Vögel und Säugetiere. Sie enthalten zehnmal mehr Vitamin C als Zitronen.

3 Eingriffliger Weißdorn
Crataegus monogyna

› Heckenpflanze
› Blüten duften süß
› Herzmittel

MERKMALE Rosengewächse *(Rosaceae)*. Bis 8 m hoher, dicht verzweigter, dorniger Strauch oder Baum. Blätter tief gebuchtet mit drei bis fünf spitzen Lappen. Blüten weiß, etwa 1 cm groß, gehäuft in Dolden. Frucht erbsengroß und rot. Blütezeit Mai/Juni, Fruchtreife August/September. **VORKOMMEN** Überall in Europa an Waldrändern und in Hecken. **WISSENSWERTES** Blätter und Früchte enthalten herzwirksame Stoffe. Weißdorn eignet sich gut als Heckenpflanze, er verträgt einen kräftigen Rückschnitt.

4 Schlehe, Schwarzdorn
Prunus spinosa

› blüht vor dem Blattaustrieb
› Früchte essbar, sehr sauer
› liefert Schlehenlikör

MERKMALE Rosengewächse *(Rosaceae)*. 1–4 m hoher, dicht verzweigter, dorniger Strauch mit schwärzlicher Rinde. Blätter länglich, 2–5 cm lang. Blüten erscheinen vor den Blättern, etwa 1 cm groß, duften nach Mandeln. Früchte (Schlehen) sehr sauer, schwarzblau, weißlich bereift, etwa 1 cm groß, bleiben den Winter über am Strauch. Blütezeit März/April, Fruchtreife September/Oktober. **VORKOMMEN** In fast ganz Europa häufig in sonnigen Lagen. **WISSENSWERTES** Die Früchte sind erst nach einigen Frösten genießbar, sie werden zu Schnäpsen und Marmeladen verarbeitet.

1a

1b

2a

2b

3

4

1 Blutroter Hartriegel
Cornus sanguinea

- Zweige im Winter tiefrot
- Bodenfestiger
- schwarzblaue Früchte

MERKMALE Hartriegelgewächse *(Cornaceae)*. 2–5 m hoher, reich verzweigter Strauch oder Baum. Blätter bis 10 cm lang, 4 cm breit. Blüten weiß, 0,5 cm groß, in Schirmen an Zweigenden. Reife Früchte schwarzblau, erbsengroß. Blütezeit Mai/Juni, Fruchtreife September. **VORKOMMEN** In fast ganz Europa in Gewässernähe und an trockenen Hängen. **WISSENSWERTES** Wegen der ausladenden Wurzelsprosse eignet er sich gut als Bodenfestiger. Sein Name kommt von den im Winter blutroten Zweigen und dem harten Holz.

2 Pfaffenhütchen
Euonymus europaeus

- giftig!
- Zweige vierkantig
- Früchte pink und orange

MERKMALE Spindelbaumgewächse *(Celastraceae)*. 2–6 m hoher Strauch mit häufig vierkantigen Zweigen. Blätter eiförmig, 3–8 cm lang, gesägt. Blüten klein, grünlich, Früchte pink, öffnen sich nach unten, Samen orange ummantelt. Blütezeit Mai/Juni, Fruchtreife August bis Oktober. **VORKOMMEN** In fast ganz Europa an Waldrändern, Hecken und Gebüschen. **WISSENSWERTES** Rinde, Blätter und Samen giftig. Der Name bezieht sich auf die Form der Früchte, die an »des Pfaffen Hütchen« (das Barett) erinnern.

3 Besenginster
Cytisus scoparius

- Blüten goldgelb
- geeignet zum Besenbinden

MERKMALE Schmetterlingsblütler *(Fabaceae)*. Meist 1–2 m hoher Strauch. Junge Triebe grün, sehr biegsam. Blätter kleeblattähnlich, Blüten leuchtend gelb, bis 2,5 cm lang. Früchte (Hülsen) flach, schwarz und 3–5 cm lang. Blütezeit Mai/Juni, Fruchtreife August/September. **VORKOMMEN** In Mittel- und Südeuropa an Böschungen, Dünen und auf Heiden. **WISSENSWERTES** Einziger heimischer Ginster Mitteleuropas. Viele Züchtungen (auch mit rötlichen Blüten) im Handel. Früher verwendete man den Besenginster zum Besenbinden (Name!).

4 Feld-Ahorn
Acer campestre

- oft in Feldrainen
- Früchte geflügelt
- blüht nach Laubaustrieb

MERKMALE Seifenbaumgewächse *(Sapindaceae)*. Meist bis 10 m, nur selten bis 20 m hoher, reich verzweigter Baum oder Strauch. Blätter 10 cm breit, drei- bis fünffach gelappt. 10–20 gelblich grüne Blüten in aufrechter oder leicht überhängender Rispe. Blüht nach dem Laubaustrieb (vgl. Spitz-Ahorn S. 46). Früchte mit zwei sich gegenüberstehenden, waagerecht ausgebreiteten Flügeln. Blütezeit Mai, Fruchtreife September/Oktober. **VORKOMMEN** In Hecken, an Feld- und Waldrändern, in Wäldern. **WISSENSWERTES** Feld-Ahorn ist raschwüchsig. Das macht ihn besonders geeignet für Hecken- und Knickbepflanzungen.

1a

1b

2a

2b

3

4

1 Schwarzer Holunder
Sambucus nigra

› weiße Blütenschirme
› schwarze »Fliederbeeren«
› dunkelroter Saft

MERKMALE Moschuskrautgewächse *(Adoxaceae)*. Bis 7 m hoher Strauch oder Baum mit überhängenden Zweigen und dicht belaubter Krone. Die Zweige enthalten viel weiches, weißes Mark. Blätter 10–30 cm lang, meist fünfzählig gefiedert. Blüten weiß, in 10–15 cm breiten, flachen Schirmen, streng süßlich riechend. Früchte glänzend schwarz, erbsengroß. Blütezeit Juni, Fruchtreife August/September. **VORKOMMEN** Fast überall in Europa an feuchten Waldrändern, in Gebüschen, Hecken und an Wegrändern. **WISSENSWERTES** Im Volksmund auch Hollerbusch oder (im Niederdeutschen) Flieder genannt, gehörte der Holunder als lebendige Hausapotheke früher an jedes Haus. Die reifen Früchte enthalten viel Vitamin C, als »heißer Fliederbeersaft« vertreiben sie im Winter die Erkältung.

2 Gemeiner Schneeball
Viburnum opulus

› Früchte nicht essen!
› Blüten wie Schneebälle
› Schaublüten locken Insekten

MERKMALE Moschuskrautgewächse *(Adoxaceae)*. Schnellwüchsiger, bis 4 m hoher Strauch. Blätter drei- bis fünflappig, bis 12 cm lang, Blüten klein und weiß, zu Schirmen vereint, mit auffällig vergrößerten Randblüten. Früchte 1 cm groß, scharlachrot. Blütezeit Mai/Juni, Fruchtreife August/September. **VORKOMMEN** In fast ganz Europa in Auwäldern, Hecken und Gebüschen. **WISSENSWERTES** Die auffällig vergrößerten Randblüten sind steril und dienen nur dazu, Fliegen, Käfer und Schmetterlinge zum Bestäuben der eigentlich unscheinbaren Blüten anzulocken. In Gärten wird häufig die seit gut 400 Jahren kultivierte Zuchtform »Roseum« gepflanzt. Ihre Blüten bilden »echte«, runde und weiße Schneebälle. Die Blüten sind allerdings alle steril. Der Verzehr der Früchte führt zu Durchfall und Erbrechen.

3 Wolliger Schneeball
Viburnum lantana

› Früchte schwach giftig!
› rote und schwarze Früchte
› Blüten riechen intensiv

MERKMALE Moschuskrautgewächse *(Adoxaceae)*. 1–3 m hoher, reich verzweigter Strauch. Blätter länglich eiförmig, am Rand scharf gesägt, unterseits dicht graufilzig. Zahlreiche weiße Blüten in dichten, schirmförmigen Blütenständen. Früchte 7–8 mm lang, eiförmig, anfangs grün, dann rot, zur Reife schwarz glänzend. Blütezeit Mai bis Juli, Fruchtreife August/September. **VORKOMMEN** In Gebüschen, an Waldrändern, oft als Zierstrauch in Parks und Gärten angepflanzt und von dort verwildert. **WISSENSWERTES** Die weithin sichtbaren, intensiv duftenden Blüten werden von zahlreichen Insekten wie Bienen, Käfer und Fliegen besucht. Die Beeren des Wolligen Schneeballs scheinen keinen großen Geschmack bei Vögeln zu finden, denn mitunter findet man selbst im tiefsten Winter noch vertrocknete Früchte an den Sräuchern.

1a

1b

2a

2b

3a

3b

1 Mistel
Viscum ablum

› immergrün
› zapft Bäume an
› soll zu Weihnachten Glück bringen

MERKMALE Sandelholzgewächse *(Santalaceae)*. Kleiner, immergrüner, kugeliger Strauch bis etwa 1 m Durchmesser, der ausschließlich auf Bäumen wächst. Zweige gelblich grün, brechen leicht ab. Blätter zungenförmig, ledrig, bis etwa 6 cm lang. Blüten winzig, unscheinbar, an den Verzweigungen sitzend. Frucht erbsengroß, reif weiß gefärbt. Blütezeit März/April, Fruchtreife November/Dezember. **VORKOMMEN** Fast überall in Europa auf verschiedenen Laub- und Nadelbäumen. **WISSENSWERTES** Als Schmarotzer sendet die Mistel ihre Wurzeln statt ins Erdreich ins Holz der Bäume, auf denen sie lebt. Hier zapft sie die Leitungsbahnen an und kommt so zu den lebensnotwendigen Nährsalzen. Die klebrigen Beeren werden gern von Vögeln gefressen. Beim Säubern des Schnabels am Baum oder mit dem Vogelkot gelangen die unverdaulichen Samen wieder auf Bäume.

2 Heidekraut, Besenheide
Calluna vulgaris

› bildet großflächige Heiden
› immergrün
› verträgt keinen Schatten

MERKMALE Heidekrautgewächse *(Ericaceae)*. 20–50 cm hoher, sparriger, immergrüner Kleinstrauch. Blätter winzig, 1–3 mm lang, Blüten glöckchenförmig, lila-rosa, in reichblütigen Trauben an den Zweigenden. Blütezeit Juli bis Oktober. **VORKOMMEN** In fast ganz Europa, außer im Süden, auf mageren Böden mit viel Sonne. Auf Heiden und in lichten Wäldern. **WISSENSWERTES** Teils landschaftsprägend, z. B. in der Lüneburger Heide. Nach der Rodung der Wälder und Trockenlegung der Moore konnte sich das Kleingehölz hier rasch ausbreiten. Bei der Garten-, Friedhof- oder Balkonbepflanzung wird das immergrüne Heidekraut gerne als bodendeckende Bepflanzung eingesetzt. In der Pflanzenheilkunde spielt das Heidekraut eine Rolle bei der Behandlung von Rheuma und Gicht sowie als harntreibendes Mittel mit blutreinigender Wirkung.

3 Glockenheide
Erica tetralix

› glockenförmige Blüten
› Blätter nadelförmig
› Sumpfheide

MERKMALE Heidekrautgewächse *(Ericaceae)*. 15–45 cm hoher, immergrüner Zwergstrauch. Nadelförmige Blätter 3–5 mm lang, zu viert quirlständig. Blüten rot bis violett, zu 5–20 in endständiger Traube. Blütezeit Juli bis September. **VORKOMMEN** Auf sauren, feuchten Böden in Mooren und Heiden, auch in lichten Kiefernwäldern und in Küstennähe. **WISSENSWERTES** Da die Glockenheide feuchte Standorte bevorzugt, wird sie auch als »Sumpfheide« bezeichnet. Der Nektar befindet sich tief in der glockenförmigen Blüte und ist dort nur für langrüsselige Insekten wie Bienen, Hummeln und bestimmte Schmetterlinge erreichbar. Durch die Zerstörung ihrer Lebensräume ist die Glockenheide vielerorts selten geworden.

1a

1b

2

3

1 Hain-Bänderschnecke
Cepaea nemoralis

› spiralig gestreift
› frisst frisches Grün
› in Gärten häufig

MERKMALE Kugelige, etwa 2 cm große, gelbliche, rosafarbene bis dunkelbraune Gehäuse mit spiraligen Bändern (Name!). **VORKOMMEN** Häufig in Gärten, Parks und auf Bahndämmen. **LEBENSWEISE** Von Oktober bis Mai hält sie Winterruhe, dabei verschließt sie ihr Gehäuse mit einem Kalkdeckel. Erst wenn wieder saftiges Grün sprießt, futtert sich die Pflanzen fressende Schnecke durch Gärten, Parks und Wälder. **WISSENSWERTES** Hain-Bänderschnecken können so unterschiedlich gefärbt sein, dass man kaum glauben mag, es mit ein und derselben Art zu tun zu haben. Einigen fehlt sogar die Bänderung.

2 Wespenspinne
Argiope bruennichi

› gestreift wie eine Wespe (s. S. 328)
› frisst gerne Heuschrecken

MERKMALE Bis zu 2 cm große, auffallend schöne Spinne mit schwarz-gelb gestreiftem Hinterleib. Vorderkörper silbrig weiß behaart. Typisch für ihr Radnetz ist das weiße Zickzackband. Männchen unscheinbar bräunlich, mit 0,5 cm geradezu winzig. **VORKOMMEN** In sonnigen Gebieten mit niedrigem Pflanzenbewuchs. **LEBENSWEISE** Die Spinne sitzt in der Mitte ihres Radnetzes, das sie zwischen niedriger Vegetation aufspannt. Darin fängt sie v. a. Heuschrecken. **WISSENSWERTES** Das Männchen wird oft noch während der Begattung verspeist.

3 Veränderliche Krabbenspinne
Misumena vatia

› lauert auf Blüten
› perfekt getarnt
› erbeutet Insekten

MERKMALE 0,5–1 cm große Spinne, weiß, gelb oder grünlich gefärbt. **VORKOMMEN** An sonnigen Waldrändern und auf trockenen Rasen. **LEBENSWEISE** Lebt auf Blüten, auf denen sie durch ihre Färbung schwer zu entdecken ist. So werden Schwebfliegen, Bienen und Schmetterlinge zur Beute der lauernden Spinne. Oft entdeckt man sie nur, weil ein Beutetier leblos von der Blüte hängt. **WISSENSWERTES** Weibchen (Foto rechts) können die Körperfarbe perfekt der jeweiligen Blütenfarbe anpassen.

4 Weberknecht
Phalangium opilio

› sehr lange, dünne Beine
› Körper ungeteilt
› tag- und nachtaktiv

MERKMALE Unter Weberknecht werden mehrere Arten zusammengefasst. Körper etwa 0,5 cm groß, sehr, sehr lange, dünne Beine. **VORKOMMEN** An Wegrändern, in Gärten und auf Wiesen. **LEBENSWEISE** Lauert auf Sträuchern und höheren Kräutern, wobei er seine Beine lassoartig um die Pflanzenstängel schlingt. Fliegt ein Insekt vorbei, greift er es blitzschnell mit seinen langen Beinen aus der Luft. **WISSENSWERTES** Im Unterschied zu den echten Spinnen ist der Körper der Weberknechte nicht in Vorder- und Hinterleib unterteilt, sondern besteht aus einem Stück.

1

2

3a

3b

4

1 Grünes Heupferd 027
Tettigonia viridissima

› große, kräftige Heuschrecke
› grasgrün mit langen Fühlern
› sticht nicht!

MERKMALE Grasgrüne, bis etwa 4 cm lange Heuschrecke, Fühler sind länger als der Körper. Fliegt gut. **VORKOMMEN** Häufig an Wegrändern, auf trockenen Rasen und in Gärten. **LEBENSWEISE** Das Grüne Heupferd frisst kaum Pflanzen, wohl aber die Larven der Kartoffelkäfer, Blattläuse, Raupen und lästige Fliegen und ist damit ein ausgesprochener Nützling im Garten. Gratis dazu gibt es ihren laut schwirrenden Gesang von mittags bis nach Mitternacht. **WISSENSWERTES** Erschreckend mag einem nicht nur die Größe des Grünen Heupferdes erscheinen, sondern auch der 2–3 cm lange, dolchartige Säbel am Hinterleib des Weibchens. Doch keine Angst, er ist nicht dazu gedacht, Tiere oder Menschen zu stechen, sondern dient nur dazu, die Eier in den Boden zu bohren.

2 Feldgrille 028
Gryllus campestris

› schwarz mit breitem Kopf
› singt »zri zri zri«
› gräbt Erdröhren

MERKMALE 2–3 cm groß, gedrungen und schwarz mit bräunlichen Flügeln. Auffallend ist der mächtige Kopf, er ist breiter als der Körper. **VORKOMMEN** In trockenen, sonnigen Gebieten mit niedrigem Pflanzenbewuchs, in Heiden, auf trockenen Rasen und an Böschungen. In Norddeutschland sehr selten, im Süden häufiger. **LEBENSWEISE** Lebt nicht in der Vegetation wie Heuschrecken, sondern stets am Boden. Hier frisst sie v. a. Gräser und Kräuter. Gräbt etwa 20 cm tiefe Erdröhren, in die sie bei Gefahr flüchtet. Die Eier werden in selbst gegrabene Erdhöhlen abgelegt, daraus schlüpfen nach zwei bis drei Wochen die Larven. **WISSENSWERTES** Abends sitzen die Männchen vor dem Eingang ihrer Röhren und zirpen ihr bis 100 m weit zu hörendes »zri zri zri«, bei warmem Wetter bis tief in die Nacht. Geduld braucht, wer Grillen sehen will. Sie entwischen bei der geringsten Erschütterung in ihre Gänge.

3 Gemeiner Grashüpfer 029
Pseudochorthippus parallelus

› unsere häufigste Heuschrecke
› grün, braun oder rot-gelb
› singt mit Flügeln und Beinen

MERKMALE Etwa 1,5–2,5 cm groß, meist grün, es kommen aber auch bräunliche und rotgelbe Tiere vor. Die Flügel sind kürzer als der Körper. **VORKOMMEN** Kommt so gut wie überall da vor, wo Pflanzen wachsen, als einzige Heuschrecke sogar auf überdüngten Wiesen. Fehlt nur in sehr trockenen und sehr nassen Gebieten. **LEBENSWEISE** Hüpft in der Vegetation umher (Name!) und frisst dabei die jeweils häufigsten Gräser. Die Weibchen legen ihre Eier in den Boden ab. **WISSENSWERTES** Die Männchen singen an warmen Sommerabenden noch bis Mitternacht. Dazu reiben sie ihre Hinterbeine über die Flügel. Die Verse dauern nur 1–1,5 Sekunden, sind kurz und kratzig und klingen wie »sräsräsräsrä«. Sie werden im Drei-Sekunden-Takt vorgetragen.

1

2

3

1 Grüne Stinkwanze
Palomena prasina

› nur im Sommer grün
› stänkert ihre Feinde an
› saugt süße Säfte

MERKMALE 1–1,5 cm groß, im Frühling und Sommer grasgrün, färbt sich im Herbst braun. So ist sie immer gut getarnt. Wie für Wanzen typisch, hält sie einen langen Saug-Stechrüssel unter dem Bauch versteckt. **VORKOMMEN** Häufige Wanze an Büschen und Bäumen. **LEBENSWEISE** Sticht mit dem Rüssel Pflanzen und Beeren an und saugt deren Säfte. Verbreitet mit ihren Stinkdrüsen ein übel riechendes Sekret, das Fressfeinden den Appetit verdirbt. Kann bei stärkerem Befall schädlich sein. **WISSENSWERTES** Im Laufe ihrer Entwicklung vom Embryo zum erwachsenen Tier – die Imago – häuten sich Wanzen meist fünfmal. Die Larven (Foto oben rechts) werden dabei jedes Mal ein wenig größer und der Imago schrittweise immer ähnlicher. Wanzen fehlt ein eigenes Puppen-Stadium in der Entwicklung, wie es z. B. für Käfer, Schmetterlinge und Fliegen typisch ist.

2 Streifenwanze
Graphosoma lineatum

› schwarz-rot gestreift
› auf Doldenblütlern
› Warnfarben

MERKMALE 8–12 mm groß. Unverwechselbar schwarz-rot längs gestreift. Kleiner, schmaler Kopf mit langem Saugrüssel. **VORKOMMEN** Verbreitet und häufig auf Wiesen, an Wegrändern und in Gärten. **LEBENSWEISE** Streifenwanzen findet man fast immer auf Doldenblütlern wie Wiesenkerbel, Bärenklau, Engelwurz oder Wilder Möhre. Hier saugen sie mit Vorliebe an den Samen. Den Winter verbringen die erwachsenen Tiere im Boden vergraben oder an geschützten Stellen verborgen. **WISSENSWERTES** Die auffällige Farbenpracht der Streifenwanzen ist als Warnung zu verstehen: Sie signalisieren damit potenziellen Fressfeinden ihre Ungenießbarkeit – wer einmal das schwarz-rote Insekt probiert hat, erinnert sich bei einem Wiedersehen an den widerlichen Geschmack und vergreift sich nie wieder an dem Tier.

3 Wiesenschaumzikade
Philaenus spumarius

› macht den »Kuckucksspeichel«
› saugt Pflanzensäfte
› auf feuchten Wiesen häufig

MERKMALE Ausgewachsene Zikade etwa 0,5 cm groß, breit oval und bräunlich. **VORKOMMEN** Häufig auf feuchten Wiesen an über 150 verschiedenen Pflanzenarten. **LEBENSWEISE** Sticht mit ihrem unter dem Bauch verborgenen Rüssel Pflanzen an und saugt deren Säfte. Die noch unausgewachsenen Larven schäumen mit der Atemluft eine aus dem After austretende Flüssigkeit auf. In diesem Schaum leben sie, er schützt sie vor Trockenheit und Feinden. **WISSENSWERTES** Das schaumige Gebilde an Pflanzenstängeln wird im Volksmund »Kuckucksspeichel« oder »Hexenspucke« genannt (s. S. 330). Auf Erlen, Weiden und Pappeln lebt die ähnliche Erlen-Schaumzikade *(Aphrophora alni)*. Sie wird 8–11 mm lang und ist bräunlich mit hellen Flecken auf den Vorderflügeln. Auch ihre Larven erzeugen ein Schaumnest.

1a

1b

2

3a

3b

1 Feld-Sandlaufkäfer
Cicindela campestris

› mag Sonne und Sand
› metallisch grün
› Räuber mit riesigen Augen

MERKMALE 1–1,5 cm großer Käfer, metallisch grün mit gelben Punkten. Fühler und Beine sind leuchtend kupferrot. **VORKOMMEN** In sandigen Gegenden, auf Wegen, Feldern, Stränden und in Kiesgruben. **LEBENSWEISE** Huscht bei Sonnenschein über warme, sandige Wege und macht Jagd auf Spinnen und Insekten. Aufgescheucht fliegt er kurz auf, landet einige Meter weiter. Seine Larve (rechts) lebt größtenteils verborgen in einer kleinen Erdröhre und packt vorbeikommende Insekten. **WISSENSWERTES** Häufig jagen Sandlaufkäfer gesellig.

2 Gewöhnlicher Weichkäfer
Cantharis fusca

› rot und schwarz
› frisst Läuse und Schnecken
› »Schneewürmer«

MERKMALE 1–1,5 cm großer, lang gestreckter, rot und schwarz gefärbter Käfer. Larve etwa 2 cm groß und samtig schwarz. **VORKOMMEN** Sehr häufig an Waldrändern, auf Wiesen und Feldern. **LEBENSWEISE** Meist sieht man ihn bei Sonnenschein auf Blüten oder Blättern, wo er Blattläuse und andere, kleine Insekten frisst. Er knabbert aber auch Knospen und junge Triebe an. Seine Larve ist bei Gärtnern beliebt, weil sie gerne Schnecken verspeist. **WISSENSWERTES** Die Larven überwintern, an warmen Tagen krabbeln sie auf dem Schnee umher (»Schneewürmer«).

3 Rapsglanzkäfer
Brassicogethes aeneus

› klein, schwarz glänzend
› oft in Rapsfeldern
› tritt oft massenhaft auf

MERKMALE Sehr klein, 1,5–2,5 mm lang. Schwarz mit grünem oder blauem Metallglanz, fein punktiert und dicht anliegend behaart. Keulenförmige Fühler. **VORKOMMEN** Auf Wiesen und Äckern. **LEBENSWEISE** Die Käfer überwintern, fliegen im zeitigen Frühjahr auf Huflattich oder Dotterblume, wo sie sich vom Blütenpollen ernähren. Später im Jahr wechseln sie auf Raps und andere Kreuzblütler. **WISSENSWERTES** Da die Käfer nicht nur die Pollen vom Raps fressen, sondern auch Stempel und Fruchtknoten annagen, können sie bei stärkerem Befall schädlich sein.

4 Rosenkäfer
Cetonia aurata

› leuchtend metallisch gefärbt
› Sonne liebend
› Larven in morschem Holz

MERKMALE 15–20 mm lang. Grün-, braun- oder bronzemetallisch glänzend mit weißen Flecken oder kurzen Querlinien. Fühler keulenförmig verdickt. **VORKOMMEN** Verbreitet und meist häufig in offenen Landschaften an Blüten von Rosen, Obst, Holunder und Doldenblütlern. **LEBENSWEISE** Die Sonne liebenden Käfer fliegen von April bis Oktober und ernähren sich von Blütenpollen. **WISSENSWERTES** Die Larven entwickeln sich in morschem Holz, im Kompost und gelegentlich auch in Ameisenhaufen. Im Kompost gelten die Larven als ausgesprochene Nützlinge.

1a

1b

2

3

4

1 Gelbe Wiesenameise
Lasius flavus

› baut Erdhügel
› lebt unterirdisch
› hält Läuse als Haustiere

MERKMALE 4 mm große, blassgelbe Ameise (links). Die Königin (rechts) ist 7–9 mm groß und bräunlich. Typisch und augenfällig sind ihre Erdhügel. Sie können bis zu einen halben Meter in Durchmesser und Höhe erreichen und sind häufig von Gras überwachsen. **VORKOMMEN** Auf Wiesen häufig. Erträgt Beweidung (da die Hügel sehr fest sind) und auch gelegentliche Überflutungen. **LEBENSWEISE** Bis zu 100 000 Ameisen bewohnen einen Erdhügel. Sie leben fast nur unterirdisch und ernähren sich von winzigen Wurzelläusen. Die werden gefressen, meist aber »gemolken«, da sie süße Ausscheidungen produzieren. **WISSENSWERTES** Ihre Haustiere, die Wurzelläuse, werden sorgsam betreut. Vor dem Winter holen die Ameisen sie ins Nest und bringen sie im zeitigen Frühjahr zurück zu den Nahrungspflanzen, an denen die Läuse Säfte saugen.

2 Wiesenhummel
Bombus pratorum

› wichtiger Blütenbestäuber
› gründet Staaten
› kann stechen

MERKMALE 1–1,5 cm groß, pelzig und schwarz-gelb gestreift. **VORKOMMEN** Überall häufig, auf Wiesen, in Gärten und Parks. **LEBENSWEISE** Lebt in kleinen Staaten von etwa 50–100 Tieren, die ihr Nest meist unterirdisch in Erdlöchern oder Reisighaufen haben. Bezieht aber auch hohle Bäume, verlassene Vogelnester und Verstecke in Gebäuden. Gegründet wird der Staat von einer Königin, die im März aus ihrem Winterquartier schlüpft, einen Nistplatz wählt und Eier legt. Sie bebrütet die Eier und versorgt die Larven mit Blütenpollen. Ab April sind die ersten Arbeiterinnen voll entwickelt, nun schaffen sie die Pollen für die vielen Eier heran, die die Königin im Lauf des Sommers noch legt. **WISSENSWERTES** Mit ihrem Giftstachel können sie stechen, sind aber außer in direkter Nestnähe wenig aggressiv.

3 Regenbremse
Haematopota pluvialis

› schillernde Augen
› greift geräuschlos an
› beißt schmerzhaft

MERKMALE Etwa 1 cm große, kräftige Fliege mit schillernden Augen und gefleckten Flügeln. **VORKOMMEN** Hauptsächlich in Gewässernähe, auch an Kleinstgewässern. **LEBENSWEISE** Wird an schwül-warmen Sommertagen besonders lästig. Bremsen stechen nicht, sie beißen vielmehr. Aber das nicht minder schmerzhaft. Mit messerscharfen Mundwerkzeugen ritzen sie die Haut von Mensch und Tier an und lecken dann das austretende Blut auf. Dabei sind sie wenig störanfällig und lassen sich leicht erschlagen. Die Eier legen sie in feuchte Böden, darin entwickeln sich auch ihre Larven, die Maden. **WISSENSWERTES** Ein kleiner Trost: Nur die Hälfte aller Bremsen fällt uns an. Denn wie bei den Stechmücken sind es nur die Weibchen, die Blutmahlzeiten brauchen, damit ihre Eier genügend Nährstoffe zur Entwicklung erhalten.

1a

1b

2

3

1 Brauner Bär
Arctia caja

› fliegt nur nachts
› leuchtend rote Hinterflügel
› Raupe mit braunem Pelz

MERKMALE 3 cm groß mit braun-weiß marmorierten Vorderflügeln, Hinterflügel rot mit schwarzen Punkten. Raupe (links) bis zu 6 cm, mit rötlich braunem Haarpelz (Name!). **VORKOMMEN** An Flüssen, in Gärten und Parks. **LEBENSWEISE** Ruht am Tag mit zusammengefalteten Flügeln gut getarnt auf Rinde oder im Pflanzengewirr, ab Mitternacht oft an Lichtquellen. Flugzeit Juli bis August. Im Juli legen die Weibchen die Eier in großen Gelegen an die Futterpflanzen, dort schlüpfen im August dann die Räupchen. Die Raupen überwintern ziemlich klein und sind Ende Juni des folgenden Jahres ausgewachsen, verpuppen sich und schlüpfen schließlich im Juli. **WISSENSWERTES** Die roten Hinterflügel dienen zur Verwirrung der Feinde: Hat ein Vogel den Falter erspäht, öffnet der schnell die Flügel. Während der Vogel noch stutzt, ist er schon auf und davon.

2 Mittlerer Weinschwärmer
Deilephila elpenor

› weinrot und olivgrün
› große Raupe
› kolibriartiger Schwirrflug

MERKMALE Körper 3–3,5 cm lang, Flügelspannweite 6–7 cm. Flügel und Körper weinrot mit olivgrünen Streifen. Hinterflügel an Basis schwarz. **VORKOMMEN** Feuchte Wiesen, Parks, Gärten, Auwälder, Waldlichtungen. **LEBENSWEISE** Dämmerungs- und nachtaktive Falter. Im kolibriartigen Schwirrflug besuchen sie nektarreiche Blüten wie Geißblatt, Lichtnelke oder Phlox. Flugzeit Mai bis August. **WISSENSWERTES** Der Mittlere Weinschwärmer hat eine imposante, braun oder grün gefärbte, bis 8 cm lange Raupe (Mitte rechts). Sie trägt am Hinterende ein kurzes Horn. Auf dem vierten und fünften Körpersegment befinden sich auffällige, augenartige Fleckenpaare, die der Abschreckung von Fressfeinden dienen. Die Raupen fressen an Weidenröschen, Nachtkerzen, Wein und Blutweiderich, in Gärten auch gerne an Fuchsien.

3 Blutströpfchen, Widderchen
Zygaena filipendulae

› sechs rote Flecken auf jedem Vorderflügel
› heißt auch Sechsfleck-Widderchen
› gelb-schwarz gefärbte Raupe
› Fühler gebogen wie Widderhörner

MERKMALE 18–23 mm lang. Vorderflügel glänzend blauschwarz mit je sechs roten Flecken, Hinterflügel rot mit schwarzem Rand. Keulenförmige, hakenartig gekrümmte Fühler. **VORKOMMEN** Auf Wiesen, an sonnigen Hängen und Waldrändern. **LEBENSWEISE** Die Falter saugen vor allem an Disteln, Kletten und Flockenblumen. Mitunter versammeln sie sich in großer Zahl an einer Blüte. Flugzeit Juni bis September. **WISSENSWERTES** Die Raupen sind gelb und schwarz gezeichnet und fressen meist an Hornklee und anderen Schmetterlingsblütlern. Die auffällige Färbung von Faltern und Raupen stellt eine Warnfarbe dar, die signalisiert: »Vorsicht giftig!« Etliche ähnliche Arten, die sich insbesondere in Form und Zahl der roten Flügelflecken unterscheiden.

1a

1b

2a

2b

3

1 Landkärtchen
Araschnia levana

- Flügelunterseite mit Landkartenzeichnung
- Saisondimorphismus

MERKMALE Länge 20 mm, Spannweite bis 40 mm. Zwei Generationen im Jahr: Im Frühjahr rötlich-braun mit weißen und schwarzen Flecken, im Sommer schwärzlich mit weißer Bindenzeichnung. Unterseite stets mit »Landkartenmuster« (Name!). **VORKOMMEN** Auf Wiesen, an Waldrändern, in Parks und Gärten. **LEBENSWEISE** Weibchen legen Eier auf die Blattunterseite von Brennnesseln, an denen die Raupen leben und fressen. **WISSENSWERTES** Das verschiedene Aussehen der Generation nennt man »Saisondimorphismus«. Er wird durch die unterschiedliche Tageslänge bewirkt.

2 Gemeiner Bläuling
Polyommatus icarus

- kornblumenblau
- keine blühende Wiese ohne Bläulinge
- lebt an Klee

MERKMALE Etwa 1,5 cm groß, Männchen kornblumenblau, Weibchen bräunlich mit orangen Flecken an den Flügelrändern. Flügelunterseiten mit schwarzen, weiß gesäumten Punkten. Raupe grün. **VORKOMMEN** Auf sonnigen Wiesen, Ödland und in Gärten. **LEBENSWEISE** Saugt Nektar an Klee und legt hier auch seine Eier ab, die Raupe lebt von Kleeblättern. Fliegt von Mai bis September. **WISSENSWERTES** In Westdeutschland durch Düngung selten geworden, in Ostdeutschland noch recht weit verbreitet.

3 Aurorafalter
Anthocaris cardamines

- Frühlings-Schmetterling
- »Göttin der Morgenröte«
- oft auf Wiesen-Schaumkraut

MERKMALE 2,5 cm groß, Männchen weiß und leuchtend orange, Weibchen schlicht weiß. Flügelunterseiten bei beiden grün gesprenkelt. Raupe oben grün, an den Seiten weiß. Flugzeit April bis Juni. **VORKOMMEN** Auf feuchten Wiesen mit Wiesen-Schaumkraut. **LEBENSWEISE** Der Falter saugt Nektar hauptsächlich an Wiesen-Schaumkraut, das zu seiner Flugzeit blüht, und legt hier auch seine Eier ab. Die Raupe frisst die Blüten, später auch die heranreifenden Früchte. **WISSENSWERTES** Der Name bezieht sich auf die Färbung des Männchens: Aurora ist die Göttin der Morgenröte.

4 Schwalbenschwanz
Papilio machaon

- schwalbenartige Schwanzspieße
- gern an Dill und Kümmel
- einst häufig

MERKMALE Etwa 3,5 cm groß, gelb-schwarz. Rand der Hinterflügel mit blauer Binde, rotem »Augenfleck« und schwalbenartigen Schwanzspießen (Name!). Raupe grün-schwarz mit orangefarbenen Punkten. **VORKOMMEN** Ungedüngte Wiesen, Wegränder, Gärten. **LEBENSWEISE** Falter und Raupen gern an Wilder Möhre, Dill und Kümmel. Flugzeit April bis September. **WISSENSWERTES** Einst häufig. Nachstellungen von Sammlern und die Wandlungen der Landwirtschaft haben ihn selten werden lassen.

1a

1b

2

3

4a

4b

1 Zauneidechse
Lacerta agilis

- gern an trockenen Hängen
- legt Eier in Erdgruben
- Wärme liebend

MERKMALE Bis 24 cm lang, graubraun mit variabler Streifen- und Punktzeichnung. Die Männchen (links) haben, besonders zur Paarungszeit, leuchtend grüne Flanken und eine grüne Kehle. **VORKOMMEN** Auf Brachland, an sonnigen Hängen und Waldrändern und in Gärten. **LEBENSWEISE** Sonnt sich am Vormittag. Wenn sie aufgewärmt ist, geht sie auf Insektenjagd. Legt ihre Eier in selbst gescharrte Erdlöcher, die Sonne brütet sie aus. **WISSENSWERTES** Oktober bis April Winterruhe in frostfreien Verstecken.

2 Waldeidechse
Zootoca vivipara

- auch in Wäldern
- auch in kühleren Regionen
- lebendgebärend

MERKMALE Zierliche, nur bis 16 cm lange Eidechse mit meist kastanienbraunem Rücken und dunkleren Flanken, verschiedenen Streifen- und Punktzeichnungen. **VORKOMMEN** In Wäldern, Mooren, Heiden und Steinbrüchen, im Gebirge bis 3000 m Höhe. Auch in kühleren Lebensräumen als die Zauneidechse. **LEBENSWEISE** Jagt Insekten, Würmer und Spinnen. Winterruhe von Oktober bis März. **WISSENSWERTES** Legt keine Eier, sondern bringt nach einer Tragzeit von ca. 3 Monaten lebende Junge zur Welt.

3 Blindschleiche
Anguis fragilis

- keine Schlange
- harmlos und ungiftig
- frisst Nacktschnecken

MERKMALE Bis zu 45 cm lange, bräunliche Schleiche, keine Schlange, sondern eine Eidechse ohne Arme und Beine. **VORKOMMEN** Auf Wiesen, in Wäldern, auf Brachland und in Gärten. **LEBENSWEISE** Kriecht zur Dämmerung aus feuchten Verstecken wie morschen Baumstümpfen hervor und jagt Nacktschnecken, Würmer und Spinnen. Winterruhe von Oktober bis März. **WISSENSWERTES** Wie echte Eidechsen können Blindschleichen bei Gefahr ihren Schwanz abwerfen, um den Rest ihres Körpers in Sicherheit zu bringen. Der Schwanz wächst zum Teil wieder nach.

4 Kreuzotter
Vipera berus

- häufigste Giftschlange Europas
- lebendgebärend
- scheu

MERKMALE Etwa 60–75 cm lange Giftschlange mit charakteristischem, dunklem Zickzackband auf dem Rücken. **VORKOMMEN** Besonders häufig in Mooren und auf Bergwiesen, aber auch an Waldrändern, auf Uferwiesen und Brachflächen. **LEBENSWEISE** Tagaktiv, jagt Mäuse, Eidechsen und Frösche. Hält Winterruhe von Oktober bis März. **WISSENSWERTES** Bei Gefahr flieht die scheue Schlange bereits frühzeitig in die Vegetation oder unter Steine. Greift nur an und beißt, wenn sie in die Enge getrieben wird. Der Giftbiss ist sehr schmerzhaft, aber kaum tödlich. Ein Arzt sollte in jedem Fall aufgesucht werden.

1a

1b

2

3

4

1 Weißstorch 030
Ciconia ciconia

› klappert zur Begrüßung
› »bringt Kinder und Glück«
› brütet auf Hausdächern

MERKMALE Sehr groß und schwarz-weiß, Schnabel und Beine lang und rot. **VORKOMMEN** In offener Kulturlandschaft mit feuchten Wiesen. **LEBENSWEISE** Frisst überwiegend Mäuse (nicht Frösche), Regenwürmer und Insekten, die er hauptsächlich auf feuchten, extensiv genutzten und damit artenreichen Wiesen findet. Sein großes Nest legt er auf Hausdächern an. **WISSENSWERTES** Glück soll er bringen und die Kinder dazu. Ob das wirklich klappt, ist fraglich. Trockengelegte Feuchtwiesen und eine zu intensive Landwirtschaft lassen seine Nahrung bei uns knapp werden. In »Storchendörfern« wie dem schleswig-holsteinischen Bergenhusen oder in Rühstädt an der Elbe können wir noch das Schnabelgeklapper hören, mit dem sich die imposanten Vögel am Nest begrüßen.

2 Mäusebussard 031
Buteo buteo

› unser häufigster Greifvogel
› bekannter Ruf: »hiää«
› oft an Straßenrändern

MERKMALE Mittelgroßer Greifvogel, etwa so groß wie ein Huhn. Im Flug sieht man, dass seine Flügel relativ breit sind und der Schwanz relativ kurz. Mäusebussarde sind sehr variabel gefärbt, was leicht zu Fehlbestimmungen führt. Die Farbpalette reicht von schwarzbraun über »gescheckt« bis fast weiß. **VORKOMMEN** Brütet in Wäldern, braucht zur Nahrungssuche aber offene Landschaften. Sieht man bei uns einen Greifvogel am Himmel kreisen, ist es meist ein Mäusebussard. **LEBENSWEISE** Baut sein Nest aus großen Zweigen hoch oben in Bäumen. Frisst hauptsächlich Mäuse und junge Kaninchen, erwachsene Kaninchen und Hasen nur als Straßenopfer. Harrt oft stundenlang auf Sitzwarten aus, von denen aus er seine Jagdflüge unternimmt. **WISSENSWERTES** Vor allem außerhalb der Brutzeit sieht man ihn oft vom Auto aus am Rand viel befahrener Straßen auf Beute warten.

3 Turmfalke 032
Falco tinnunculus

› rüttelt im Flug
› Nest an hohen Gebäuden
› ruft aufgeregt »kikikiki ...«

MERKMALE Kleiner und schlanker Greifvogel mit langem Schwanz, kleiner als eine Krähe. Typisch ist seine rotbraune Färbung mit schwarzen Flecken bei beiden Geschlechtern, das Männchen hat außerdem einen grauen Kopf und einen schwarzen Bart. **VORKOMMEN** Neben dem Mäusebussard unser häufigster Greifvogel. Sehr anpassungsfähig: Brütet oft in Städten, auch in Wäldern, sogar auf Strommasten. Zur Nahrungssuche in offener Landschaft über Wiesen und Äckern. **LEBENSWEISE** Frisst hauptsächlich Mäuse, auch Kleinvögel. **WISSENSWERTES** Charakteristisch für Turmfalken sind ihre Rüttelflüge: Wie an einem unsichtbaren Faden aufgehängt, stehen sie dabei mit nach unten gerichtetem Kopf und gefächertem Schwanz auf einer Stelle in der Luft, schlagen mit den Flügeln und stürzen plötzlich steil herab.

1

2

3a

3b

1 Steinkauz 033
Athene noctua

› sehr kleine Eule
› auch bei Tage aktiv
› nächtlicher Ruf: »Komm mit!«

MERKMALE Kleine Eule, kleiner als eine Taube. Typisch ist ihr braun-weiß gepunktetes Gefieder. **VORKOMMEN** In offenen Landschaften mit höhlenreichen Kopfweiden und Obstbäumen. **LEBENSWEISE** Ist im Gegensatz zu den meisten anderen Eulen auch am Tag aktiv. Brütet in geräumigen Baumhöhlen oder auch in speziellen Niströhren. Seine Hauptnahrung besteht aus Mäusen, Regenwürmern und Insekten, die er am besten auf kurzrasigen Wiesen erbeuten kann. **WISSENSWERTES** Immer weniger Höhlenbäume in einer immer monotoneren Agrarlandschaft machen der kleinen Eule bei uns das Leben schwer. Wo es noch genügend Nahrung gibt, können spezielle Nistkästen (80–100 cm hoch, ca. 16 cm breit, Einflugloch von 6–8 cm Durchmesser) Abhilfe schaffen.

2 Rebhuhn 034
Perdix perdix

› fliegt dicht über dem Boden
› »Reb-reb-reb«-Huhn
› gefährdeter Brutvogel

MERKMALE Kleines, gedrungenes Huhn, höchstens halb so groß wie unser Haushuhn. Beide Geschlechter grau und braun mit orangebraunem Gesicht. Im Flug fällt der kurze Schwanz auf (im Gegensatz zum Fasan). **VORKOMMEN** In extensiv bewirtschaftetem Ackerland mit Ackerrainen, Brachland, Wiesen, Hecken und Gräben. **LEBENSWEISE** Baut ein Bodennest an Grabenrändern oder Heckensäumen. Frisst hauptsächlich Sämereien und Knospen, füttert die Küken aber mit eiweißreicher Insekten- und Spinnenkost. **WISSENSWERTES** Einst überall in Europa häufig, ist das Rebhuhn heute zu einem gefährdeten Brutvogel geworden. Durch immer intensiveren Maschineneinsatz werden viele Nester und Küken zerstört, es gibt kaum noch Versteckmöglichkeiten und selbst die wenigen verbliebenen Vögel finden kaum noch genug zu fressen.

3 Fasan 035
Phasanius colchicus

› häufig ausgewildert
› groß, bunt und auffällig
› beliebtes Jagdwild

MERKMALE Hühnergroß mit extrem langem Schwanz. Das Männchen (rechts) ist bunt mit roten Hautlappen im Gesicht, das Weibchen (links) schlicht braun marmoriert. **VORKOMMEN** Häufiger Brutvogel im Tiefland mit Feldern und Hecken. **LEBENSWEISE** Bodennest im Schutz dichter Vegetation. Da nur das (tarnfarbene) Weibchen brütet, kann sich das Männchen seine bunte und auffällige Gefiederpracht erlauben. Frisst hauptsächlich Getreide, Samen und andere Pflanzenteile. Die Küken werden zunächst mit Insekten gefüttert. **WISSENSWERTES** Ursprünglich ein Brutvogel Asiens, der bei uns in Fasanerien gezüchtet und regelmäßig als Jagdwild freigelassen wird. Ohne diesen »Nachschub« und Winterfütterungen könnte der eher an warme Regionen angepasste Fasan bei uns nicht überleben.

1

2

3a

3b

1 Kiebitz 036
Vanellus vanellus

- auffällige Flugspiele
- im Flug breite, runde Flügel
- außer der Brutzeit in großen Schwärmen

MERKMALE Taubengroß, kontrastreich schwarz-weiß. Auffällige Federlocke auf dem Kopf, beim Männchen länger. Gaukelnder Flug und runde, breite Flügel. **VORKOMMEN** In baumarmen Wiesenlandschaften mit niedriger Vegetation. **LEBENSWEISE** Brütet in lockeren Kolonien, verteidigt Nester gemeinsam gegen Feinde. Nahrung hauptsächlich Insekten und Regenwürmer. **WISSENSWERTES** Mit Flugspielen über dem Brutgebiet markieren die Männchen ihr Revier.

2 Großer Brachvogel 037
Numenius arquata

- Schnabel lang, nach unten gebogen
- mag offene Landschaften
- Symbolvogel der Wiesenbrüter

MERKMALE Gut krähengroß, mit langem, abwärts gebogenem Schnabel. Im Flug weißer Keil auf dem Rücken sichtbar. Stimmungsvolle »tlüih«-Rufe. **VORKOMMEN** Brutvogel offener Wiesenlandschaften ohne Sichthindernisse. **LEBENSWEISE** Bodenbrüter, frisst Regenwürmer, Muscheln, Mückenlarven und andere Insekten. Zur Zugzeit in großen Schwärmen im Wattenmeer. **WISSENSWERTES** Wo Brachvögel erfolgreich brüten, sind unsere Wiesen noch in Ordnung.

3 Kuckuck 038
Cuculus canorus

- allbekannte »Kuckuck«-Rufe
- legt seine Eier in fremde Nester
- Einzelgänger

MERKMALE Etwas kleiner als eine Taube, mit langem Schwanz und spitzen Flügeln. Kann grau oder braun gefärbt sein. **VORKOMMEN** Offene Flächen mit geeigneten Sitzwarten. **LEBENSWEISE** Frisst Schmetterlingsraupen, Käfer und Heuschrecken. **WISSENSWERTES** Der Kuckuck ist ein Brutparasit: Seine Eier verteilt er einzeln auf die Nester kleiner Singvögel, gern Teichrohrsänger und Rotkehlchen. Der Jungkuckuck (links) befördert seine Stiefgeschwister aus dem Nest, seine Zieheltern, die viel kleiner sind als er, müssen hart arbeiten, um den Parasiten satt zu bekommen.

4 Neuntöter 039
Lanius collurio

- Räubermaske
- spießt Opfer auf
- roter Rücken

MERKMALE Spatzengroß, großer Kopf, kräftiger Schnabel, langer Schwanz. Männchen (rechts) mit rotbraunem Rücken, grauem Kopf und »Räubermaske«, Weibchen (links) schlichter graubraun. **VORKOMMEN** Dornbuschhecken in freier Landschaft. **LEBENSWEISE** Nest in Dornensträuchern wie Schlehe, Weißdorn oder Heckenrose. Erbeutet große Insekten und Spinnen, aber auch Mäuse. **WISSENSWERTES** Neuntöter horten ihre Beute, auf Dornen gespießt, als Vorrat.

1

2

3a

3b

4a

4b

1 Feldlerche 040
Alauda arvensis

› »Himmelslerche«
› singt schon ab Februar
› gut verstecktes Bodennest

MERKMALE Etwas größer als Spatz, unauffällig bräunlich mit im Flug gut erkennbaren, breiten Flügeln mit weißem Hinterrand. **VORKOMMEN** Häufiger Brutvogel auf Äckern und Feldern. **LEBENSWEISE** Bodenbrüter in niedriger Vegetation, ernährt sich von Insekten, Spinnen, Würmern und Samen. Sitzt meist am Boden oder auf kleinen Erhöhungen. **WISSENSWERTES** Vollbringt »Höchstleistungen«, indem sie in großer Höhe (Rekord: 400 m) auf der Stelle fliegt (»Himmelslerche«) und dabei singt.

2 Wiesenpieper 041
Anthus pratensis

› Ruf klingt wie: »Ist ist ist hiieer hiier hier«
› Fallschirm-Flüge
› überwintert am Mittelmeer

MERKMALE Etwa spatzengroß, aber zierlicher mit schlankem, spitzem Schnabel. Beide Geschlechter unauffällig braun gestrichelt und am ehesten an ihrem typischen Verhalten und Gesang zu erkennen. **VORKOMMEN** Auf offenen, baum- und straucharmen Flächen. **LEBENSWEISE** Gut versteckte Bodennester, meist mit Sichtschutz nach oben. **WISSENSWERTES** Typische Singflüge, zu denen die Männchen vom Boden oder einer niedrigen Warte aus starten, dann steil aufsteigen und wie Fallschirme wieder zu Boden gleiten.

3 Schafstelze 042
Motacilla flava

› »gelbe Bachstelze«
› langer Schwanz
› wellenförmiger Flug

MERKMALE Etwas größer als ein Spatz. Männchen: Unterseite gelb, Oberseite grau- oder olivgrün. Weibchen blasser. Wippt ständig mit langem Schwanz. Wellenförmiger Flug. **VORKOMMEN** Auf Wiesen und Weiden, auch auf Äckern, in Sümpfen, Mooren und Heiden. **LEBENSWEISE** Ernährt sich hauptsächlich von Insekten, die am Boden gesucht oder in Luftsprüngen erbeutet werden. Gut verstecktes Nest in der Bodenvegetation. **WISSENSWERTES** Schafstelzen sind Zugvögel, die sich bei uns von April bis September aufhalten. Im Herbst fliegen sie in großen Trupps bis ins mittlere Afrika.

4 Braunkehlchen 043
Saxicola rubetra

› warnt »wi tek tek!«
› sitzt auf niedrigen Warten
› bedroht

MERKMALE Kleiner als Spatz, rundliche Gestalt, feiner Schnabel, kurzer Schwanz. Männchen mit orangebrauner Brust und weißem Überaugenstreif, Weibchen blasser. **VORKOMMEN** In offenen Wiesenlandschaften, die nicht sehr intensiv genutzt werden. Im Winter südlich der Sahara. **LEBENSWEISE** Baut Nest in Bodennähe, frisst Insekten, Spinnen und Würmer. **WISSENSWERTES** Durch Trockenlegungen von Wiesen und zu intensive Düngung mit zu häufigem Grasschnitt ist dieser Vogel bei uns selten geworden.

1

2

3

4

1 Feldschwirl 044
Locustella naevia

› Gesang heuschreckenartig
› keilförmiger Schwanz
› versteckte Lebensweise

MERKMALE Etwas kleiner als Spatz. Oberseite olivbraun, dunkel gestrichelt. Unterseite schmutzig weiß mit wenigen Stricheln auf der Brust. Keilförmiger Schwanz. Gesang erinnert an Gezirpe von Heuschrecken: Minutenlanges, monotones Schwirren »sir r r r r r r r...«, meist in der Dämmerung, aber auch tags und nachts vorgetragen. **VORKOMMEN** Meist auf Feuchtwiesen, auch im Gebüsch an Gewässerufern, auf Waldlichtungen und in Mooren. **LEBENSWEISE** Feldschwirle führen ein relativ unauffälliges Dasein und laufen und klettern auf der Suche nach Nahrung mäuseähnlich durch die dichte, niedrige Vegetation. Am ehesten bemerkt man sie durch ihren Gesang. Ihr napfförmiges Nest verstecken die Vögel im bodennahen Bewuchs. **WISSENSWERTES** Zugvögel, deren Überwinterungsgebiete im tropischen Afrika liegen.

2 Stieglitz, Distelfink 045
Carduelis carduelis

› farbenprächtig
› ruft seinen Namen »Stiegelitt«
› liebt Distelsamen

MERKMALE Etwas kleiner als Spatz. Ungewöhnlich farbenprächtig: Rote Gesichtsmaske, weiß und schwarz gezeichneter Kopf und Hals, brauner Rücken, schwarze Flügel mit gelbem Flügelstreif, weißer Bürzel. Angenehmer, zwitschernder Gesang, Ruf erinnert an seinen Namen: »Stiegelitt«. **VORKOMMEN** Brütet in abwechslungsreichen Heckenlandschaften und Obstanbaugebieten, an Waldrändern, in Parks und Gärten. Außerhalb der Brutzeit in offenen Landschaften mit höheren Stauden. **LEBENSWEISE** Die Nahrung besteht hauptsächlich aus Sämereien, insbesondere aus Distelsamen, während der Brutzeit auch aus Insekten. **WISSENSWERTES** Außerhalb der Brutzeit sind Stieglitze meist in kleineren Trupps auf gemeinsamer Futtersuche. Mitunter sieht man sie auch am winterlichen Vogelhaus, allerdings ziehen die meisten Vögel ab Herbst nach Südwesteuropa.

3 Goldammer 046
Emberiza citrinella

› Heckenvogel
› singt »Wie wie wie hab ich dich liiieb!«
› im Winter an Futterplätzen

MERKMALE Gut spatzengroß mit langem Schwanz, beim Männchen Kopf und Brust zitronengelb, beim Weibchen (Foto) schlichter gelbgrün. Gesang weit hörbar: »Wie wie wie hab ich dich liiieb«. Singt häufig noch als einziger Vogel im Hochsommer. **VORKOMMEN** In offenen Landschaften mit Büschen und Hecken. **LEBENSWEISE** Nest auf dem Boden in der Vegetation. Frisst Sämereien, Insekten und Spinnen. **WISSENSWERTES** Im Winter oft mit anderen Finken auf Äckern und an Futterplätzen. In wärmeren Regionen Süddeutschlands, besonders in Wein- und Obstanbaugebieten, lebt die ähnliche Zaunammer *(Emberiza cirlus)*. Ihr Kopf ist kontrastreich schwarz und gelb gezeichnet.

1

2

3

1 Wild-Kaninchen
Oryctolagus cuniculus

› Wildform aller »Stallhasen«
› unterirdische Baue

MERKMALE Wie ein »niedlicher«, kleiner Hase mit rundlichem Kopf und kürzeren, stets aufgerichteten Ohren ohne schwarze Spitzen (im Gegensatz zum Feldhasen). **VORKOMMEN** Häufig in Dünen und Heiden, aber auch auf Wiesen und Feldern, in Gärten und Parks. **LEBENSWEISE** Lebt in Großfamilien in weit verzweigten Bauen (s. S. 347). Frisst Kräuter, Wurzeln und Gemüse, auch Zweige und Rinde von Bäumen. Vermehrt sich »wie die Karnickel« und kann daher zur Plage werden. **WISSENSWERTES** Das Wildkaninchen ist die wilde Stammform aller Hauskaninchen und sogenannter »Stallhasen«.

2 Feldhase
Lepus europaeus

› läuft 70 km/h
› scharrt Sassen
› schwarze Ohrspitzen

MERKMALE Etwa katzengroß mit langen Ohren und Hinterbeinen. Ohrspitzen stets schwarz. **VORKOMMEN** In Acker- und Wiesenlandschaften. **LEBENSWEISE** Der Feldhase ist überwiegend dämmerungsaktiv. Im Gegensatz zum Kaninchen legt er keine unterirdischen Baue an, sondern scharrt als Versteck Mulden in den Boden (»Sassen«, s. S. 346). Flüchtet durch Rennen und Hakenschlagen. Frisst Gräser, Kräuter, Früchte, Aas und Kleintiere. **WISSENSWERTES** Er ist ein beliebtes Beutetier von Marder, Fuchs und Uhu.

3 Feldmaus 047
Microtus arvalis

› unsere häufigste Wühlmaus
› oberirdische Gänge sichtbar
› Massenvermehrungen

MERKMALE 9–12 cm große, gelblich graue Wühlmaus. **VORKOMMEN** Auf Äckern und Wiesen, Weiden und in Gärten. **LEBENSWEISE** Dämmerungs- und nachtaktiv. Wühlt weit verzweigte, unterirdische Baue und nagt oberirdische Gänge in die Vegetation. Frisst Gräser, Kräuter, Wurzeln, Feldfrüchte, Samen, Insekten. **WISSENSWERTES** Alle zwei bis vier Jahre Massenvermehrungen. In solchen »Mäusejahren« haben Fressfeinde wie Mäusebussard, Schleiereule und Steinkauz dann besonders gute Bruterfolge.

4 Mauswiesel
Mustela nivalis

› kleinstes Raubtier der Welt
› jagt in Mäusegängen

MERKMALE Mausgroßer Marder mit rotbraunem Rücken und weißer Unterseite. Nur im Hochgebirge und im hohen Norden trägt er ein weißes Winterkleid. **VORKOMMEN** In fast allen Landschaften, die Deckung bieten und reichlich Wühlmäuse. **LEBENSWEISE** Das Mauswiesel ist so klein, dass es Wühlmäuse auch in deren Gänge verfolgen kann. Erbeutet auch Eidechsen und Frösche, Vögel und deren Eier sowie Insekten und anderes Kleingetier. **WISSENSWERTES** Auf einigen Mittelmeerinseln wurden Mauswiesel erfolgreich eingesetzt, um Mäuseplagen zu bekämpfen.

1

2

3a

3b

4

Lebensraum Siedlung

1 Kriechender Hahnenfuß
Ranunculus repens

- › Blüten glänzen goldgelb
- › wächst, wo es feucht ist
- › kriecht mit Ausläufern am Boden entlang

MERKMALE Hahnenfußgewächse *(Ranunculaceae).* 10–40 cm hoch mit lackartig glänzenden, goldgelben Blüten. Blätter gefiedert. Kriecht mit Ausläufern am Boden. Blütezeit Mai bis September. **VORKOMMEN** Sehr häufig auf feuchten Lehm- und Tonböden, in Gärten, an Weg- und Waldrändern, Ufern und auf Äckern. **WISSENSWERTES** Der Name Ranunculus bedeutet Frosch und weist auf die Vorliebe der Pflanze für feuchte bis nasse Böden hin. Weidevieh meidet das bitter schmeckende Kraut, wodurch es sich noch besser ausbreiten kann.

2 Große Brennnessel
Urtica dioica

- › Blätter am Rand gesägt
- › bei Berührung Brennen
- › Schmetterlingspflanze

MERKMALE Nesselgewächse *(Urticaceae).* 0,5–1,5 m hoch mit typischen, am Rand scharf gesägten Brennnesselblättern. Ganze Pflanze dicht mit Brennhaaren besetzt. Blütezeit Juni bis Oktober. **VORKOMMEN** Sehr häufig auf stickstoffreichen Böden, an Wegrändern, auf Wiesen und in Gräben. **WISSENSWERTES** Bei Berührung brechen winzige Brennhaare an der Spitze ab und injizieren ein Gift, das Nesselausschläge mit Jucken und Rötungen hervorruft. Gar nicht stört das die Raupen zahlreicher Schmetterlinge: Viele fressen hauptsächlich an Brennnesseln.

3 Weiß-Klee
Trifolium repens

- › weiße Blütenköpfe
- › dreiteilige Kleeblätter
- › wertvolle Futterpflanze

MERKMALE Schmetterlingsblütler *(Fabaceae).* 5–15 cm hoch mit kugeligen, weißen, etwa 2 cm großen Blütenköpfen auf einem langen Stiel. Typische, dreiteilige Kleeblätter. Blütezeit Mai bis August. **VORKOMMEN** Auf Rasen, Wiesen und fetten Weiden. **WISSENSWERTES** Auf Weiden ist die wertvolle, eiweißreiche Futterpflanze gern gesehen und wird auch vielfach angebaut. Auf Rasen ist der Klee weniger beliebt, weil er stechende Bienen und Hummeln anlockt. Trittunempfindlich, breitet er sich rasch durch Ausläufer aus und verdrängt so angesäte Gräser.

4 Giersch
Aegopodium podagraria

- › nicht »auszurotten«
- › lecker und gesund
- › Heilpflanze gegen Gicht

MERKMALE Doldengewächse *(Apiaceae).* 0,3–1 m hoch mit meist doppelt dreiteilig gefiederten Blättern. Zahlreiche, winzige Blüten zu einem weißen Blütenschirm vereinigt. Blütezeit Mai bis August. **VORKOMMEN** Sehr häufig in schattigen, nährstoffreichen Gärten, Hecken und Wäldern. **WISSENSWERTES** Der Giersch ist ein schier unausrottbares Gartenunkraut. Statt zu verzweifeln, bereitet man aus jungen Blättern lieber einen gesunden Frühlingssalat oder nutzt ihn als Spinat. Wer regelmäßig die jungen Blätter erntet, hat den ganzen Sommer über Gierschsalat.

1

2

3

4

1 Riesen-Bärenklau
Heracleum mantegazzianum

› Vorsicht, ätzend!
› eingeschleppte Art
› wird 4 m hoch

MERKMALE Doldengewächse *(Apiaceae)*. Riesige, 2–4 m hohe Pflanze, Stängel bis 10 cm im Durchmesser. Weiße Blütenschirme bis über 50 cm groß. Blütezeit Juni bis Oktober. **VORKOMMEN** Ursprünglich im Kaukasus beheimatet, bei uns eingeschleppt und zur Zierde angepflanzt. **WISSENSWERTES** Wie auch der bei uns heimische, kleinere Wiesen-Bärenklau enthält der Pflanzensaft giftige Furocumarine, allerdings in sehr viel höherer Konzentration. So kann die Berührung der Blätter bei empfindlichen Menschen an sonnigen Tagen zu Brandblasen und zur Bildung von Geschwüren führen, die sehr schlecht heilen. Besonders ätzend ist der Milchsaft im Stängel. Eine Gefahr besonders für Kinder, die gern mit den Stängeln »fechten«! Die üppige, auch Herkulesstaude genannte Pflanze verdrängt zudem einheimische, geschützte Pflanzen und sollte auch deshalb nicht weiter ausgebracht werden.

2 Vogelmiere
Stellaria media

› blüht das ganze Jahr über
› lecker zum Salat
› von Vögeln geschätzt

MERKMALE Nelkengewächse *(Caryophyllaceae)*. 5–40 cm hoch und meist niederliegend bis kriechend. Blüten etwa 0,5 cm groß und weiß. Blätter klein, eiförmig. Blütezeit ganzjährig von Januar bis Dezember. **VORKOMMEN** Kulturfolger, sehr häufig in Gärten, auf Äckern, Ödland und an Ufern. **WISSENSWERTES** Bei Gärtnern ist die Vogelmiere eher zu Unrecht als lästiges Gartenunkraut verschrien: Im Winter hält sie als wertvoller Bodendecker die Erde feucht und locker, im Frühjahr ergeben ihre gejäteten Blätter einen gesunden und leckeren Salat. Reich an Kalzium, Magnesium und Vitamin C, ist das die reinste Frühjahrskur. Da die Vogelmiere in der Regel wieder problemlos nachwächst, liefert sie den ganzen Sommer über frisches Grün für die Gemüsesuppe aus eigenem Garten. Vögel schätzen die ganzjährig gebildeten Samen.

3 Zaunwinde
Calystegia sepium

› prachtvolle Trichterblüten
› windet sich empor
› kann zu einer Plage im Garten werden

MERKMALE Windengewächse *(Convolvulaceae)*. 1–3 m hoch mit sich hochwindendem Stängel und auffallend großen, weißen Trichterblüten. Blüten 3,5–5 cm groß, Blätter pfeilförmig, 4–12 cm lang. Blütezeit Juni bis Oktober. **VORKOMMEN** Sehr häufig auf nassen, nährstoffreichen Böden, an Ufern, feuchten Gebüschen und Waldrändern. **WISSENSWERTES** Ihre weißen Trichterblüten zählen zu den größten und dekorativsten Blüten, die unsere heimische Flora zu bieten hat. Dennoch macht sich die Zaunwinde mit ihrer Eigenschaft, sich an allem hochzuwinden, selten Freunde. So überwuchert die Art innerhalb weniger Wochen ganze Staudenbeete, Büsche und sogar kleine Bäume. Für Schmetterlinge ist die Zaunwinde eine wichtige Nektarpflanze.

1a

1b

2

3

1 Breit-Wegerich
Plantago major

› der »König der Wege«
› breite, ledrige Blätter
› schlanke Blütenähren

MERKMALE Wegerichgewächse *(Plantaginaceae)*. 10–40 cm hoch, Blätter breit eiförmig, alle in einer Rosette am Grund. Blüten klein und unscheinbar, rot-grün, in einer 2–10 cm langen, schlanken Ähre. Blütezeit Juni bis Oktober. **VORKOMMEN** Sehr häufig auf verdichteten und betretenen Böden, auf Wegen, Wiesen, Ödland und auf Schuttplätzen. **WISSENSWERTES** Wegerich heißt so viel wie »König der Wege«, was sich auf seine Häufigkeit auf viel betretenen Wegen bezieht. Seine ledrigen, breiten (Name!) Blätter sind widerstandsfähig gegen Verletzungen und die Wurzeln reichen tief in verdichtete Böden hinab. Optimal dem Standort angepasst ist seine Verbreitungsstrategie: Bei Feuchtigkeit quellen die Samen zu einer klebrigen Masse auf und haften dann gut an Fuß- und Schuhsohlen von Tier und Mensch.

2 Gänseblümchen
Bellis perennis

› blüht auch im Winter
› häufig im Rasen
› Heilpflanze

MERKMALE Korbblütengewächse *(Asteraceae)*. 3–15 cm hoch mit den bekannten, innen gelben und außen weißen Blüten. Blätter eiförmig, als Rosette am Grund. Blütezeit Februar bis Dezember. **VORKOMMEN** Häufig auf Rasen, Weiden und an Wegrändern. **WISSENSWERTES** Namen wie »Maßliebchen« und »Tausendschön« zeigen die Beliebtheit der hübschen und bescheidenen Pflanze, die überdies schon blüht, wenn alle anderen Blütenpflanzen noch in schützenden Knospenhüllen ruhen. Das heute aus keinem Rasen mehr wegzudenkende Gänseblümchen konnte sich erst mit der Mode, Grünanlagen kurz zu mähen, ausbreiten, denn nur hier bekommt es genügend Licht zum Wachsen. In der Volksmedizin wird es als Heilmittel gegen Husten, Bronchitis, Leber- und Gallebeschwerden genutzt.

3 Wiesen-Löwenzahn
Taraxacum officinale

› »Butterblume«
› Blätter »wie Löwenzähne«
› bekannt als Pusteblume

MERKMALE Korbblütengewächse *(Asteraceae)*. 5–50 cm hoch mit den bekannten, tief gesägten Löwenzahn-Blättern (Name!) und leuchtend gelben Blüten, die sich innerhalb weniger Tage zu den bei Kindern beliebten Pusteblumen entwickeln. Blütezeit April bis Oktober. **VORKOMMEN** Überall häufig, auf Rasen, Wiesen und Weiden. **WISSENSWERTES** Im Volksmund unter dem Namen »Butterblume« bekannt; früher benutzte man die Blüten, um Butter intensiver gelb zu färben. Pflückt man Löwenzahn-Stängel, so wird ein weißer Milchsaft frei, der nicht von Kindern ausgesaugt werden sollte, er ist nämlich schwach giftig! Die Blätter eignen sich hingegen sehr gut zum Verzehr, zusammen mit Giersch und Gänseblümchen (am besten sind hier die Blüten) ergeben sie einen vitaminreichen Salat. Mit seinen tiefen Pfahlwurzeln zählt der Löwenzahn zu den schwer loszuwerdenden »Unkräutern« im Garten.

1

2

3a

3b

1 Frauenmantel
Alchemilla spec.

- über 300, z. T. nur sehr schwer unterscheidbare Arten in Europa
- wirksame und wichtige Heilpflanze

MERKMALE Rosengewächse *(Rosaceae).* 10–50 cm hoch. Gelblich-grünliche, kleine, unscheinbare Einzelblütchen in größeren Blütenständen. Fächerartig ausgebreitete, gelappte Blätter. Blütezeit April bis Oktober. **VORKOMMEN** Als beliebte Gartenpflanze im Siedlungsbereich häufig. **WISSENSWERTES** Morgens lassen sich an den Blättern des Frauenmantels oft silbrige Wassertröpfchen finden, die nicht von Tau oder Regen stammen. Es handelt sich um sogenannte Guttationstropfen – überschüssiges Wasser, das die Pflanze ausgeschieden hat.

2 Winterling
Eranthis hyemalis

- Giftpflanze
- nachts und bei schlechtem Wetter schließen sich die Blüten

MERKMALE Hahnenfußgewächse *(Ranunculaceae).* 5–20 cm hoch. Einzelne, gelb glänzende, etwa 2 cm große Blüte am Stängelende. 3 tief eingeschnittene Blätter direkt unter der Blüte. Blütezeit Februar bis April. **VORKOMMEN** Ursprünglich in Südeuropa. Im Siedlungsbereich überall häufig und von dort zuweilen ausgewildert. **WISSENSWERTES** Winterlinge zählen zu den ersten Blühern im zeitigen Frühling, sogar bei Schnee.

3 Märzenbecher
Leucojum vernum

- auch Frühlingsknotenblume genannt
- alle Pflanzenteile giftig
- Wildbestände sind geschützt

MERKMALE Amaryllisgewächse *(Amaryllidaceae).* 10–30 cm hoch. Glockenförmige, nickende, stark duftende, weiße Blüten. 3–5 längliche, etwa 20 cm lange und 1 cm breite Blätter. Blütezeit Februar bis April. **VORKOMMEN** Ursprünglich in Auwäldern und feuchten Laubmischwäldern, angepflanzt in Parks und Gärten. **WISSENSWERTES** Märzenbecher sind wie viele andere Frühjahrsblüher nur eine relativ kurze Zeit oberhalb des Erdbodens zu sehen. Den Großteil des Jahres überdauern die Pflanzen als unterirdische Zwiebeln.

4 Schneeglöckchen
Galanthus spec.

- mehrere Arten und Züchtungen
- »Glöckchen« ragt aus dem Schnee hervor

MERKMALE Amaryllisgewächse *(Amaryllidaceae).* 8–20 cm hoch. Einzelne, nickende, weißliche Blüte aus 3 größeren und 3 kleineren Blütenblättern. Lineale Blätter bläulich grün bereift. Blütezeit Februar bis April. **VORKOMMEN** Ursprünglich in Auegebieten und Laubwäldern, häufig in Parks und Gärten und von dort verwildert. **WISSENSWERTES** Schneeglöckchen gelten als giftig, allerdings enthält die Pflanze die chemische Substanz Galantamin, die in der Medizin gegen Demenz und die Alzheimer-Krankheit eingesetzt wird.

1a

1b

2

3

4

1 Lebensbaum
Thuja spec.

- mehrere Arten und Züchtungen
- giftig
- beliebte Heckenpflanze

MERKMALE Zypressengewächse *(Cupressaceae).* Immergrüner, je nach Art und Züchtung 2–30 m hoher Baum. Nur wenige mm lange, schuppenförmige Blätter, die kreuzgegenständig angeordnet sind. Borke meist längsrissig und rötlich braun. Blütezeit März bis Mai, Fruchtreife August bis Oktober. **VORKOMMEN** Ursprünglich Nordamerika und Asien, im Siedlungsbereich häufig in Gärten und Parks. **WISSENSWERTES** Weil Lebensbäume immergrün sind, dicht wachsen und Rückschnitt gut vertragen, werden sie gerne als Hecken gepflanzt.

2 Eibe
Taxus baccata

- stark giftig!
- können uralt werden
- hartes, biegsames Holz

MERKMALE Eibengewächse *(Taxaceae).* Bis 12 m hoch, meist vom Grund an mehrstämmig. Nadeln dunkelgrün, weich, flach. Männliche Blüten in kugeligen Kätzchen, weibliche Blüten unscheinbar. Samen zur Reife von leuchtend rotem, fleischigem Mantel umgeben. Blütezeit März/April, Fruchtreife September/Oktober. **VORKOMMEN** In schattigen, nährstoffreichen Wäldern, häufig in Parks und Gärten angepflanzt. **WISSENSWERTES** Eibenholz ist außerordentlich hart und gleichzeitig elastisch, ideal, um daraus Bögen, Messergriffe, Werkzeugstiele und dergleichen zu fertigen.

3 Mahonie
Mahonia aquifolium

- verträgt Abgase, daher oft als Straßengrün
- Blüten locken Bienen an

MERKMALE Berberitzengewächse (*Berberidaceae*). Immergrüner, bis 1,5 m hoher Strauch. Blätter unpaar gefiedert, bis 30 cm lang, lederartig, am Rand stachelig. Gelbe Blüten in dichten Trauben. Kugelige, etwa erbsengroße, bläulich bereifte Beeren. Blütezeit März bis Juni, Fruchtreife August bis in den Winter hinein. **VORKOMMEN** Ursprünglich aus Nordamerika, in Europa häufig in Gärten und Parks angepflanzt und von dort bisweilen verwildert. **WISSENSWERTES** Mahonien kommen im Garten gut in Schattenecken zurecht.

4 Buchsbaum
Buxus sempervirens

- häufig in Form geschnitten
- giftig
- Stecklingsvermehrung möglich

MERKMALE Buchsbaumwächse *(Buxaceae).* Immergrüner, bis 8 m hoher Strauch oder Baum. Blätter 1–2 cm lang, eiförmig, dunkelgrün-glänzend. Unscheinbare, gelbliche Blüten in den Blattachseln. Blütezeit März bis Mai, Fruchtreife August bis Oktober. **VORKOMMEN** In Mitteleuropa nur wenige natürliche Standorte, häufig in Gärten und Parks. **WISSENSWERTES** In traditionellen Bauerngärten werden einzelne Beete gerne mit einer niedrig geschnittenen Buchsbaumhecke eingefasst.

1

2

3a

3b

4a

4b

1 Liguster
Ligustrum vulgare

› auch Rainweide genannt
› giftig
› Früchte bei Vögeln beliebt

MERKMALE Ölbaumgewächse *(Oleaceae)*. 1,5–4 m hoher Strauch. Leicht ledrige Blätter teilweise auch im Winter am Strauch, 2–5 cm lang, elliptisch. Kleine, weiße Blüten in aufrechten, endständigen Rispen. Glänzend schwarze, kugelige, etwa erbsengroße Früchte. Blütezeit Juni/Juli, Fruchtreife September bis November. **VORKOMMEN** In lichten Wäldern und Hecken, häufig in Gärten und Parks angepflanzt. **WISSENSWERTES** Aus Japan stammt der häufig als Sichtschutzhecke gepflanzte Wintergrüne Liguster *(Ligustrum ovalifolium)*, der sehr dicht wächst und sein Laub auch im Winter behält.

2 Garten-Forsythie
Forsythia × intermedia

› auch Goldglöckchen genannt
› lässt sich über Stecklinge vermehren

MERKMALE Ölbaumgewächse *(Oleaceae)*. Sommergrüner, bis 3–4 m hoher Strauch. Blätter erscheinen erst nach den Blüten. Weithin leuchtende gelbe Blüten. Blütezeit März bis Mai. **VORKOMMEN** Häufig in Gärten, Parks und auf Friedhöfen angepflanzt. **WISSENSWERTES** Bei der Garten-Forsythie handelt es sich um eine Kreuzungszüchtung aus asiatischen Wildarten. So schön die frühblühenden Forsythien auch sind, für Bienen, Schmetterlinge und andere Insekten sind sie als Nahrungsquelle weitestgehend wertlos, da sie keinen Nektar enthalten.

3 Flieder
Syringa vulgaris

› stark duftende Blüten
› zahlreiche Zuchtformen
› Einsatz in der Parfümherstellung

MERKMALE Ölbaumgewächse *(Oleaceae)*. Sommergrüner, 2–5 m hoher Strauch. Herz- oder eiförmige Blätter, 6–11 cm lang. Dichte Blütenrispen, ursprünglich violett, aber auch blau, weiß und gelb blühende Züchtungen. Blüht April/Mai. **VORKOMMEN** Ursprünglich aus Südosteuropa, überall häufig in Gärten und Parks angepflanzt und gelegentlich verwildert. **WISSENSWERTES** Die Blüten enthalten an ihrem Grund viel Nektar, der aber nur von langrüsseligen Insekten erreicht werden kann. Flieder kann sich mit Hilfe von Ausläufern rasch verbreiten.

4 Schmetterlingsflieder
Buddleja davidii

› auch Sommerflieder genannt
› zahlreiche Gartenzüchtungen
› friert im Winter oft zurück

MERKMALE Braunwurzgewächse *(Scrophulariaceae)*. Sommergrüner, bis 4 m hoher Strauch. Lanzettliche Blätter bis 25 cm lang, unterseits weißlich-filzig. Dichte, endständige Blütenstände, je nach Züchtung violett, rötlich, bläulich oder weiß. Blütezeit Juli bis September. **VORKOMMEN** Ursprünglich aus China, in Europa häufig in Gärten und Parks angepflanzt und von dort bisweilen verwildert. **WISSENSWERTES** Schmetterlingsflieder locken mit ihren duftenden und nektarreichen Blüten unzählige Schmetterlinge, Bienen, Schwebfliegen und andere Insekten an.

1

2

3

4

1 Schneebeere
Symphoricarpos albus

- Früchte werden Knallerbsen genannt
- bildet Ausläufer
- giftige Beeren

MERKMALE Geißblattgewächse *(Caprifoliaceae).* 1,5–2 m hoher Strauch mit überhängenden Zweigspitzen. Blätter rundlich bis eiförmig, 4–6 cm lang. Kleine, rötliche Blüten in endständigen Ähren. 1–1,5 cm große, rundliche, schwammige, weiße Früchte. Blütezeit Juni bis September, Fruchtreife ab August bis in den Winter hinein. **VORKOMMEN** Ursprünglich aus Nordamerika, in Europa als Ziergehölz häufig, stellenweise verwildert. **WISSENSWERTES** Bei Kindern seit ewigen Zeiten beliebt ist das Werfen der Früchte auf harten Untergrund, wo sie mit einem lauten Knall zerplatzen.

2 Magnolie
Magnolia spec.

- beliebte Ziergehölze
- zahlreiche Arten und Züchtungen
- Blüte oft vor dem Laubaustrieb

MERKMALE Magnoliengewächse *(Magnoliaceae).* Je nach Art und Züchtung 2–8 m hohe Sträucher oder Bäume. Auffällige, große, meist weiße oder rötliche Blüten. Blütezeit je nach Art April bis Juni. **VORKOMMEN** Ursprünglich aus Asien und Nordamerika, in Europa häufig in Gärten und Parks. **WISSENSWERTES** Am häufigsten findet man bei uns die Züchtung Tulpen-Magnolie *(M. × soulangeana),* die im Frühjahr durch ihre großen, prächtigen Blüten auffällt.

3 Rhododendron
Rhododendron spec.

- 1300 Rhododendron-Arten
- giftig
- Blütenprächtige Ziergehölze

MERKMALE Heidekrautgewächse *(Ericaceae).* Immergrüne, je nach Züchtung bis zu 4 m hohe Sträucher. Längliche, ledrige, oberseits glänzende Blätter. Blüten je nach Art und Züchtung in den unterschiedlichsten Farben und Größen. Blütezeit April bis Juni. **VORKOMMEN** Die angepflanzten Sträucher sind meist Züchtungen aus asiatischen Wildformen. **WISSENSWERTES** Gefürchtet ist die Rhododendronzikade *(Graphocephala fennahi),* die den Pflanzensaft von Rhododendren saugt.

4 Lorbeerkirsche, Kirschlorbeer
Prunus laurocerasus

- auch Kirschlorbeer genannt
- giftig
- oft als Sichtschutzhecke gepflanzt

MERKMALE Rosengewächse *(Rosaceae).* Immergrüner, bis 6 m hoher Strauch. Längliche, dunkelgrün-glänzende, 8–15 cm lange Blätter. Kleine, weiße Blüten in dichten, bis 20 cm langen, aufrecht stehenden Trauben. Kirschenähnliche Früchte zunächst grün, dann rötlich, reif schwärzlich. Blütezeit April bis Juni, Fruchtreife Juli bis September. **VORKOMMEN** Wild in Südosteuropa und Asien, häufig in Parks und Gärten. **WISSENSWERTES** Lorbeerkirschen verwildern leicht und breiten sich in der Natur aus, wo sie heimische Pflanzenarten verdrängen.

1

2

3

4a

4b

1 Rosskastanie
Aesculus hippocastanum

- › weiße Blütenkerzen
- › klebrige Winterknospen
- › Kastanien zum Basteln und zur Winterfütterung

MERKMALE Seifenbaumgewächse *(Sapindaceae)*. Bis zu 25 m hoher, sommergrüner Baum mit handförmig gefingerten Blättern, 20–30 cm hohen, weißen Blütenkerzen und stacheligen Früchten mit den braun glänzenden Kastanien. Auch ohne Blätter und Blüten erkennt man die Rosskastanie im Winter leicht an ihren rotbraunen, klebrigen Winterknospen. Blütezeit April/Mai, Fruchtreife September/Oktober. **VORKOMMEN** Wild nur auf der Balkanhalbinsel, als Zierbaum wird sie seit Ende des 16. Jahrhunderts in fast ganz Europa angepflanzt. **WISSENSWERTES** Die Blüten werden von Bienen und Hummeln bestäubt. Rot oder rosa blühende Bäume *(A. carnea)* sind Kreuzungen mit der Pavie *(A. pavia)*.

2 Sommer-Linde
Tilia platyphyllos

- › wird 1000 Jahre alt
- › wertvolle Bienenweide
- › duftet abends am intensivsten

MERKMALE Malvengewächse *(Malvaceae)*. Bis zu 40 m hoher, sommergrüner Baum mit weichen, herzförmigen Blättern. Sie sind 10–15 cm lang, am Rand gesägt und beidseitig weich und weiß behaart. Linden gehören zu den wenigen heimischen Laubbäumen, die erst blühen, nachdem sie vollständig belaubt sind. Die Blüten sind hellgelb und etwa 1 cm groß, sie hängen zu zwei bis fünf unter den Blättern. Die etwa 1 cm großen Früchte erinnern an Kirschkerne, sie sind kugelig und stark verholzt. Blütezeit Juni, Fruchtreife September. **VORKOMMEN** In Europa bis Kleinasien und Kaukasus heimisch. **WISSENSWERTES** Ähnlich ist die Winter-Linde *(T. cordata)*. Sie hat aber oberseits kahle Blätter und die Behaarung auf der Blattunterseite ist eher rotbraun. Ihre Früchte sind kaum fünfrippig und liegen auf dem Blätterdach.

3 Goldregen
Laburnum anagyroides

- › tödlich giftig!
- › blüht reich
- › bohnenähnliche, braune Hülsenfrüchte

MERKMALE Schmetterlingsblütler *(Fabaceae)*. Aufrechter, bis zu 7 m hoher Strauch oder Baum. Blätter kleeartig dreizählig gefiedert mit 2–7 cm langen, seidig behaarten Stielen. Goldgelbe Blüten in 20–30 cm langen, hängenden Trauben. Hülsenfrüchte abgeflacht, 3–7 cm lang, mit mehreren nierenförmigen Samen. Blütezeit Mai/Juni, Fruchtreife August/September. **VORKOMMEN** Ursprünglich in den Gebirgen Mittel- und Südeuropas auf steinigen, sonnigen Standorten. Häufig als Zierstrauch in Gärten und Parks, von dort aus auch verwildert. **WISSENSWERTES** Goldregen gehört zu den giftigsten bei uns vorkommenden Pflanzen. Er enthält in allen Teilen tödlich wirkende Substanzen. Besonders gefährdet sind Kinder, die die bohnenähnlichen Früchte zum Spielen nehmen und essen. Vergiftungserscheinungen wie Brennen im Mund, Übelkeit, Erbrechen und Krämpfe zeigen sich bereits nach etwa 30–60 Minuten: Höchste Zeit, einen Notarzt zu rufen! Als tödliche Dosis für Kinder gelten drei bis vier Früchte.

1a

1b

2a

2b

3

1 Kornelkirsche
Cornus mas

- › blüht sehr früh
- › kirschenähnliche, essbare, säuerliche Früchte
- › Ziergehölz in Gärten

MERKMALE Hartriegelgewächse *(Cornaceae)*. 2–6 m hoher Strauch oder Baum. Gelbe Blüten als Dolden direkt an den Zweigen, vor Laubaustrieb erscheinend. Blätter eiförmig, zugespitzt. Kirschenähnliche, rote Steinfrucht. Blütezeit Februar bis April, Fruchtreife August/September. **VORKOMMEN** Ursprünglich in trockenen, lichten Laubmischwäldern und Gebüschen, vielerorts als Ziergehölz in Gärten und Parks. **WISSENSWERTES** Völlig ausgereifte Früchte sind wohlschmeckend und reich an Vitaminen. Sie können sowohl roh als auch zu Marmelade verarbeitet genossen werden. In unseren Breiten ist die Kornelkirsche einer der ersten blühenden Sträucher im Jahr und deshalb für Bienen und andere Insekten nach der entbehrungsreichen Winterzeit ein wichtiger Nektar- und Pollenlieferant.

2 Efeu
Hedera helix

- › immergrüner Kletterer
- › im Winter oft rötlich
- › in Gärten auch als Zuchtform

MERKMALE Araliengewächse *(Araliaceae)*. Immergrüner Kriech- und Kletterstrauch. Blätter dunkelgrün mit weißer Äderung, fast dreieckig und ledrig. Die Sprosse sind mit zahlreichen, braunen Haftwürzelchen bedeckt. In Wäldern oder anderen schattigen Stellen kriecht der Efeu am Boden, steigt dann mit seinen Haftwurzeln bis zu 20 m hoch an Bäumen oder Steinwänden empor. Blüten unscheinbar, klein und grünlich gelb, in Dolden. Früchte (rechts) blauschwarz, wie kleine Beeren. Blütezeit September/Oktober, Fruchtreife Februar bis April. **VORKOMMEN** Wild in west- und mitteleuropäischen Laubwäldern. **WISSENSWERTES** Im vollen Sonnenlicht bildet der Efeu ganz anders gestaltete Blätter aus! Sie sind fast herzförmig und nicht weiß geädert. Auch tragen hier die Sprosse keine Haftwurzeln mehr.

3 Wilder Wein, Jungfernrebe
Parthenocissus spec.

- › Fassadenbegrünung
- › stammt aus Nordamerika
- › bildet Haftscheiben

MERKMALE Weinrebengewächse *(Vitaceae)*. 6–12 m lange (im Extremfall noch länger), holzige Kletterpflanze. Ranken mit fünf bis zwölf Verzweigungen und je einer Haftscheibe. Blätter drei- bis siebenzählig gefingert, oberseits dunkelgrün, unterseits weißlich grün, im Herbst leuchtend rot. Kleine, unscheinbare, grünliche Blüten. Blauschwarze, erbsengroße Früchte. Blütezeit Juli bis September, Fruchtreife im Spätherbst. **VORKOMMEN** Heimat ursprünglich Nordamerika, bei uns in Gärten, Parks und Städten als Fassaden-, Lauben- und Mauerbegrünung angepflanzt. **WISSENSWERTES** Sobald die Ranken einen Gegenstand berühren, legen sie sich dicht an diesen an, bilden Haftscheiben aus und sondern einen zähflüssigen Stoff ab, der eine feste Verbindung mit der Unterlage eingeht. Versucht man, so fest verankerte Ranken zu entfernen, ist dies nicht ohne Beschädigung der Unterlage möglich.

1a

1b

2a

2b

3

1 | Rote Wegschnecke
Arion rufus

- häufige »Nacktschnecke«
- bringt Gärtner zur Verzweiflung
- zäher Körperschleim

MERKMALE Bis zu 15 cm lange Schnecke ohne Gehäuse (»Nacktschnecke«). Färbung von Ziegelrot über Braun bis Schwarz. **VORKOMMEN** Sehr häufig und weit verbreitet, von Wäldern bis zu kleinsten Gärten überall. **LEBENSWEISE** Kriecht besonders nach Regen überall auf Wegen, an Waldrändern, Hecken und in Gärten. Frisst Pflanzen, Abfälle, Aas und Kot. Legt kugelige, weiße Eier (rechts) in kleine Erdlöcher. **WISSENSWERTES** Frostarme Winter und feuchtwarme Sommer lassen den Bestand förmlich explodieren!

2 | Großer Schnegel, Tigerschnegel
Limax maximus

- frisst Nacktschnecken!
- »Tigerschnegel«
- Vorratsschädling

MERKMALE Bis zu 20 cm lange, schlanke Nacktschnecke mit dunklen Streifen und Flecken (»Tigerschnegel«). **VORKOMMEN** Ursprünglich in Süd- und Westeuropa beheimatet, von wo aus er sich nach Mitteleuropa ausgebreitet hat. In Wäldern, Parks, Gärten. **LEBENSWEISE** Ernährt sich von grünen Pflanzen, Pilzen und Aas, jagt aber auch andere Nacktschnecken! **WISSENSWERTES** Wie für Nacktschnecken typisch, pflanzt sich auch der Schnegel zahlreich fort. Ein Gelege umfasst bis zu 200 Eier.

3 | Gefleckte Schnirkelschnecke
Arianta arbustorum

- unsere häufigste Gehäuseschnecke
- braunes Haus, gelbe Flecken
- auf allem, was grünt

MERKMALE Kugeliges, 2–2,5 cm großes Gehäuse, meist braun mit strohgelben Streifen und Flecken (Name!), an der Seite mit dunklem Spiralband. Der Körper selbst ist schwarz. **VORKOMMEN** Überall häufig. **LEBENSWEISE** Frisst Blätter von Bäumen und Sträuchern, Kräuter, Pilze und Beeren. Sie besitzt beide Geschlechtsmerkmale, ist also ein Zwitter. Eine Selbstbefruchtung findet aber nicht statt. **WISSENSWERTES** In schattigen, kalkarmen Lebensräumen sind die Gehäuse oft dünnschalig und einfarbig braun.

4 | Weinbergschnecke
Helix pomatia

- unsere bekannteste Schnecke
- braucht Wärme und Kalk
- Kulturfolgerin

MERKMALE Wohl bekannteste Schnecke. Etwa 5 cm großes, kräftiges Gehäuse, meist mit fünf Umgängen, weißlich bis dunkelbraun gefärbt. **VORKOMMEN** In Wäldern, Wiesen, Weinbergen und Gärten. **LEBENSWEISE** Zum Aufbau ihres Gehäuses benötigt sie viel Kalk und kommt deshalb bevorzugt in Gebieten mit kalkhaltigen Böden vor. Sonnige Lebensräume wie Weinberge sind für sie ideal. Ernährt sich von Pflanzen. **WISSENSWERTES** Zieht sich bei Gefahr »in ihr Schneckenhaus zurück«. So übersteht sie auch kalte Winter.

1a

1b

2

3

4

1 Regenwurm
Lumbricus terrestris

› »Tauwurm«
› schafft fruchtbare Böden
› meidet Trockenheit und Sonne

MERKMALE Bis zu 30 cm langer, rosa bis bräunlicher, geringelter Wurm. **VORKOMMEN** Kommt fast überall in der Erde vor. **LEBENSWEISE** Lebt in bis etwa 1,5 m tiefen, selbst gegrabenen Gängen und frisst Erde. So sorgen Regenwürmer für eine gute Durchlüftung und Auflockerung des Bodens und erzeugen wertvollen Humus. **WISSENSWERTES** Man kann die ökologische Bedeutung der Regenwürmer gar nicht hoch genug einschätzen. Unter einem Quadratmeter Bodenfläche können etwa 50 Regenwürmer leben, gebietsweise sind es sogar bis zu 2000 pro Quadratmeter.

2 Gartenkreuzspinne
Araneus diadematus

› trägt ein weißes Kreuz
› baut große Radnetze
› für Menschen harmlos

MERKMALE Bis zu etwa 1,5 cm groß, sehr variabel gefärbt (gelb bis bräunlich), aber immer mit kreuzförmiger Zeichnung aus länglichen, weißen Flecken auf dem Hinterleib (Name!). Typisch ist ihr großes Radnetz. **VORKOMMEN** An Waldrändern, auf Wiesen und in Gärten. Spinnt ihr Netz im Gebüsch. **LEBENSWEISE** Lauert im Zentrum des Netzes, bis sich Beute darin verfängt. Dann wickelt sie sie in Spinnfäden und tötet sie mit ihrem Giftbiss. **WISSENSWERTES** Männchen sind nur 0,5–1 cm groß.

3 Zebraspringspinne
Salticus scenius

› schwarz-weiß gestreift
› springt ihre Opfer an
› an Häusern häufig

MERKMALE Etwa 0,5 cm große, zebraartig schwarz-weiß gestreifte Spinne mit kurzen, kräftigen, hell und dunkel gezeichneten Beinen. **VORKOMMEN** Sehr häufig an und in Gebäuden und Zäunen. **LEBENSWEISE** Pirscht sich vorsichtig an ihre Beute (z. B. Fliegen) an, um urplötzlich vorzuspringen und mit ihren kräftigen Giftklauen zuzuschlagen. Damit sie selbst dabei nicht abstürzt, spinnt sie sich einen »Sicherheitsfaden«. **WISSENSWERTES** Ist nur an sonnigen Tagen aktiv, bei kühlem Wetter bleibt sie in ihrem Gespinst in kleinsten Mauerfugen versteckt.

4 Kellerassel
Porcellio scaber

› Krebse auf Landgang
› brauchen es immer feucht
› sorgende Mütter

MERKMALE 1,5–2 cm groß und graubräunlich mit sehr flachem Körper aus plattenartigen Segmenten. **VORKOMMEN** In feuchten Wäldern, Komposthaufen und feuchten Kellern sehr häufig. **LEBENSWEISE** Asseln sind Land bewohnende Krebse und atmen wie Fische durch Kiemen. Deshalb können sie nur an Orten überleben, die so nass sind, dass ihre Hinterbeine mit den Kiemen stets feucht gehalten werden. Asseln ernähren sich hauptsächlich von verrottenden Pflanzen. **WISSENSWERTES** Asselmütter tragen ihre Jungen 40–50 Tage lang am Bauch in einem Brutbeutel umher.

1

2

3

4

1 Silberfischchen
Lepisma saccharina

- »Zuckergast«
- völlig harmlos
- gern in älteren Wohnungen

MERKMALE Etwa 1 cm großes, sogenanntes »Ur-(tümliches) Insekt«, das noch keine Flügel ausgebildet hat. Silbriger Körper, vorne mit zwei Antennen und hinten mit drei langen Schwanzanhängen. **VORKOMMEN** Häufig in älteren Wohnungen, kein Zeichen für mangelnde Sauberkeit, sondern für vorhandene Versteckmöglichkeiten. **LEBENSWEISE** Lichtscheu und nachtaktiv, frisst kleinste, organische Partikelchen und ist völlig harmlos. Huscht in Verstecke, sobald das Licht angeht. **WISSENSWERTES** Wird höchstens bei Massenauftreten an Vorräten lästig.

2 Gemeiner Ohrwurm
Forficula auricularia

- nicht an Ohren interessiert
- tagsüber in Verstecken
- frisst Blattläuse

MERKMALE Kein Wurm, sondern ein bis etwa 2 cm großes Insekt mit zwei kräftigen Zangen am Hinterleib. **VORKOMMEN** Fast überall sehr häufig. **LEBENSWEISE** Dämmerungs- und nachtaktiv, tagsüber in dunklen Verstecken, z. B. unter Borke oder Blumentöpfen. Gilt als Nützling, weil er Blattläuse frisst, knabbert als Allesfresser aber auch junge Triebe an. **WISSENSWERTES** Weder kriecht er in Ohren und schmerzhaft kneifen (»Ohrenkneifer«) tut er auch nicht. Sein Name rührt von dem alten Brauch, die Tiere pulverisiert als Medizin gegen Ohrenkrankheiten zu verabreichen.

3 Maulwurfsgrille 048
Gryllotalpa gryllotalpa

- Vorderbeine wie Grabschaufeln
- lebt wie ein Maulwurf

MERKMALE Unverwechselbar durch ihre mächtigen, zu Grabschaufeln umgebildeten Vorderbeine. Sie wird bis zu 5 cm groß, ist braun und hat kurze Fühler. **VORKOMMEN** Im Norden sehr selten, im Süden Deutschlands regelmäßig. Auf Feuchtwiesen, in Sümpfen und Gärten mit lockeren, feuchten Böden. **LEBENSWEISE** Lebt unterirdisch wie ein Maulwurf und frisst dabei im Boden lebende Würmer und Insektenlarven, aber auch Pflanzenwurzeln. **WISSENSWERTES** Durch das Nagen an Wurzeln verursacht sie z. T. Schäden in Gärten, auf Äckern und in Wäldern. Die Tiere können schwimmen und auch fliegen.

4 Gemeine Florfliege
Chrysoperla carnea

- »Goldauge«
- Nützling für den Menschen
- im Winter oft in Häusern

MERKMALE Etwa 1 cm groß, grün und zart mit vier durchsichtigen Flügeln und goldenen Augen. Färbt sich im Herbst rötlich braun. Legt gestielte Eier ab (rechts). **VORKOMMEN** Häufig in Wäldern und Gärten, im Winter oft in Häusern. **LEBENSWEISE** Fliegt hauptsächlich in der Dämmerung und jagt Blattläuse. Noch effektiver tut dies ihre gefräßige Larve, die auch als »Blattlaus-Löwe« bezeichnet wird. **WISSENSWERTES** Sie wird zur biologischen Schädlingsbekämpfung gegen Blattläuse gezüchtet.

1

2

3

4a

4b

1 Siebenpunkt-Marienkäfer
Coccinella septempunctata

- rot mit sieben schwarzen Punkten
- vertilgt Blattläuse
- gelegentlich in Massen

MERKMALE Etwa 0,5 cm groß, rund, rot mit sieben schwarzen Punkten. Seine Larve (links) ist lang gestreckt und blau mit gelben Flecken. **VORKOMMEN** Überall häufig, an Waldrändern, in Wiesen und Gärten. **LEBENSWEISE** Die hübschen und beliebten Marienkäfer gelten als Glücksbringer, was sie auf alle Fälle auch für Gärtner und Landwirte sind. Denn die Käfer, besonders aber ihre Larven, vertilgen Unmengen an Blattläusen und Milben. Ihre leuchtend gelben Eier legen die Käfer in dichten Klumpen meist in unmittelbare Nachbarschaft von Blattlauskolonien – so haben die Larven nach dem Schlupf etwas zu fressen. **WISSENSWERTES** Die hübsche Färbung des Marienkäfers soll Fressfeinde warnen. Denn als Abwehr sondert er eine gelbe, übel riechende und bittere Flüssigkeit ab.

2 Asiatischer Marienkäfer
Harmonia axyridis

- oft Massenauftreten
- sehr variabel gefärbt
- räuberisch lebende Larve

MERKMALE 5–8 mm. Sehr variabel in Zeichnung und Färbung, meist schwarze „W"-förmige Zeichnung auf dem Halsschild. Larven bläulich-grau mit gelblichen Flecken auf den hinteren, stacheligen Körpersegmenten. **VORKOMMEN** Auf Wiesen, an Waldrändern, in Gärten und Parks. **LEBENSWEISE** Käfer und Larven leben hauptsächlich von Blattläusen. In Ermangelung an Blattläusen fressen sie auch andere weichhäutige Insekten. **WISSENSWERTES** Ursprünglich in Ostasien beheimatet. Er wurde zur biologischen Schädlingsbekämpfung gezüchtet und zum Schutz von Zier- und Nutzpflanzen vor Blattläusen eingesetzt. Inzwischen tritt er an vielen Stellen massenhaft wild auf. Im Herbst bildet er große Schwärme, die Häuser und andere geschützte Orte zur Überwinterung aufsuchen.

3 Kartoffelkäfer
Leptinotarsa decemlineata

- bekannt und unbeliebt
- frisst Kartoffelblätter
- aus Amerika eingeführt

MERKMALE Unverwechselbarer, etwa 1 cm großer, rundlicher Käfer mit gelb-schwarz gestreiften Flügeldecken und orangem Halsschild mit schwarzen Punkten. **VORKOMMEN** Ursprünglich nur in Nordamerika, heute weltweit auf Kartoffelfeldern und in Gemüsegärten. **LEBENSWEISE** Der Käfer und seine Larven (links) fressen »nur« die Blätter und nicht die Knollen von Kartoffeln sowie von nah verwandten Pflanzen. Die Weibchen legen über 2000 Eier in kleinen Paketen an die Unterseite übrig gelassener Blätter. **WISSENSWERTES** Erstmals gelangte der Kartoffelkäfer 1876 mit Handelsschiffen von Amerika nach Frankreich in den Hafen von Bordeaux. Seit 1938 frisst er auch östlich des Rheins und konnte sich in den Kriegsjahren bis zur Elbe hin ausbreiten. Bei Massenbefall kann es zu beträchtlichen Schäden kommen.

1a

1b

2

3a

3b

1 Hornisse 049
Vespa crabro

› friedfertige Riesenwespe
› lebt in Staaten
› größte Wespenart

MERKMALE 2–3,5 cm große, kräftige Wespe mit braunem Vorderkörper und gelb-schwarz gestreiftem Hinterleib. **VORKOMMEN** In lichten Wäldern und in Siedlungen. **LEBENSWEISE** Ursprünglich eine Waldbewohnerin, die ihre Nester in Baumhöhlen anlegt. Da alte, morsche Bäume immer seltener werden, breitet sich die Art auch in Siedlungen aus, wo sie ihre Nester unter Dachsparren, in Vogelnistkästen oder ähnlichen Hohlräumen anlegt (s. S. 334). **WISSENSWERTES** Angeblich sollen sieben ihrer Stiche ein Pferd töten. Solche und ähnliche Geschichten sind Unsinn! Ein Hornissenstich ist nicht giftiger als ein Bienen- oder Wespenstich. Und die Wahrscheinlichkeit, gestochen zu werden, ist viel geringer, weil Hornissen viel scheuer und friedlicher sind.

2 Deutsche Wespe 050
Vespula germanica

› lästig an der Kaffeetafel
› aggressiv im Nestbereich
› sticht schmerzhaft

MERKMALE 1–1,5 cm große, schwarz-gelb gestreifte Wespe. **VORKOMMEN** Überall häufig. **LEBENSWEISE** Baut Nester an dunklen, verborgenen Orten wie in Mäuselöchern oder im Inneren von Gebäuden hinter Verkleidungen oder Verschalungen. Dazu kaut sie morsches Holz durch, bis es dünn wie Papier ist. In jede Zelle des Wabennestes (links) legt die Königin des Staates ein Ei. Im Laufe des Sommers wachsen der Staat und das Nest kontinuierlich weiter, darin leben etwa zwischen 1000 und 10 000 Tiere. **WISSENSWERTES** Durch ihre Angewohnheit, Süßigkeiten zu naschen und zu stechen, wenn man sie vertreiben will, ist diese häufigste aller Wespen äußerst lästig. Leider treffen Bekämpfungsmaßnahmen meist ins Leere, weil man dabei selten die sehr gut versteckten Nester der eigentlichen Übeltäter vernichtet, sondern eher die absolut harmloser Wespenarten.

3 Honigbiene 051
Apis mellifera

› sammelt Pollen und Nektar
› liefert unseren Honig
› sticht schmerzhaft

MERKMALE 1–1,5 cm groß, bräunlich und dicht behaart. **VORKOMMEN** Ursprünglich in Wäldern zu Hause, heute überall häufig, wo Imker Bienen züchten. **LEBENSWEISE** Baut Wabennester (links) aus Wachs, das sie in Drüsen produziert. In die sechseckigen Zellen werden die Eier gelegt. Natürlicherweise befestigen die Bienen ihre Nester in hohlen Baumstämmen, der Imker bietet ihnen fertige Kunststoffnester an. Ein Bienenvolk kann bis zu 80 000 Tiere beherbergen. Zur Versorgung sammeln die Bienen-Arbeiterinnen Blütennektar, den sie in den Waben lagern. Aus ihm besteht der Honig. Außerdem sammeln sie Blütenpollen zur Fütterung der Larven. **WISSENSWERTES** Wo die Honigbiene fliegt, verdrängt sie Wildbienen-Völker, Honigbienen-Völker sollen deshalb nicht in sensiblen Schutzgebieten angesiedelt werden.

1

2a

2b

3a

3b

1 Winterschwebfliege
Episyrphus balteatus

› tut, als sei sie eine Wespe
› völlig harmlos
› nützlicher Blütenbesucher

MERKMALE Etwa 1 cm große Fliege (keine Wespe!) mit schwarz-gelb gestreiftem Hinterleib. Typisch sind ihre Schwirrflüge: Dabei »steht« sie im Flug auf einer Stelle vor der Blüte und schwirrt mit den Flügeln. **VORKOMMEN** Überall da, wo es reichlich Blüten gibt. Fliegt gelegentlich an warmen Wintertagen (Name!). **LEBENSWEISE** Schwebfliegen sind Blüten besuchende Fliegen. Das Weibchen legt seine Eier genau wie Marienkäfer gezielt an Blattlaus-Kolonien ab. So haben ihre Larven nach dem Schlüpfen gleich ihre Lieblingsspeise vor der »Nase«. Sie fangen die Läuse und saugen sie aus. **WISSENSWERTES** Die gelb-schwarze Warnfärbung der harmlosen Fliege ist kein Zufall: Sie täuscht damit nicht nur den Menschen, sondern vor allem Fressfeinde wie Vögel, die das wespenähnliche Tier lieber in Ruhe lassen.

2 Gemeine Stubenfliege
Musca domestica

› lästig im Haus
› läuft an der Zimmerdecke
› lebt von Nahrungsresten

MERKMALE Knapp 1 cm große, überwiegend schwarze Fliege mit großen, rotbraunen Augen. **VORKOMMEN** Sehr häufig in menschlichen Wohnungen sowie in Ställen. **LEBENSWEISE** Lebt von Nahrungsresten, die sie mit ihrem stempelartigen Saugrüssel auftupft. Feste Nahrung feuchtet sie erst mit Speichel an, um sie dann in verflüssigter Form aufzutupfen. Die Weibchen legen ihre bis zu 150 Eier in Aas, auf Dung oder in Komposthaufen ab. Bereits nach kurzer Zeit wimmelt es darin von weißen Fliegenmaden und schon nach zwei bis drei Wochen sind diese fertige Stubenfliegen. **WISSENSWERTES** Im Herbst gehen die meisten Fliegen zugrunde. Einige überwintern aber in Gebäuderitzen und kommen an den ersten warmen Märztagen heraus.

3 Essigfliege, Fruchtfliege
Drosophila melanogaster

› wird durch Obst und Saft angelockt
› rote Augen
› Paradetier in der Vererbungslehre

MERKMALE 2–3 mm lang. Gelbbräunliche Grundfärbung, Hinterleib dunkel gebändert. Rote Augen. **VORKOMMEN** In Häusern, Gärten, Komposthaufen, ansonsten in feuchten Wäldern. **LEBENSWEISE** Fruchtfliegen werden in ganzen Schwärmen von überreifem Obst und gärenden Fruchtsäften angelockt und können daher in Küchen, besonders aber in Fruchtkeltereien, Weinkellern und Brauereien lästig werden. **WISSENSWERTES** An Fruchtfliegen wurden und werden die Gesetze der Vererbungslehre erforscht und gelehrt. Sie sind dafür besonders geeignet, weil sie sich leicht und kostengünstig halten lassen und sich rasch vermehren. Im Labor hat man so z. B. Tiere ohne Flügel, mit weißen oder schwarzen Augen und veränderter Flügeläderung gezüchtet und untereinander gekreuzt, um zu untersuchen, wie und in welcher Kombination sich die veränderten Merkmale an die Nachkommen vererben.

1

2

3

1 Pelzmotte
Tinea pellionella

› frisst Löcher in Kleidung
› lichtscheu
› Raupe in Gespinstköcher

MERKMALE Spannweite 11–17 mm. Vorderflügel gelblich mit Metallglanz, mit auffälligem dunklen Punkt. **VORKOMMEN** In Räumen mit Textilien, ursprünglich in Tiernestern. **LEBENSWEISE** Die lichtscheuen Weibchen legen ihre Eier an Textilien, vor allem an Wolle, Pelzen oder Federn ab. Die madenähnlichen Raupen bauen sich beiderseits offene Gespinstköcher und fressen an den Stoffen. Die Falter haben verkümmerte Mundwerkzeuge und nehmen keine Nahrung zu sich. **WISSENSWERTES** In Aussehen und Lebensweise sehr ähnlich ist die Kleidermotte *(Tineola bisselliella).* Ihre Vorderflügel sind ockergelb und ohne Zeichnung. Da sich die Motten schnell vermehren und versteckt leben, kann es zu anfangs unentdecktem Massenauftreten mit einhergehender Zerstörung von Kleidern und Polstermöbeln kommen.

2 Gammaeule
Autographa gamma

› tagaktiver Nachtfalter
› Gammazeichen auf Flügel
› Wanderfalter

MERKMALE Spannweite 35–40 mm. Vorderflügel graubraun mit namensgebender Zeichnung: In der Flügelmitte ein silbrig weißes Abzeichen, das an das griechische »Gamma« erinnert. Raupe (links) hellgrün mit vier schwachen, hellen Linien am Rücken und einer hellen Seitenlinie. **VORKOMMEN** Häufig in Gärten, Parks, Alleen, auch auf Wiesen und an Waldrändern. **LEBENSWEISE** Die Falter sind überall dort zu finden, wo es nektarreiche Blüten gibt, in Gärten oft massenweise an Schmetterlingssträuchern (Buddleja). Die Raupen fressen an Salat, Kohl, Brennnessel, Löwenzahn und anderen Kräutern. **WISSENSWERTES** Gammaeulen gehören zu den sogenannten Wanderfaltern, die alljährlich aus dem Süden nach Mitteleuropa einwandern und im Herbst in zum Teil riesigen Mengen in den Mittelmeerraum zurückfliegen.

3 Großer Kohlweißling
Pieris brassicae

› frisst Kohl
› kletter Hauswänden hoch
› häufig in Gemüsegärten

MERKMALE Etwa 3 cm groß und weiß mit schwarzer Flügelspitze. Weibchen außerdem mit je zwei schwarzen Punkten auf den Vorderflügeln. Raupe (links) schwarz-gelb. **VORKOMMEN** Häufig auf Feldern und in Gärten. **LEBENSWEISE** Bekannt und unbeliebt wegen seiner Vorliebe für Kohl: Die Falter legen ihre Eier auf Kohlblättern ab, die geschlüpften Raupen leben in geselligen und gefräßigen Gruppen und »skelettieren« dabei Kohlblätter, bis nur noch die Mittelrippe übrig ist. Flugzeit April bis Oktober. **WISSENSWERTES** Die Raupe krabbelt gern an Hauswänden hoch, um sich hier zu verpuppen. Seit der Mensch begann, großflächig Kohl anzubauen, wurden diese Felder zu einem wahren Schlaraffenland für diesen Schmetterling! Durch riesige Monokulturen kommt es immer wieder zu Massenvermehrungen.

1

2a

2b

3a

3b

1 Kleiner Fuchs
Aglais urticae

› überwintert in Gebäuden
› braucht Brennesseln
› im Herbst häufig in Gärten

MERKMALE Etwa 3 cm großer, bunter Schmetterling. Flügel orange und braun mit schwarzen Flecken und blauer Fleckenreihe am Hinterrand. Raupe schwarz mit gelben Längsstreifen. **VORKOMMEN** Überall häufig. **LEBENSWEISE** Überwintert in Häusern, kommt früh im Jahr hervor und saugt Nektar an frühblühenden Pflanzen. Während der Falter viele verschiedene Blüten besucht, lebt die Raupe fast ausschließlich von Brennnesseln, an denen sie oft in Massen auftritt. **WISSENSWERTES** Häufig im Herbst an Astern und am Schmetterlingsflieder.

2 Tagpfauenauge
Aglais io

› mit großen »Pfauenaugen«
› schwarze Stachelraupen
› überwintert in Häusern

MERKMALE Etwa 3,5 cm groß, rotbraun mit leuchtend blauen Augenflecken auf jedem Flügel, die an Pfauenfedern erinnern (Name!). Raupe schwarz und stachelig mit kleinen, weißen Punkten. **VORKOMMEN** Häufig in offenen Lebensräumen. **LEBENSWEISE** Die Falter fliegen auf Kleefeldern und Blumenbeeten, die Raupen entwickeln sich auf Brennnesseln. **WISSENSWERTES** Wer im Winter »eingefrorene« Falter auf dem Dachboden findet, sollte sie dort lassen! Warme Zimmer bedeuten das Todesurteil für die Tiere, die erst im Frühjahr wieder Nektar finden.

3 Admiral
Vanessa atalanta

› der »Zugvogel« unter den Schmetterlingen
› wandert durch ganz Europa
› nascht an Fallobst

MERKMALE Bis zu 3,5 cm groß und braunschwarz mit orangefarbenem Band und weißen Flecken an der Spitze der Vorderflügel. Raupe schwarz mit gelben Flecken. **VORKOMMEN** Überall häufig. **LEBENSWEISE** Die Falter wandern durch ganz Europa: Im Herbst ziehen jene, die nördlich der Alpen leben, ans Mittelmeer und kommen im Frühjahr wieder zurück. Sie saugen Blütensäfte und an Fallobst. Ihre Raupen leben an Brennnesselblättern. **WISSENSWERTES** Nördlich der Alpen überlebt der kälteempfindliche Falter selten den Winter.

4 Distelfalter
Vanessa cardui

› von Afrika bis zum Polarkreis
› mag besonders Disteln und Brennesseln
› in offenen Landschaften

MERKMALE Etwa 3 cm groß, orangefarben, Flügelspitzen schwarz mit weißen Punkten. **VORKOMMEN** In Südeuropa und Nordafrika. Außer in Wäldern nahezu überall häufig. **LEBENSWEISE** Der Distelfalter fliegt jährlich aus dem europäischen und dem afrikanischen Mittelmeerraum zu uns und produziert hier eine oder auch mehrere Nachfolgegenerationen. Im Herbst fliegen die Distelfalter zurück in wärmere Gebiete. **WISSENSWERTES** Einzelne Falter wandern im Sommer bis an den Polarkreis..

1a

1b

2

3

4a

4b

1 Straßentaube
Columba livia f. *domestica*

- brütet gern auf Gebäuden
- wenig scheu
- in Scharen auf Marktplätzen

MERKMALE Knapp hühnergroß und sehr variabel gefärbt: Von nahezu weiß über Grau- und Brauntöne bis hin zu schwarz. **VORKOMMEN** Brutvogel in Städten, häufig auf Marktplätzen und in der Nähe von Sehenswürdigkeiten. **LEBENSWEISE** Brütet bevorzugt in hohen Gebäuden mit Mauerlöchern, Nischen oder Simsen. Als Nahrung dienen hauptsächlich Brot, Mais, Knospen und Jungpflanzen sowie Zivilisationsabfälle. **WISSENSWERTES** Straßentauben stammen von verwilderten Haustauben ab, die ihren Ursprung wiederum in der felsbrütenden Felsentaube haben. Unsere Gebäude dienen den anpassungsfähigen Tauben als Ersatzfelsen. Mit ihren ständigen Balzrufen »gruuh-ohh-uhh« und den dicken Kotschichten im Nistbereich machen sie sich bei Städtern oft unbeliebt.

2 Türkentaube 052
Streptopelia decaocto

- in Dörfern und Städten
- Einwanderer aus Asien
- ruft dreisilbig »hu-huu-hu«

MERKMALE Schlanke und helle, sandfarbene Taube mit schwarzem Nackenband. Typisch ist ihr dreisilbiger Revierruf mit Betonung auf der zweiten Silbe. **VORKOMMEN** In Dörfern und Städten, gern in der Nähe von Baumgruppen. **LEBENSWEISE** Lebt vegetarisch von Samen, Blättern und Kräutern oder Beeren, profitiert aber auch von Fütterungen in Tier- und Stadtparks. Das Nest (links) wird bevorzugt auf Bäumen und Büschen gebaut, aber auch an Gebäuden. Brütet meist zwei- bis viermal im Jahr, gelegentlich sogar im Winter. **WISSENSWERTES** Die ursprünglich in Vorderasien beheimatete Taube hat sich in den letzten Jahrzehnten rasant über Mitteleuropa ausgebreitet. Heute zählt sie zu den häufigen Brutvögeln in unseren Städten und Dörfern.

3 Schleiereule 053
Tyto alba

- weißer Gesichtsschleier
- brütet in Kirchtürmen und Scheunen
- fliegt lautlos

MERKMALE Schlanke, hochbeinige und helle Eule mit herzförmigem, weißem Gesichtsschleier. **VORKOMMEN** In offener, relativ waldarmer Kulturlandschaft mit geeigneten Brutplätzen in Scheunen, auf Dachböden, in Kirchtürmen oder in Ruinen. Auch künstliche Nisthilfen werden angenommen. Nachts hört man vom Brutplatz keuchende, schnarchende und zischende Laute. **LEBENSWEISE** Die nachtaktive Eule geht in offenem Gelände am Rand von Ortschaften auf Jagd. Zu ihrer Hauptbeute zählen Feldmäuse und Spitzmäuse. Während das Weibchen allein die Eier ausbrütet, wird es vom Männchen mit Nahrung versorgt. Schlechte Mäusejahre bedeuten für die Schleiereule schlechten Bruterfolg. **WISSENSWERTES** Neben geeigneten Brutplätzen benötigen Schleiereulen besonders in strengen Wintern Zugang zu Gebäuden, in denen sie auf Mäusejagd gehen können.

1

2a

2b

3

1 | Mauersegler 054
Apus apus

› jagt durch Häuserschluchten
› schriller Rufer im Flug
› schläft im Flug

MERKMALE Größer als die Schwalbe, mit der er häufig verwechselt wird. Typisch sind seine langen, sichelförmigen Flügel und der kurze Schwanz. Außer der grauweißen Kehle komplett rußschwarzer Körper. **VORKOMMEN** Typischer Großstadtvogel. **LEBENSWEISE** Rasanter Dauerflieger, der sein Leben außerhalb der Brutzeit in der Luft verbringt. Die Segler balzen in der Luft, ernähren sich von umherfliegendem Kleingetier, sogar die Nächte werden in hohen Luftschichten verbracht, wo sie in der Thermik segelnd schlafen. Brüten in Mauerlöchern, unter Dächern und in anderen dunklen Hohlräumen. **WISSENSWERTES** Auffällig sind die Flugjagden an lauen Sommerabenden. Unter schrillen »sriiieeh«-Rufen preschen sie dann gemeinsam durch die Häuserschluchten unserer Städte.

2 | Rauchschwalbe 055
Hirundo rustica

› unsere häufigste Schwalbe
› lange Schwanzspieße
› nistet gerne im Inneren von Gebäuden

MERKMALE Große, oberseits blauschwarz metallische Schwalbe mit langen Schwanzspießen und rostrotem Gesicht bei beiden Geschlechtern. **VORKOMMEN** In offenen Kulturlandschaften mit Dörfern und Einzelgehöften, im Gegensatz zum Mauersegler nicht in Städten. Brütet in Ställen und anderen Gebäuden. **LEBENSWEISE** Baut ihr Nest aus lehmigen Erdklümpchen, die sie mit Speichel und eingeflochtenen Halmen an Wände klebt, bevorzugt in Innenräumen frei zugänglicher Gebäude. Jagt Insekten im Flug, bei regnerischem Wetter dicht über dem Boden. **WISSENSWERTES** Im Herbst, vor dem Abflug in ihre afrikanischen Winterquartiere, versammeln sich Rauchschwalben zu großen Schwärmen. Häufig sieht man sie dann zu Hunderten auf Leitungsdrähten sitzen.

3 | Mehlschwalbe 056
Delichon urbicum

› markanter, weißer Rückenfleck
› kurz gegabelter Schwanz
› Nest an Außenwänden

MERKMALE Kleiner als Rauchschwalbe mit kurz gegabeltem Schwanz ohne Schwanzspieß. Weißes Feld auf dem Rücken, fällt im Flug schon von Weitem auf. Unterseite reinweiß. Fliegt weniger rasant und wendig als die Rauchschwalbe. **VORKOMMEN** In menschlichen Siedlungen vom Einzelhaus bis zum Großstadtzentrum. **LEBENSWEISE** Nistet im Gegensatz zur Rauchschwalbe außen an Gebäuden, meist zu mehreren Paaren. Bevorzugt raue Wände, die etwas überdacht und vor Regen geschützt sind. Ihr Nest baut sie aus Lehmkügelchen, die sie mit Speichel verklebt. Mehlschwalben fliegen oft gemeinsam über Gewässern, dabei erbeuten sie hauptsächlich Mücken und Fliegen. **WISSENSWERTES** Für den Bau eines Nestes benötigen Mehlschwalben zwei bis drei Wochen und etwa 700–1500 Lehmkügelchen. Überwintern im Süden von Afrika.

1

2

3

1 Heckenbraunelle 057
Prunella modularis

- singt von hoher Warte
- huscht mausartig umher
- im Winter am Futterhäuschen

MERKMALE Knapp spatzengroß und ähnlich schlicht braun und grau gefärbt, aber mit pinzettenartigem Insektenfresserschnabel. Am auffälligsten ist ihr glockenheller, plaudernder Gesang. **VORKOMMEN** Sehr häufiger Brutvogel in Wald, Parks und Gärten, wegen des bescheidenen Aussehens trotzdem recht unbekannt. **LEBENSWEISE** Sucht Nahrung meist am Boden. Erbeutet im Sommer vor allem kleine Insekten, im Winter Samen. **WISSENSWERTES** Heckenbraunellen sitzen am liebsten exponiert auf Fichtenspitzen. Lässt sich so gut beim Singen beobachten.

2 Rotkehlchen 058
Erithacus rubecula

- Gesicht und Brust orangerot
- feierlicher Gesang in der Dämmerung
- im Winter am Futterhäuschen

MERKMALE Etwas kleiner als ein Spatz, rundlich, Gesicht und Brust orangerot. Singt (sehr) früh und abends. **VORKOMMEN** Häufiger Brutvogel in Wäldern, Gebüschen, Parks und Gärten mit reichlich Unterwuchs. **LEBENSWEISE** Sucht auf dem Boden nach Insekten, Würmern und Schnecken, frisst im Herbst und Winter Beeren. Baut tiefe Napfnester, gern in Baumhöhlungen oder in dichtem Pflanzenwuchs. **WISSENSWERTES** Ein Teil der Rotkehlchen zieht im Herbst in den Mittelmeerraum, die Überwinterer halten sich in Parks und Gärten auf.

3 Gartenrotschwanz 059
Phoenicurus phoenicurus

- rostroter Schwanz
- nimmt gern Nistkästen an
- Knicksen und Schwanzzittern sind typisch

MERKMALE Etwas kleiner als ein Spatz. Rostroter Schwanz fällt besonders im Flug auf. Männchen (links) prächtig rot, schwarz und weiß, Weibchen (rechts) schlicht graubraun. **VORKOMMEN** Häufiger Brutvogel an Waldrändern, in Parks und Gärten, gern in Obstgärten. Verbringt den Winter in Zentral- und Westafrika, kehrt im April zurück. **LEBENSWEISE** Singt schon vor Sonnenaufgang. Erbeutet Insekten. **WISSENSWERTES** Nimmt gern Nistkästen an.

4 Hausrotschwanz 060
Phoenicurus ochruros

- Schwanz rostrot
- Gesang knisternd und knirschend
- rußschwarz und rot

MERKMALE Spatzengroß, aber zierlicher mit rostrotem Schwanz. Männchen (rechts) auffällig rußschwarz, Weibchen (links) graubraun. Frühaufsteher kennen seinen typischen Gesang, den er noch vor dem Hellwerden über die Dachfirste schmettert: Dem »Wo wo wo bi bist« folgt eine Reihe eigenartig knisternder und knirschender Laute. **VORKOMMEN** In Dörfern und Städten. **LEBENSWEISE** Brütet in Halbhöhlen an Gebäuden, fängt Insekten und Spinnen. **WISSENSWERTES** Ursprünglicher Felsenbrüter, hat sein Brutgebiet ins Tiefland ausgebreitet, indem er Gebäude als Ersatzfelsen nutzt.

1

2

3a

3b

4a

4b

1 Amsel 061

Turdus merula

› »Schwarzdrossel«
› orgelt und flötet
› im Winter am Futterhaus

MERKMALE Männchen (oben) schwarz mit gelbem Schnabel, Weibchen (Mitte) braun mit Flecken. Wohlklingender, flötender Gesang. **VORKOMMEN** Einer der häufigsten Brutvögel unserer Dörfer und Städte, aber auch in Wäldern und Parks. **LEBENSWEISE** Ursprünglich in Wäldern zu Hause, hat sich nach und nach dem Menschen angeschlossen, in dessen Nähe sie reichlich Nahrung und Deckung für ihr Nest findet. Häufig baut sie es in Kletterpflanzen an Mauern, auch auf Dachbalken und in vielerlei Nischen. Frisst am liebsten Regenwürmer und Insekten, im Herbst gern Früchte. **WISSENSWERTES** Wer kennt es nicht: »Amsel, Drossel, Fink und Star ...«: Doch die Weisheit aus unseren Kindertagen trügt ein wenig. Die Amsel ist eine Drossel, genau wie die Singdrossel. Im Volksmund wird die Amsel auch »Schwarzdrossel« genannt.

2 Singdrossel 062

Turdus philomelos

› singt alles zwei- bis dreimal
› gepunkteter Bauch
› Drosselschmieden

MERKMALE Etwas kleiner als die Amsel, beide Geschlechter olivbraun mit gepunktetem Bauch. Singt lautstark in der Dämmerung, wiederholt dabei die meisten Elemente mehrmals, das klingt dann wie: »Kuhdieb, Kuhdieb!« **VORKOMMEN** In lichten Wäldern, Parks und Gärten mit Büschen und Bäumen. **LEBENSWEISE** Baut aufwendiges, stabiles Nest aus Zweigen, Gras, feuchter Erde und zerkleinertem Holz in Bäumen und Büschen. Pickt am Boden nach Würmern, anderen Bodentieren und Schnecken. **WISSENSWERTES** Zu ihren Lieblingsspeisen zählen Gehäuseschnecken: Die packt sie mit dem Schnabel und schlägt sie gegen eine harte Unterlage wie einen Stein (»Drosselschmiede«), um an das leckere Innere zu kommen. So einen »Amboss« benutzt sie häufig über mehrere Jahre (s. S. 337).

3 Grauschnäpper 063

Muscicapa striata

› »Hausvögelchen«
› schnappt nach Insekten
› am Nest wenig scheu

MERKMALE Alles in allem ein leicht zu übersehender und überhörender Vogel. Kleiner als der Spatz, doch ähnlich bescheiden gefärbt; mit pinzettenartigem Insektenfresserschnabel. Wer genau hinschaut, erkennt die typische, fein gestrichelte Brust. Ebenso unauffällig wie sein Äußeres ist der kaum hörbare Gesang aus einzelnen, hohen Tönen. **VORKOMMEN** In lichten Wäldern, Parks und Gärten. **LEBENSWEISE** Baut sein Nest in Halbhöhlen fast jeder Art: in Wäldern in Astlöchern oder hinter loser Borke, im Siedlungsbereich über Außenleuchten, in Blumenkästen oder in alten Vogelnestern von Amseln oder Schwalben. **WISSENSWERTES** Typische Verhaltensweise: Unternimmt von einer Sitzwarte aus kurze Jagdflüge auf Insekten und landet danach wieder am selben Platz. Dabei zuckt er häufig mit dem Schwanz und mit den Flügeln.

1a

1b

2

3

1 | Zilpzalp 064
Phylloscopus collybita

› ruft seinen Namen
› »Backofennest«
› Nestbau ist hier Frauensache

MERKMALE Deutlich kleiner als ein Spatz, olivbraunes, rundliches, unruhiges Vögelchen. **VORKOMMEN** Häufiger Brutvogel in Mischwäldern, Parks und Gärten. **LEBENSWEISE** Sucht ständig Blätter nach Insekten und Spinnen ab. Das Männchen singt sein »zalp zalp zilp zalp zalp« gern von erhöhten Zweigen herab. Derweil fliegt das Weibchen etwa 1200–1500 Mal hin und her, um Halme und Moos für das kugelige Nest herzuschaffen. **WISSENSWERTES** Schlägt beim Umherhüpfen ständig mit dem Schwanz.

2 | Mönchsgrasmücke 065
Sylvia atricapilla

› baut Spielnester
› nie ohne Kappe
› singt auch zur Mittagszeit

MERKMALE Kleiner und zierlicher als ein Spatz. Typisch ist die Kappe: Beim Männchen (links) ist sie schwarz, beim Weibchen (rechts) rotbraun. **VORKOMMEN** Sehr anpassungsfähiger, häufiger Brutvogel in Wäldern, Hecken, Parks, Gärten und Städten. **LEBENSWEISE** Frisst Insekten, Spinnen und Beeren. **WISSENSWERTES** Solange das Männchen allein ist, baut es mehrere Nester, sogenannte Spielnester. So lockt es seine Auserwählte an. Hat sie sich für eins (und ihn) entschieden, muss sie mit anpacken, damit es fertig wird.

3 | Zaunkönig 066
Troglodytes troglodytes

› klein, aber laut
› huscht wie eine Maus
› knickst häufig

MERKMALE Rundlicher, brauner Winzling, viel kleiner als ein Spatz, stelzt häufig mit dem Schwanz. Selbst mitten im Winter hört man oft seinen lang anhaltenden, lauthals schmetternden Gesang. **VORKOMMEN** In Wäldern, Hecken, Parks und Gärten mit Dickichten und Schlupfwinkeln. **LEBENSWEISE** Baut kunstvolle, kugelige und dickwandige Nester an Baumwurzeln, aber auch an Halbhöhlen (s. S. 338). **WISSENSWERTES** Einzelne Zaunkönige verbringen den Winter bei uns. Sie übernachten gern an Häusern oder in Schuppen und kommen tagsüber an Futterplätze.

4 | Star 067
Sturnus vulgaris

› schwatzt pausenlos
› brütet gern in Nistkästen
› im Herbst riesige Schwärme

MERKMALE Knapp amselgroß mit schwärzlich grün und purpurn schillerndem Gefieder und zitronengelbem Schnabel. Im Flug auffällig kurzer Schwanz und dreieckige Flügel. **VORKOMMEN** Verbreiteter Brutvogel im Kulturland. Häufig in Nistkästen im Garten. **LEBENSWEISE** Baut selbst nur »schlampige« Nester, brütet lieber in Spechthöhlen und Nistkästen. **WISSENSWERTES** Gesang ein Schwätzen, Pfeifen und Schnarren, ahmt talentiert andere Vögel nach. Im Herbst in riesigen Schwärmen, die häufig in Großstädten oder Schilfgebieten übernachten.

1

2a

2b

3

4

1 Blaumeise 068
Cyanistes caeruleus

- unser einziger blau-gelb gefärbter Vogel
- im Winter an Meisenringen
- turnt an Zweigen

MERKMALE Kleiner als ein Spatz, rund und gedrungen mit kurzem Schnabel. Typisch ist ihr blau-gelbes Gefieder, es ist beim Weibchen nicht ganz so leuchtend wie beim Männchen. **VORKOMMEN** Lichte Wälder, Parks, Hecken und Gärten mit Höhlen. **LEBENSWEISE** Turnt an kleinen Zweigen, pickt kleine Insekten wie Blatt- und Schildläuse und Spinnen auf. **WISSENSWERTES** Durch Nistkästen und Winterfütterungen konnte sich die Blaumeise bei uns stark vermehren. Außerhalb der Brutzeit ernährt sie sich hauptsächlich von Sämereien.

2 Kohlmeise 069
Parus major

- singt typisches »zi zi bääh«
- wird oft handzahm
- plustert sich bei Kälte auf

MERKMALE Unsere größte und häufigste Meise, etwas kleiner als ein Spatz. Typischer schwarz-weißer Kopf, gelber Bauch, das Männchen ist leicht an seinem breiteren schwarzen Bauchstreifen zu erkennen. **VORKOMMEN** Ganzjährig in lichten Wäldern, Parks und Gärten. **LEBENSWEISE** Zur Nahrungssuche (Raupen und andere Insekten) an Baumstämmen und am Boden. Brütet in Baumhöhlen, in Mauerritzen und Nistkästen. **WISSENSWERTES** Konkurriert mit der Blaumeise um Nistkästen, deren Einflugöffnungen sie mit dem Schnabel größer pickt.

3 Schwanzmeise 070
Aegithalos caudatus

- extrem langer Schwanz
- kunstvolles Kugelnest
- nach der Brutzeit in Winterschwärmen

MERKMALE Viel kleiner als ein Spatz, klein und rundlich mit winzigem Schnabel und sehr langem Schwanz. **VORKOMMEN** In Mischwäldern, Parks und großen Gärten mit vielen Büschen. **LEBENSWEISE** Sucht an den äußersten Zweigspitzen nach Nahrung, v. a. Blattläuse, Raupen, Mücken und Spinnen. Das Nest ist eine dickwandige Kugel mit seitlichem Eingang, es wird mit mehr als 2000 Federn ausgepolstert. **WISSENSWERTES** Nach der Brutzeit fliegen Schwanzmeisen in kleinen Trupps von bis zu 30 Vögeln umher (bis etwa Mitte April).

4 Kleiber 071
Sitta europaea

- kopfüber an Stämmen
- »Spechtschnabel«
- klebt Höhlen zu

MERKMALE Spatzengroß mit spechtartigem Schnabel (wird auch »Spechtmeise« genannt), gedrungenem Körper und kurzem Schwanz. Mit grauem Rücken, orangefarbenem Bauch und schwarzem Augenstreif. Weibchen etwas blasser. **VORKOMMEN** Häufig in Wäldern, Parks und Gärten. **LEBENSWEISE** Pickt Insekten aus der Rinde von Baumstämmen. **WISSENSWERTES** »Kleiber« bedeutet »Kleber«, denn die Weibchen kleben Bruthöhlen mit Lehmklümpchen so weit zu, dass gerade noch sie selbst hineinpassen (kein größerer Vogel oder Eierräuber).

1

2

3

4

1 Elster 072
Pica pica

› extrem langer Schwanz
› baut große Reisignester
› ist kein Dieb

MERKMALE Etwas kleiner als eine Krähe, auffällig schwarz-weiß mit sehr langem Schwanz. **VORKOMMEN** Offene Kulturlandschaft mit Büschen und Bäumen, Gärten. **LEBENSWEISE** Männchen und Weibchen leben in Dauerehe, bauen große Reisignester. Allesfresser: Insekten, Schnecken, Eier, Jungvögel, Aas, Abfälle. **WISSENSWERTES** Elsternester werden gern von Waldohreulen und Turmfalken bezogen, die selbst keine Nester bauen.

2 Dohle 073
Corvus monedula

› helle »kja«-Rufe
› lebenslanger Ehebund
› schlauer Rabenvogel

MERKMALE Kleiner als Krähen, kürzerer Schnabel, grauer Nacken. **VORKOMMEN** Oft in menschlicher Nähe, brütet meist in Kolonien auf Gebäuden, in Fels- und Baumhöhlen. Nicht im Gebirge (vgl. Alpendohle S. 288). **LEBENSWEISE** Allesfresser: Insekten, Schnecken, Mäuse, Vogeljunge, Feldfrüchte, Abfall. Sucht auf Äckern und Wiesen nach Nahrung, auch an Müllkippen. **WISSENSWERTES** In Winterschwärmen mit Krähen hört man Dohlen an ihren hellen »kja«-Rufen heraus. Bekannt ist die Sprachbegabung handaufgezogener Dohlen.

3 Rabenkrähe 074
Corvus corone corone

› lebt paarweise
› im Winter in großen Scharen
› ruft laut »kraahh«

MERKMALE Schwarz mit kräftigem, schwarzem Schnabel. **VORKOMMEN** In Kulturland mit Siedlungen, Dörfern und Bäumen. **LEBENSWEISE** Lebt paarweise in großem Revier. Baut ihr großes Nest meist in Baumkronen am Waldrand, in Alleen und Parks. Zur Nahrungssuche auf Äckern und Wiesen. Frisst Insekten, Würmer, Mäuse, Eier, Jungvögel, Früchte und Abfälle. **WISSENSWERTES** Mit der Nebelkrähe *(Corvus corone cornix)* wird sie zu von einigen Wissenschaftlern einer Art, der Aaskrähe *(Corvus corone)*, zusammengefasst. In Deutschland kommt die hellgrau und schwarz gefärbte Nebelkrähe nur im Nordosten vor.

4 Saatkrähe 075
Corvus frugilegus

› lärmende Brutkolonien
› Altvögel mit Grau im Gesicht
› mag keimendes Getreide

MERKMALE Sehr ähnlich der Rabenkrähe, Altvögel sind aber z. T. um den Schnabel herum gräulich weiß. Das liegt daran, dass diese Partie unbefiedert ist. **VORKOMMEN** Offene Landschaften mit Nistmöglichkeiten auf Bäumen. **LEBENSWEISE** Brutkolonien oft in Parks. Ernährt sich stärker pflanzlich als Rabenkrähen, mag gern keimendes Getreide, aber auch Insekten, Würmer, Mäuse, Eier, Jungvögel, Aas und Abfall. **WISSENSWERTES** Saatkrähen bilden im Winter Massenschlafplätze (bis zu 150 000 Vögel) gemeinsam mit Dohlen und Rabenkrähen.

1

2

3

4

1 Hausspatz, Haussperling
Passer domesticus

076

› lärmende Hausgenossen
› im Winter am Futterhäuschen
› immer in Gesellschaft

MERKMALE Männchen mit grauem Kopf und reinweißen Wangen (Unterschied zum Feldspatz). Weibchen schlicht graubraun. **VORKOMMEN** Das ganze Jahr in menschlichen Siedlungen, auch in Großstädten. **LEBENSWEISE** Brütet meist in Kolonien von 10–20 Paaren. Nester in Nischen an Gebäuden. Ernährt sich von Getreide, Grassamen, Insekten, Haushaltsabfällen. **WISSENSWERTES** Außerhalb der Brutzeit schwärmen ganze Trupps aus, um sich an Grassaat und Getreide satt zu fressen.

2 Feldspatz, Feldsperling
Passer montanus

077

› scheuer als Hausspatz
› braune Mütze
› bleiben dem Nistplatz lebenslang treu

MERKMALE Männchen und Weibchen gleich gefärbt. Typisch sind ihre schokoladenbraunen Mützen und die weißen Wangen mit einem kräftigen, schwarzen Fleck. **VORKOMMEN** Brütet in Hecken, an Waldrändern und in Gärten. Nicht so eng an Menschen gebunden wie Hausspatz. **LEBENSWEISE** Nest meist in Baumhöhlen, Kopfweiden oder Nistkästen, aber auch in Nischen unter dem Dach. Brütet eher nicht in Kolonien wie Hausspatz. Frisst Sämereien wie Getreide, zur Brutzeit auch viele Insekten. **WISSENSWERTES** Im Winter häufig in Schwärmen mit Hausspatz und Buchfink.

3 Grünfink
Chloris chloris

078

› grüner Futterhaus-Besetzer
› ruft laut »grüüü«
› streitbarer Geselle

MERKMALE So groß wie ein Spatz, grün mit leuchtend gelben Abzeichen und auffallend dickem Schnabel. Weibchen blasser gefärbt. Singt häufig den Anfang seines Namens: »grüüü«. **VORKOMMEN** Ganzjährig in der Nähe des Menschen, in Gärten und Parks, oft an Futterplätzen. **LEBENSWEISE** Getrennte Nest- und Nahrungsreviere. Nest meist in Bäumen oder Büschen. Außerhalb der Brutzeit in Trupps auf Nahrungssuche, im Winter auch häufig in gemischten Verbänden mit anderen Finken. **WISSENSWERTES** Macht sich im Winter am Futterhaus breit und vertreibt andere Vögel.

4 Gimpel
Pyrrhula pyrrhula

079

› lässt sich mit Pfiffen locken
› »Dompfaff«
› lebt versteckt

MERKMALE So groß wie ein Spatz, aber plumper. Kurzer, dicker Schnabel, schwarze Kopfkappe. Männchen (links) auf der Unterseite leuchtend rot, Weibchen (rechts) braun. Pfeift sanft »düüüüüe«. **VORKOMMEN** In Wäldern, Parks, auf Friedhöfen und in Gärten. **LEBENSWEISE** Nest gut versteckt im Gebüsch. Weibchen brütet allein, wird dann vom Männchen gefüttert. **WISSENSWERTES** Gimpel sind in der Brutzeit recht heimliche Vögel, die trotz ihrer auffälligen Färbung leicht zu übersehen sind. Lassen sich mit ihren leicht nachzuahmenden Pfiffen anlocken.

1a

1b

2

3

4a

4b

1 Igel 080
Erinaceus europaeus

- schnüffelt und schmatzt
- rollt sich bei Gefahr ein
- hält Winterschlaf

MERKMALE Etwa 30 cm groß, Rücken dicht mit Stacheln besetzt. **VORKOMMEN** In Siedlungen mit Gärten, lichten Wäldern und Parks. **LEBENSWEISE** Einzelgänger, der v. a. nachts schnüffelnd und schmatzend durch Wälder und Gärten streift. Dort stöbert er nach Regenwürmern, Schnecken, Insekten, Asseln, Obst. Hält von Oktober bis April Winterschlaf, gern in Kompost- oder Reisighaufen. **WISSENSWERTES** Rollt sich bei Gefahr zur Stachelkugel ein: So schützt er seinen unbestachelten Kopf, Bauch und Beine.

2 Maulwurf
Talpa europaea

- mit Grabschaufel und Spürnase
- lebt unterirdisch
- wirft Maulwurfshaufen auf

MERKMALE Wie große Maus mit mächtigen Grabklauen, samtigem Fell und winzigen, im Fell verborgenen Augen und Ohren. **VORKOMMEN** Auf Wiesen mit lockerer Erde, in Gärten und lichten Laubwäldern. **LEBENSWEISE** Lebt unter Tag in weit verzweigten selbst geschaufelten Gangsystemen. Hier spürt er Insekten, deren Larven, Tausendfüßer, Schnecken und Würmer auf. Das Aushubmaterial wirft er als Haufen auf. **WISSENSWERTES** Unter großen Maulwurfshügeln liegen im Sommer die Nester mit zwei bis neun nackten, fingergroßen Jungen.

3 Gemeiner Abendsegler 081
Nyctalus noctula

- recht große Fledermaus
- jagt vor Sonnenuntergang
- Quartiere in Baumhöhlen

MERKMALE Mit 7–8 cm Körperlänge eine große Fledermaus. Im Flug mit etwa 40 cm Spannweite größer als Rauchschwalbe. **VORKOMMEN** In Dörfern und Städten im Flachland, auch in Mischwäldern und Parks. **LEBENSWEISE** Beginnt kurz vor Sonnenuntergang mit Jagdflügen. Ortet Fluginsekten mit Ultraschall: Schnell aufeinander ausgestoßene Peillaute werden von den Beuteinsekten reflektiert und mit den großen Ohren empfangen. **WISSENSWERTES** Bis zu 1000 Tiere halten gemeinsam Winterschlaf in Baumhöhlen, hohen Dachstühlen oder Felshöhlen.

4 Waschbär 082
Procyon lotor

- schwarze Räubermaske
- stammt aus Nordamerika
- breitet sich aus

MERKMALE Etwa fuchsgroß, gedrungener Körper, kurze Beine. Schwarze Gesichtsmaske, langer, schwarz-weiß geringelter Schwanz. **VORKOMMEN** Heimat Nordamerika, bei uns durch ausgesetzte und aus Pelzfarmen entkommene Tiere überall eingebürgert. Lebt in Wäldern und Siedlungsräumen. **LEBENSWEISE** Überwiegend dämmerungs- und nachtaktiv. Allesfresser: Früchte, Getreide, Würmer, Schnecken, Insekten, Fische, Amphibien, Mäuse, Jungvögel und Eier. **WISSENSWERTES** Die Waschbärin bringt ihre Jungen meist in Baumhöhlen zur Welt und versorgt sie alleine.

1

2

3

4

1 Eichhörnchen
Sciurus vulgaris

083

- lebt auf Bäumen
- baut Kugelnester
- oft futterzahm

MERKMALE Bis zu 25 cm groß mit fast ebenso langem, buschigem Schwanz. Fell im Sommer leuchtend rostrot, im Winter dunkler. **VORKOMMEN** In Gärten, Parks und Wäldern mit altem Baumbestand. **LEBENSWEISE** Lebt auf Bäumen, klettert und springt gut. Baut kugelförmige Reisignester (Kobel) in Astgabeln und Baumkronen (s. S. 345). Bringt hier die Jungen zur Welt. Frisst Nüsse und andere Baumsamen, legt Wintervorräte an. **WISSENSWERTES** In der ersten Jahreshälfte sieht man häufig wilde Hetzjagden: Es sind paarungsbereite Männchen, die hinter Weibchen herjagen.

2 Siebenschläfer
Glis glis

084

- nächtlicher Poltergeist
- hält Winterschlaf-Rekord
- oft in Wochenendhäusern

MERKMALE In Größe und Aussehen wie eine Mischung aus Eichhörnchen und Ratte. Graues Fell, buschiger Schwanz und große Augen typisch. **VORKOMMEN** In Mischwäldern, Gärten und Parks. **LEBENSWEISE** Baut Nester in Baumhöhlen, Nistkästen, Schuppen und auf Dachböden. Frisst Baumfrüchte und -rinde, Obst, Insekten und Vogeleier. **WISSENSWERTES** Siebenschläfer bringen es in kalten Wintern tatsächlich auf sieben Monate Winterschlaf: Im September/Oktober verkriechen sie sich in frostsichere Erdhöhlen, um erst wieder im Mai/Juni aufzuwachen.

3 Hausmaus
Mus musculus

- graue Maus
- gern in Häusern
- viele Kinder

MERKMALE 7–10 cm groß, grau mit ebenso langem, nacktem Schwanz. Augen und Ohren groß. **VORKOMMEN** An Feldrändern und Hecken, meist aber in Scheunen, Vorratslagern und Häusern. **LEBENSWEISE** Im Sommer oft »frei« lebend, im Winter in Gebäuden. Versteckt sich tagsüber in Hohlräumen und kommt erst nachts hervor. Nagt alles an, was auch nur den geringsten Nährwert hat. Wirft bis zu achtmal im Jahr drei bis acht Junge. **WISSENSWERTES** Die Hausmaus ist die Stammform aller gezüchteten Labormäuse.

4 Steinmarder
Martes foina

085

- »Automarder«
- nächtlicher Jäger
- Poltergeist

MERKMALE Etwa katzengroß, langer Körper, kurze Beine. Vom ähnlichen, aber viel scheueren Baummarder durch weiße (nicht gelbe) Kehle unterschieden. **VORKOMMEN** Als Kulturfolger fast überall: in Wäldern, Ackerlandschaften, Dörfern und Städten. **LEBENSWEISE** Frisst Mäuse, Vögel und deren Eier, Insekten, Regenwürmer und Früchte. **WISSENSWERTES** Bewohnt gern Dachböden, wo er nachts herumpoltert und Isoliermaterial annagt. Berüchtigt auch als »Automarder«, der Bremsschläuche und Kabel zerbeißt (s. S. 348).

1

2

3

4

Lebensraum Gewässer

1 Quirlblättriges Tausendblatt
Myriophyllum verticillatum

› Unterwasserpflanze
› Blätter fühlen sich weich an
› »Winterknospen«

MERKMALE Tausendblattgewächse *(Haloragaceae)*. 50–200 cm lang, untergetaucht oder auf dem Wasser flutend. Gefiederte, 25–45 mm lange Blätter in meist fünfzähligen Quirlen. Unscheinbare, weißliche Blüten in aus dem Wasser ragender Ähre. Blütezeit Juni bis September. **VORKOMMEN** Verbreitet und häufig in langsam fließenden und stehenden Gewässern. **WISSENSWERTES** Im Herbst fallen die verdickten Endknospen der Stängel ab und überwintern als »Winterknospen« am Grund der Gewässer. Im Frühjahr wachsen sie wieder zu ganzen Pflanzen heran.

2 Raues Hornblatt
Ceratophyllum demersum

› unter Wasser
› raue Blätter
› gern in Gartenteichen

MERKMALE Hornblattgewächse *(Ceratophyllaceae)*. 30–100 cm lang. Unter Wasser lebende, wurzellose Pflanze. Quirlig angeordnete, gabelig geteilte, hornartige, starre Blätter. Blütezeit Juni bis September. **VORKOMMEN** Langsam fließende und stehende Gewässer. **WISSENSWERTES** Das Hornblatt vermehrt sich durch abbrechende Teile. Es wird in Gartenteichen oder Kaltwasseraquarien zur Selbstreinigung des Wassers eingesetzt. Mit den fein zerschlitzten Blättern filtert es Schwebstoffe aus dem Wasser.

3 Kanadische Wasserpest
Elodea canadensis

› aus Nordamerika eingeschleppt
› blüht selten
› bildet Massenbestände

MERKMALE Froschbissgewächse *(Hydrocharitaceae)*. 30–60 cm lang, untergetaucht lebend, dicht beblättert, im Boden wurzelnd. Blätter länglich lanzettlich, in dreizähligen Quirlen. Kleine, weiße Blüten an fädigem Stiel über den Wasserspiegel ragend. Blütezeit Juni bis August. **VORKOMMEN** In nährstoffreichen, stehenden oder langsam fließenden Gewässern. **WISSENSWERTES** Vor etwa 150 Jahren wurde die Wasserpest aus Nordamerika nach Europa eingeschleppt und breitete sich stark aus. Sie bildet zum Teil Massenbestände und behindert Schifffahrt, Fischerei und Wasserabfluss.

4 Wasserschlauch
Urticularia vulgaris

› Fleisch fressende Unterwasserpflanze

MERKMALE Wasserschlauchgewächse *(Lentibulariaceae)*. 30–150 cm lang, untergetaucht, wurzellos. Gefiederte Blätter, mit 1–5 mm langen Fangblasen. Gelbe Blüten in 10–30 cm über das Wasser ragendem Blütenstand. Blütezeit Juni bis September. **VORKOMMEN** Am häufigsten in stehenden, flachen Tümpeln und Moorgewässern, auch in Altarmen. **WISSENSWERTES** Der Wasserschlauch ist eine Fleisch fressende Pflanze. Die blasenartigen Blätter sind zu Tierfallen umfunktioniert: Stößt ein Wasserfloh gegen eine Falle, schwingt sie auf und das Tier wird nach innen gesogen. Im Inneren wird das Opfer verdaut.

1

2

3

4a

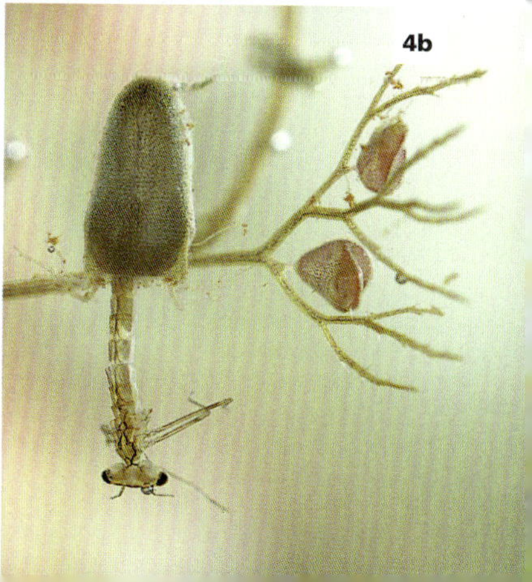
4b

1 Weiße Seerose
Nymphaea alba

- weiße, sternförmige Blüten
- öffnet sich im Sonnenlicht
- viele Zuchtformen

MERKMALE Seerosengewächse *(Nymphaeaceae).* 0,5–3 m lang, Blüten und Blätter schwimmen auf dem Wasser. Blüten weiß, sternförmig, bis zu 15 cm groß und duftend. Blätter groß, rund bis herzförmig. Blütezeit Mai bis September. **VORKOMMEN** In relativ warmen, nährstoffreichen Gewässern, die nicht tiefer als 3 m sind. **WISSENSWERTES** Die Blüten öffnen sich etwa um 7 Uhr und schließen sich gegen 16 Uhr. Für Gartenteiche sind zahlreiche Zuchtformen erhältlich, leider selten unsere heimische, die auch härteste Winter übersteht.

2 Gelbe Teichrose, Mummel
Nuphar lutea

- dottergelbe Blütenkugeln
- flaschenförmige Früchte
- auch in Fließgewässern

MERKMALE Seerosengewächse *(Nymphaeaceae).* 0,5–2,5 m lang, Blätter auf dem Wasser, Blüten auf Stängeln über dem Wasser. Salatartige Blätter unter Wasser. Blüten kugelförmig, etwa 4 cm, Blätter eiförmig, bis 30 cm lang. Blütezeit Juni bis September. **VORKOMMEN** In stehenden und langsam fließenden Gewässern mit schlammigem Grund. **WISSENSWERTES** Die duftenden, gelben Blüten locken Käfer und Schwebfliegen zur Bestäubung an. Die Früchte gleichen kleinen, grünen Flaschen, schwimmen auf dem Wasser.

3 Wasser-Hahnenfuß
Ranunculus aquatilis

- weißer Schleier im Teich
- flutet auf dem Wasser
- nichts für kleine Gartenteiche

MERKMALE Hahnenfußgewächse *(Ranunculaceae).* Flutet mit bis zu 2 m langen Stängeln auf dem Wasser. Blüten 1–2 cm groß, weiß mit gelbem Grund, auf Stielen aus dem Wasser herausragend. Schwimmende Blätter herzförmig und dreifach gespalten, untergetauchte Blätter fadenförmig. Blüht Mai bis August. **VORKOMMEN** In nährstoffreichen, bis zu 2 m tiefen Teichen. **WISSENSWERTES** Über vielen Teichen liegt im Sommer ein zarter, weißer Schleier aus seinen Blüten. Da die Pflanze stark wuchert, ist sie für kleinere Gartenteiche nicht zu empfehlen.

4 Sumpfdotterblume
Caltha palustris

- dottergelbe Blüten am Ufer
- lockt Bienen und Fliegen
- blüht im März

MERKMALE Hahnenfußgewächse *(Ranunculaceae).* 20–60 cm hoch mit auffallend glänzenden Blüten und Blättern. Blüten dottergelb (Name!), 2–4 cm groß, Blätter herzförmig. Blütezeit März bis Mai. **VORKOMMEN** An Ufern, auf sumpfigen Wiesen, in Gräben und Auwäldern. **WISSENSWERTES** Eine der auffälligsten Pflanzen, die schon früh im Jahr blüht. Wichtige Bienenweide. Die Samen schwimmen und bilden, wo sie an feuchten Ufern stranden, schnell neue Bestände aus. Bildet auf Feuchtwiesen mitunter dichte Bestände.

1

2

3

4

1 | Echtes Mädesüß
Filipendula ulmaria

› alte Heilpflanze
› duftet intensiv
› gibt dem Met die Süße

MERKMALE Rosengewächse *(Rosaceae).* Stattliche, bis 2 m hohe Staude mit kantigem Stängel. Blüten cremefarben, knapp 1 cm groß, in dichten Knäulen am Stängelende, duften süß nach Mandeln. Blätter mehrfach gefiedert und fein gezähnt. Blütezeit Juni bis August. **VORKOMMEN** Auf feuchten bis nassen Böden, häufig auf ungenutzten Feuchtwiesen, an Ufern und Gräben. **WISSENSWERTES** Früher setzte man dem Met (Honigwein) bzw. dem Bier die Blüten als Aromatikum zu. Altes Heilmittel gegen fiebrige Erkrankungen. Die im Mädesüß enthaltene »Spirsäure« stand Pate bei der Herstellung des Aspirins.

2 | Blut-Weiderich
Lythrum salicaria

› lilafarbene Blütenkerzen
› Blätter weidenähnlich
› lockt Schmetterlinge

MERKMALE Weiderichgewächse *(Lythraceae).* 0,5–2 m hoch mit auffälligen, pink- bis lilafarbenen Blütentrauben am Stängelende. Einzelblüte 1–3 cm groß, Blätter lanzettlich. Blütezeit Juni bis September. **VORKOMMEN** Auf nassen Wiesen, an Ufern und Gräben. **WISSENSWERTES** Der Name leitet sich von den weidenähnlichen Blättern her (*salicarius* = weidenähnlich) und vom Gebrauch der Pflanze als blutstillendes Mittel (griech. *lythron* = Blut). Zitronenfalter saugen an ihr Nektar.

3 | Fieberklee
Menyanthes trifoliata

› Blüten mit Bärten
› Blätter kleeartig
› selten und geschützt

MERKMALE Fieberkleegewächse *(Menyanthaceae).* 15–30 cm hoch mit dreigeteilten, kleeartigen Blättern (Name!), die aber viel größer sind als beim Wiesen-Klee. Blüten in dichten Trauben, weiß bis zartrosa mit weißen Bärten. Blütezeit Mai bis Juli. **VORKOMMEN** An Ufern von Teichen, in Mooren und auf Feuchtwiesen. Empfindlich gegen Überdüngung und daher selten geworden und streng geschützt. **WISSENSWERTES** Seine Blätter enthalten den Bitterstoff Loganin (»Bitterklee«), er wird Magenbittern zugesetzt. Früher bereitete man aus den Blättern fiebersenkende Tees (Name!).

4 | Wasserminze
Mentha aquatica

› riecht nach Pfefferminze
› liefert bekömmlichen Tee
› bildet Ausläufer

MERKMALE Lippenblütengewächse *(Lamiaceae).* 20–80 cm hoch mit runden, rosa, lila oder weißen Blütenköpfen. Blätter am Rand gesägt, duften nach Pfefferminze. Blütezeit Juli bis Oktober. **VORKOMMEN** Bildet durch lange Ausläufer dichte Bestände an Ufern und auf nassen Wiesen. **WISSENSWERTES** Aus der Kreuzung mit der Grünen Minze *(M. spicata)* entstand 1696 in einem englischen Arzneigarten die Pfefferminze. Auch die Blätter der Wasserminze eignen sich für Tees. Nektarpflanze für Schmetterlinge.

1

2

3

4

1 Wasserdost
Eupatorium cannabinum

- Magnet für Schmetterlinge
- rosafarbene Blütenschirme
- Blätter wie Hanf

MERKMALE Korbblütengewächse *(Asteraceae).* Bis 1,5 m hohe Wildstaude mit rotem Stängel, rosafarbenen Blütenschirmen und hanfartig geteilten Blättern (*cannabis* = Hanf). Blütezeit Juli bis September. **VORKOMMEN** Häufig an Ufern und Gräben, auch im Halbschatten lichter Wälder. **WISSENSWERTES** Die Blüten des Wasserdostes sind für etliche Insekten außerordentlich attraktiv. Sie duften süß und bieten mit ihren breiten Blütenschirmen gute Landemöglichkeiten. Fast immer tummeln sich hier Hummeln, Bienen, Schwebfliegen und bunte Schmetterlinge. Mehr als 40 verschiedene Arten von Schmetterlingen saugen hier süßen Saft, darunter die prächtigen Kaisermäntel, Tagpfauenaugen, Admiräle und Distelfalter. Sie kommen übrigens nur da vor, wo auch das geeignete Raupenfutter wächst. Und das sind die für viele wenig beliebten Brennnesseln.

2 Echter Baldrian
Valeriana officinalis

- Heilpflanze
- hilft bei Nervosität
- Wurzelgeruch lockt Katzen an

MERKMALE Baldriangewächse *(Valerianaceae).* 70–150 cm hoch. Zahlreiche rötliche oder rosaweißliche Blüten in halbkugeligem Blütenstand. Blätter gegenständig, gefiedert. Stängel aufrecht, kahl, hohl. Blüht Juni bis August. **VORKOMMEN** Häufig an sonnigen oder halbschattigen Ufern, in Gräben und auf Feuchtwiesen. **WISSENSWERTES** Seit der Antike wird Baldrian als Heilpflanze geschätzt. Verwendet werden dabei die etwas unangenehm riechenden Wurzeln. Wissenschaftlich nachgewiesen ist, dass Baldrianzubereitungen gegen Unruhe und Einschlafstörungen helfen. Einen nervenberuhigenden Tee bereitet man mit 1 Teelöffel zerkleinerter Wurzel pro Tasse, den man etwa 10 Minuten lang ziehen lässt. Baldrian kommt auch in der Homöopathie sowie anderen Fertigarzneien zum Einsatz.

3 Schwimmendes Laichkraut
Potamogeton natans

- Pflanzenteppiche auf dem Wasser
- Kinderstube für Fische
- wächst in ruhigen Buchten

MERKMALE Laichkrautgewächse *(Potamogetonaceae).* 0,5–2 m lang mit auf dem Wasser schwimmenden Blättern. Blätter derb, bis 12 cm lang, eiförmig und lang gestielt. Zahlreiche, winzige, grünliche Blüten in einer 3–8 cm langen Ähre, die aus dem Wasser herausgestreckt wird. Blüht Mai bis August. **VORKOMMEN** In Teichen und Seen mit schlammigem Grund oft zusammen mit Seerosen. **WISSENSWERTES** Massenbestände des Laichkrauts sind häufig die Kinderstube von Jungfischen. Bei Stürmen reißen sich oftmals dicke Büschel des Laichkrauts los und treiben dann frei im Wasser umher. Für Schwimmer können die langen Pflanzenstängel sehr unangenehm werden, weil es nicht immer einfach ist, sich aus ihnen zu befreien.

1

2

3

1 Gemeiner Froschlöffel
Alisma plantago-aquatica

- langer, blattloser Blütenstand
- löffelförmige Blätter
- giftig

MERKMALE Froschlöffelgewächse *(Alismataceae).* 20–100 cm hoch. Pyramidenförmiger, blattloser Blütenstand. Blüten weiß, ca. 10 mm im Durchmesser. Blätter über dem Wasser oval, Unterwasserblätter bandförmig. Knollig verdickter Wurzelstock. Blütezeit Juni bis September. **VORKOMMEN** Häufig an Gewässerufern und in Sümpfen. **WISSENSWERTES** Die gesamte Pflanze und insbesondere der Milchsaft sind giftig. Für Rinder gilt die Pflanze als äußerst giftig, Ziegen vertragen sie gut und weiden sie gerne ab.

2 Pfeilkraut
Sagittaria sagittifolia

- pfeilförmige Blätter
- Blütenstängel dreikantig
- Wurzeln essbar

MERKMALE Froschlöffelgewächse *(Alismataceae).* 30–80 cm hoch. Blätter in drei Formen: 10–150 cm lange, bandförmige Unterwasserblätter; ovale Schwimmblätter; pfeilförmige Überwasserblätter. Weiße Blüten quirlig auf dreikantigem, über das Wasser ragendem Stängel. Blütezeit Juni bis August. **VORKOMMEN** Am Ufer stehender und langsam fließender Gewässer. **WISSENSWERTES** Im Herbst bildet das Pfeilkraut walnussgroße Knollen aus, die der Überwinterung dienen.

3 Schwanenblume
Butomus umbellatus

- selten, geschützt
- liebt es warm und sonnig
- beliebte Gartenteich-Pflanze

MERKMALE Schwanenblumengewächse *(Butomaceae).* 50–150 cm hoch. Rosafarbene Blüten in doldigem Blütenstand. Blütenstand überragt die Blätter. Blätter dreikantig, steif, 50–100 cm lang, schwertförmig. Blütezeit Juni bis August. **VORKOMMEN** Im sonnigen Röhricht stehender oder langsam fließender Gewässer. **WISSENSWERTES** Die Sonne liebende Schwanenblume wird häufig durch konkurrenzstärkere Röhrichtpflanzen wie Schilf und Rohrkolben beschattet, überwuchert und letztlich verdrängt.

4 Sumpf-Schwertlilie
Iris pseudacorus

- giftig!
- Blätter wie Schwerter
- große, gelbe Blüten

MERKMALE Schwertliliengewächse *(Iridaceae).* 0,5–1,5 m hohe Sumpfpflanze, die kräftige Horste ausbildet. Blätter schwertförmig (Name!), 1–3 cm breit und etwa so lang wie der Blütenstängel. Blüten gelb, 8–10 cm groß, äußere Blütenblätter dunkel geädert. Blütezeit Mai bis Juni. **VORKOMMEN** An sumpfigen Ufern (Name!) stehender und langsam fließender Gewässer, auch in Auwäldern. **WISSENSWERTES** Raffinierter Aufbau der Blütenblätter: Die drei großen äußeren hängen herab und weisen mit ihrem dunklen Adernetz Insekten den Weg ins Blüteninnere. Die drei inneren bilden Röhren, aus denen nur langrüsslige Insekten wie Hummeln Nektar holen können.

1
2
3
4a
4b

1 Scheiden-Wollgras
Eriophorum vaginatum

› Blüten wie Wattebäusche
› in dichten Horsten
› Charakterpflanze der Moore

MERKMALE Sauergrasgewächse *(Cyperaceae)*. 10–60 cm hohes, dicht horstig wachsendes Riedgras mit wollig weißen, 2–3 cm großen Blütenköpfen. Blätter borstig, graugrün, etwas kürzer als der Stängel. Blütezeit April bis Mai. **VORKOMMEN** Charakterpflanze der Hochmoore. **WISSENSWERTES** Der Name bezieht sich auf die auffälligen Blüten (griech. *erion* = Wolle, *phorein* = tragen): Die Ähren sind von langen Härchen umgeben und verleihen ihnen ein wattebauschähnliches Aussehen.

2 Breitblättriger Rohrkolben
Typha latifolia

› bildet »Schilfzigarren«
› oft in Trockensträußen
› Bodenfestiger an Ufern

MERKMALE Rohrkolbengewächse *(Typhaceae)*. Bis zu 2 m hoch mit zigarrenförmigen Blüten am Stängelende. Die dicken, tiefbraunen Kolben sind die weiblichen Blüten, darüber befinden sich in einem schmalen, helleren und lockeren Kolben die männlichen Blüten. Dieser obere Teil des Kolbens fällt später ab. Blätter 1–2 cm breit und 1–2 m lang. Blütezeit Juni bis August. **VORKOMMEN** Häufig im Schilfröhricht, an Ufern und in Gräben. **WISSENSWERTES** Oft als Erstbesiedler auf Schlammböden. Festigt mit seinem Wurzelwerk die Ufer stehender und fließender Gewässer.

3 Schilf
Phragmites australis

› bis zu 4 m hoch
› festigt die Ufer
› für Reetdächer

MERKMALE Süßgrasgewächse *(Poaceae)*. Bis zu 4 m hohes Ufergras mit verholzendem Stängel, graugrünen Blättern und bis über 40 cm langen Blütenrispen. Blütezeit Juli bis September. **VORKOMMEN** An schlammigen Ufern stehender und langsam fließender Gewässer. **WISSENSWERTES** Als Futtergras taugt es nicht, doch die Halme werden anderweitig genutzt: Zum Bau norddeutscher Reetdächer, für Rohrmatten, Gipsdecken und vieles mehr. An den Ufern trägt es mit seinem dichten Wurzelgeflecht zur Bodenfestigung und Landgewinnung bei.

4 Kleine Wasserlinse
Lemna minor

› »Entengrütze«
› von Vögeln verbreitet
› bildet grüne Teppiche

MERKMALE Wasserlinsengewächse *(Lemnaceae)*. Besteht aus winzigen, nur 2–3 mm großen Blättchen, die auf dem Wasser schwimmen und dichte Teppiche ausbilden können. Von den Blättchen hängen dünne, fädige Wurzeln ins Wasser. Blüten winzig und unscheinbar. Blütezeit Mai bis Juni. **VORKOMMEN** windgeschützte Stillgewässer. Vermehrt sich rasch in nährstoffreichem, warmem Wasser. **WISSENSWERTES** Wasserlinsen bleiben am Gefieder von Wasservögeln hängen und gelangen so auf neu angelegte Teiche. Sie sind nahrhafte Futterpflanzen für Enten.

1
2
3
4

1 Geweihschwamm
Spongilla lacustris

› festsitzendes Tier
› riecht eklig
› Zwitter

MERKMALE Grüne, gelbliche oder graue geweih- oder klumpenförmige Überzüge auf Steinen, Wasserpflanzen, Wurzeln, bis 1 m hoch. Junge Exemplare bilden flache Krusten. **VORKOMMEN** Stehende und langsam fließende Gewässer. **LEBENSWEISE** Schwämme sind Tiere, die im Wasser schwebende Mikroorganismen ins Innere strudeln. **WISSENSWERTES** Ins Wasser abgegebene Samenzellen gelangen mit dem Wasserstrom ins Innere eines Schwamms zu den Eiern. Die sich entwickelnden Larven setzen sich an einer Unterlage fest und bilden neue Schwammkörper.

2 Süßwasserpolyp
Hydra spec.

› festsitzendes »Raubtier«
› gefährliche Nesselzellen

MERKMALE Schlauchförmiger, bis 2 cm langer, gräulicher oder weißlicher Körper aus einem deutlichen Fußstiel und bis zu zwölf filigranen Tentakeln. **VORKOMMEN** Stehende und langsam fließende Gewässer. **LEBENSWEISE** Packen mit ihren Tentakeln Wasserflöhe, Insektenlarven und frisch geschlüpfte Fischchen. Zum Beutefang dienen Nesselzellen, die auf den Tentakeln sitzen und bei Berührung explodieren. Die herausschnellenden Stacheln durchbohren die Haut des Opfers und entlassen ein lähmendes Gift. **WISSENSWERTES** Sehr regenerationsfähig: Kleinste Teilstücke wachsen zu ganzen Tieren heran.

3 Posthornschnecke
Planorbarius corneus

› ein Haus wie ein Posthorn
› tellerförmige Eiballen

MERKMALE Unverwechselbar durch ihr derbes, bis zu 3,5 cm großes Gehäuse in Form eines Posthorns. **VORKOMMEN** In pflanzenreichen Teichen und langsam fließenden Gräben. **LEBENSWEISE** Lebt meist am Teichgrund, wo sie sich von Algen, Aas und Wasserpflanzen ernährt. Ihre Eier klebt sie als 1,5–3 cm große, tellerartige Gebilde an Pflanzen und Steine. Nach etwa drei Wochen schlüpfen 60–70 Jungschnecken. **WISSENSWERTES** Den Winter verbringen Posthornschnecken in ihr Gehäuse zurückgezogen am schlammigen Teichgrund.

4 Spitz-Schlammschnecke
Lymnaea stagnalis

› Haus mit langer Spitze
› hängt unter der Wasseroberfläche

MERKMALE Bräunlich, bis zu 6 cm langes, hornfarbenes, dünnschaliges Gehäuse. Auffallend sind der erste, stark aufgeblähte Umgang der Mündung sowie die lang ausgezogene Spitze (Name!). **VORKOMMEN** In pflanzenreichen Teichen, in langsamen Fließgewässern. **LEBENSWEISE** »Hängt« meist unter der Wasseroberfläche und weidet hier mit ihrer Raspelzunge organische Partikel ab, frisst auch Aas und Algenaufwüchse. **WISSENSWERTES** Bei Bedrohung stößt sie die Atemluft aus und sinkt wie ein Stein zu Boden.

1

2

3

4

1 Teichmuschel, Entenmuschel
Anodonta anatina

- hält das Wasser sauber
- bis zu 10 cm groß
- unsere häufigste Großmuschel

MERKMALE Mit ihrer bis zu etwa 10 cm langen Schale eine unserer größten und kräftigsten Muscheln. Schalen grünlich und eiförmig. **VORKOMMEN** In schlammigen und sandigen Still- und Fließgewässern. **LEBENSWEISE** Sie lebt am Teichgrund, wo sie durch eine Art Mundöffnung Wasser einsaugt, Schwebstoffe herausfiltert und das Wasser wieder aus einer Ausströmöffnung herausprustet. So hält die Muschel das Wasser sauber und klar. **WISSENSWERTES** Teichmuscheln können bis zu 15 Jahre alt werden.

2 Gemeiner Wasserfloh
Daphnia pulex

- winzig
- hüpft wie ein Floh
- oft in ungeheuren Mengen

MERKMALE Kein wirklicher Floh, sondern ein winziges, 1–4 mm großes Krebschen, das sich aber hüpfend wie ein Floh vorwärtsbewegt. Der Körper steckt in einer durchsichtigen, zweiklappigen Schale, nur die langen, zweiästigen Antennen schauen heraus. **VORKOMMEN** Sehr häufig in nährstoffreichen Teichen, austrocknenden Tümpeln und Seen. **LEBENSWEISE** Ernährt sich von Bakterien und Algen. **WISSENSWERTES** Wasserfloh-Eier überdauern monatelanges Austrocknen und Fröste.

3 Bachflohkrebs
Gammarus spec.

- eingekrümmter Körper
- liegen auf der Seite
- Männchen reitet auf Weibchen

MERKMALE Gekrümmt, seitlich abgeflacht, ca. 2 cm lang, gräulich bis bräunlich. **VORKOMMEN** Besiedeln fast alle Gewässertypen, meist jedoch Bäche und Flüsse. **LEBENSWEISE** Flohkrebse leben am Gewässergrund, meist versteckt unter Steinen oder zwischen Wasserpflanzen. Sie laufen auf der Seite liegend, können aber auch gut schwimmen. Ihre Nahrung besteht aus abgestorbenen Pflanzenteilen und Aas. **WISSENSWERTES** Bachflohkrebse trifft man häufig paarweise an: Das Männchen reitet vor der eigentlichen Paarung tagelang auf dem Rücken des Weibchens.

4 Wasserspinne
Argyroneta aquatica

- baut Taucherglocke
- lebt unter Wasser

MERKMALE Vorderkörper dunkelbraun, Hinterkörper grau. 1–2 cm lang. **VORKOMMEN** Pflanzenreiche, stehende Gewässer, oft in Moorweihern. **LEBENSWEISE** Einzige ständig unter Wasser lebende Spinne. Baut Taucherglocke, indem sie Atemluft von der Wasseroberfläche unterhalb eines Spinnennetzes transportiert. Hier frisst sie, häutet sich, paart sich und legt ihre Eier ab. Ernährt sich von Insektenlarven und kleinen Krebsen. **WISSENSWERTES** Oft erscheint die Wasserspinne silbrig glänzend. Dies ist die Atemluft, die zwischen feinen Härchen festgehalten wird.

1

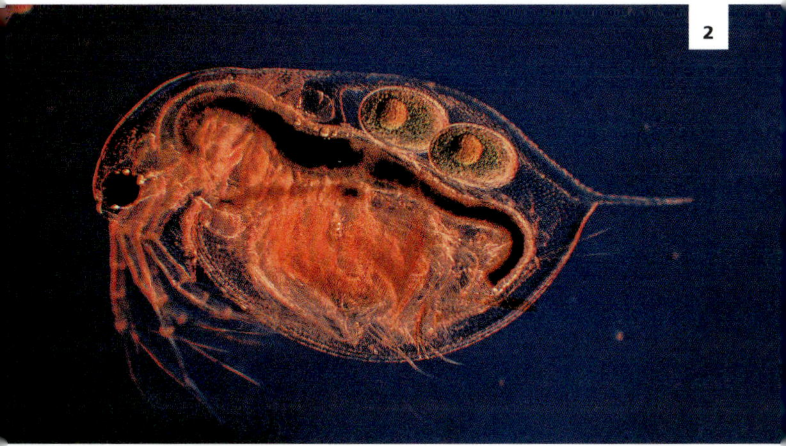
2

3

4

1 Eintagsfliege
Ephemera vulgata

› lebt länger als einen Tag
› tanzt in Schwärmen
› verbringt Jugend im Wasser

MERKMALE 2–3 cm großes, fliegenähnliches Insekt mit zwei bis drei langen Fäden am Hinterleib. In Ruhe klappt sie ihre Flügel über dem Körper zusammen. Ihre Jugendstadien (Larven, links) sind ungeflügelt. **VORKOMMEN** In sauberen Fließgewässern und an Seen. **LEBENSWEISE** Das Leben der Eintagsfliegen währt keinesfalls nur einen Tag: Zunächst leben sie ein Jahr lang als noch ungeflügelte Larven unter Wasser. Eines Sommerabends kriechen sie ans Ufer, verwandeln sich zu geflügelten Eintagsfliegen und versammeln sich zu großen Schwärmen, die ihre Hochzeitstänze veranstalten. Nun haben sie wirklich nur noch wenige Stunden bis Tage zu leben. **WISSENSWERTES** Die ausgewachsenen Eintagsfliegen haben verkümmerte Mundwerkzeuge, die keine Nahrungsaufnahme gestatten. Ihre Aufgabe liegt ausschließlich in der Fortpflanzung.

2 Steinfliege
Plecoptera spec.

› zwei Schwanzfäden
› fliegen schlecht und ungern
› Larven leben im Wasser

MERKMALE 15–25 mm lang, schwarzbraun. Vier annähernd gleich große, häutige Flügel, die in Ruhestellung flach über dem Hinterleib gefaltet werden. Zwei Schwanzfäden. **VORKOMMEN** In klaren, schnell fließenden Bächen und Flüssen. **LEBENSWEISE** Die Flugzeit der Steinfliegen liegt im Sommer. Ihre Mundwerkzeuge sind zurückgebildet und sie nehmen während ihres Erwachsenendaseins keine Nahrung auf. Die Weibchen legen ihre Eier ins Wasser. Dort findet die etwa dreijährige Entwicklung der Larven statt. **WISSENSWERTES** Die flachen Larven haben zwei lange, fadenförmige Anhänge am Hinterleib. Sie leben räuberisch und halten sich meist an der Unterseite oder der der Strömung abgewandten Seite von Steinen auf. Mehr als 100 mitteleuropäische Arten, die genaue Bestimmung ist nur Spezialisten möglich.

3 Schlammfliege
Sialis spec.

› kräftige Flügeläderung
› fliegen wenig

MERKMALE 2–3 cm lang, schwarzbraun. Grob netzartig geaderte Flügel, in Ruhe dachartig über dem Hinterleib zusammengelegt. Lange fadenförmige Fühler. Larven mit drei Beinpaaren am Vorderkörper und sieben Paar beinähnlichen Anhängen am Hinterleib. **VORKOMMEN** Je nach Art in stehenden, langsam fließenden oder stark strömenden Gewässern. **LEBENSWEISE** Das Weibchen legt bis zu 2000 Eier dicht gepackt auf die Oberseite von Blättern in Gewässernähe. Die frisch geschlüpften Larven fallen ins Wasser oder kriechen dorthin. Sie erbeuten Insektenlarven, Krebschen und andere kleine Wassertiere, verpuppen sich nach etwa zwei Jahren und schlüpfen schließlich als flugfähige Schlammfliege. **WISSENSWERTES** Die flugunlustigen, ausgewachsenen Tiere sitzen von April bis Juli unauffällig auf Pflanzen dicht an Gewässern.

1a

1b

2

3

1 Gebänderte Prachtlibelle
Calopteryx splendens

› Männchen mit blauen Flügelbändern
› ähnelt Schmetterlingen

MERKMALE Etwa 5 cm lang, schlank, ca. 7 cm Flügelspannweite. Männchen (links) metallisch blau, Weibchen (rechts) metallisch grün mit blassgrünen Flügeln. Auffällig sind die blauschwarzen Flügelbänder der Männchen. Flugzeit Mitte Mai bis Mitte September. **VORKOMMEN** Die Larven leben nur in fließenden Gewässern, die ausgewachsenen Libellen sieht man auch an Teichen. **LEBENSWEISE** Das Männchen besetzt Reviere, die es gegen andere Männchen verteidigt. **WISSENSWERTES** Durch Gewässerausbau und -verschmutzung gefährdet.

2 Frühe Adonislibelle
Pyrrhosoma nymphula

› leuchtend rot
› eine der ersten Libellen im Jahr

MERKMALE Leuchtend rote Grundfärbung. Männchen mit schwarzer Zeichnung auf dem Hinterleibsende. Flugzeit bereits ab Ende April bis August. **VORKOMMEN** Pflanzenreiche Kleingewässer. **LEBENSWEISE** Meist sieht man die flugunlustigen Tiere in der Ufervegetation ruhen. Die Larven leben ein bis drei Jahre im Gewässer. **WISSENSWERTES** Die Späte Adonislibelle *(Ceriagrion tenellum)* hat hellrote statt schwarze Beine, den Männchen fehlt die schwarze Zeichnung am Hinterleibsende.

3 Große Pechlibelle
Ischnura elegans

› hellblaues »Schlusslicht«
› auch an Gartenteichen

MERKMALE Ca. 3 cm lang, Flügelspannweite 3,5–4 cm. Brust, erstes und achtes Hinterleibssegment blau, Hinterleib oben schwarz, unten gelblich. Auffällig ist das hellblaue »Schlusslicht«. Flugzeit Anfang Mai bis Ende September. **VORKOMMEN** An stehenden und langsam fließenden Gewässern. **LEBENSWEISE** Weibchen legen die Eier am späten Abend ohne Begleitung der Männchen in Wasserpflanzen ab. Die Larven leben im Uferbereich im Unterwasserpflanzengewirr. **WISSENSWERTES** Regelmäßig an Gartenteichen zu sehen.

4 Gemeine Becherjungfer
Enallagma cyathigerum

› himmelblau mit schwarzem Becher
› sticht Eier in Wasserpflanzen

MERKMALE Etwa 3 cm lange, schlanke Libelle mit ca. 4 cm Flügelspannweite. Männchen (links) himmelblau mit typischem schwarzen Fleck auf dem zweiten Hinterleibsring in Form eines gestielten Bechers (Name!). Weibchen (rechts) grünlich bis bräunlich. Flugzeit Mai bis September. **VORKOMMEN** Bevorzugt an größeren stehenden Gewässern. **LEBENSWEISE** Verbringt ihr erstes Lebensjahr als ungeflügelte Larve am Teichgrund. Die geschlüpfte, geflügelte Libelle lebt ca. 40 Tage. **WISSENSWERTES** Es gibt weitere, ähnliche Azurjungfern, deren Männchen auch blauschwarz sind. Sie unterscheiden sich durch die jeweils charakteristische Zeichnung auf dem zweiten Hinterleibsring.

1a

1b

2

3

4a

4b

1 Blaugrüne Mosaikjungfer
Aeshna cyanea

› Körper wie ein Mosaik
› Männchen fliegen Patrouille
› sticht nicht!

MERKMALE Große und kräftige Libelle mit bis zu 7 cm Körperlänge und 11 cm Flügelspannweite. Typisch ist die mosaikartige Zeichnung auf dem Hinterleib, beim Männchen (links) ist sie blau, grün und schwarz, beim Weibchen (rechts) eher grün und braun. Flugzeit Juni bis September. **VORKOMMEN** An stehenden Gewässern aller Art. Fliegt oft weitab vom Gewässer. **LEBENSWEISE** Lebt ein bis zwei Jahre als Larve im Wasser, ausgewachsene Libelle jagt am Teichufer nach Insekten. **WISSENSWERTES** Ist wenig scheu. Keine Angst: Libellen stechen nicht, sind nicht giftig und beißen auch nicht!

2 Plattbauch-Libelle
Libellula depressa

› mit plattem Bauch
› oft an Gartenteichen
› gern auf Sitzwarten

MERKMALE Etwa 4 cm lang, 7–8 cm Flügelspannweite. Auffallend breiter, flacher Hinterleib (Name!). Beim Männchen (links) ist er blau bereift, beim Weibchen (rechts) ockergelb. Flugzeit Mai bis August. **VORKOMMEN** Oft an Gartenteichen. **LEBENSWEISE** Sonnt sich gern auf Sitzwarten am Wasser, z. B. auf trockenen Zweigen. Wirft die Eier mit wippenden Bewegungen ins Wasser. Die Larven leben zwei Jahre im Wasser. **WISSENSWERTES** An der Flügelbasis große, dunkelbraune Flecken.

3 Großer Blaupfeil
Orthetrum cancellatum

› Männchen wie ein blauer Pfeil
› Weibchen gelb-schwarz

MERKMALE 4,5–5 cm lang, Flügelspannweite 7,5–9 cm. Männchen mit blauer Brust und blau bereiftem Hinterleib. Weibchen anfangs gelb-schwarz, im Alter bräunlich schwarz gezeichnet. Flugzeit Mai bis September **VORKOMMEN** Sonnige Seen und Teiche mit vegetationsarmen Uferabschnitten, an Baggerseen, in Kiesgruben. **LEBENSWEISE** Das Weibchen legt Eier unter Aufsicht des Männchens in Algenwatten oder in untergetauchten Wasserpflanzen ab. **WISSENSWERTES** Auf der Jagd nach Fressbarem verlassen die Libellen das Gewässer und vagabundieren weit umher.

4 Gemeine Heidelibelle
Sympetrum vulgatum

› Männchen rot
› Weibchen gelblich
› Eiablage im Tandem

MERKMALE 3,5–4 cm lang, Flügelspannweite 5,5–6,5 cm. Hinterleib beim Männchen leuchtend rot, beim Weibchen ockerbraun. Flugzeit Juli bis November. **VORKOMMEN** An stehenden Gewässern. **LEBENSWEISE** Heidelibellen legen ihre Eier als Tandem ab: Das Männchen fliegt vorneweg und hält das Weibchen mit Hinterleibszangen hinter dem Kopf fest. Die Eier überwintern am Gewässergrund. Im Frühjahr schlüpfen die Larven. **WISSENSWERTES** Es gibt einige ähnliche Heidelibellen-Arten in Mitteleuropa.

1a

1b

2a

2b

3

4

1 Gemeiner Wasserläufer
Gerris lacustris

- räubert auf dem Wasser
- überwintert an Land
- erstes Wasserinsekt im Jahr

MERKMALE Etwa 1 cm lange Wasserwanze mit sehr langen, dünnen Beinen. **VORKOMMEN** An stehenden und langsam fließenden Gewässern. **LEBENSWEISE** Verbringt fast sein ganzes Leben auf dem Wasserspiegel. Räubert hier aufs Wasser gefallene Insekten oder solche, die zum Luftholen auftauchen. Zur Paarung trägt das Weibchen das Männchen oft tagelang huckepack. Die Eier entwickeln sich im Wasser, hier leben auch die Larven. **WISSENSWERTES** Überwintert steif gefroren an Land unter Laub oder Moos. Erscheint als erstes Insekt ab März auf dem Wasser.

2 Wasserskorpion
Nepa cinerea

- Vorsicht, sticht!
- skorpionähnliche Fangarme
- mit Schnorchel am Hinterleib

MERKMALE Etwa 2 cm große, breite und flache Wasserwanze mit großen, skorpionähnlichen Fangarmen (Name!) und 1 cm langem Atemrohr am Hinterleib. **VORKOMMEN** In flachen Kleingewässern. **LEBENSWEISE** Lauerjäger zwischen Wasserpflanzen. Packt schwimmende Insekten, Kaulquappen und Jungfische mit seinen Fangarmen, sticht sie mit dem Rüssel an und saugt sie aus. **WISSENSWERTES** Sticht nicht mit dem »Stachel« am Hinterleib (Schnorchel), sondern mit dem am Bauch versteckten Rüssel!

3 Stabwanze
Ranatra linearis

- halmartiger Körper
- langes Atemrohr
- kann gut fliegen

MERKMALE 3–4 cm lang, stabförmig, am Hinterleib ein 3–4 cm langes Atemrohr. Vorderbeine zu Fangbeinen umgestaltet. **VORKOMMEN** Im vegetationsreichen Ufersaum stehender Gewässer. **LEBENSWEISE** Lauert unbeweglich und fast unsichtbar getarnt zwischen Stängeln oder schleicht sich langsam an Beute an, die sie dann blitzschnell mit ihren Fangbeinen einklemmt, mit Gift tötet und mit ihrem Rüssel aussaugt. Erbeutet Wasserflöhe, Insektenlarven, Kaulquappen und kleine Fische. **WISSENSWERTES** Stabwanzen können gut fliegen und so immer wieder neue Gewässer besiedeln.

4 Rückenschwimmer
Notonecta glauca

- schwimmt auf dem Rücken
- »Wasserbiene«

MERKMALE Ca. 1,5 cm lang. Flügeldecken grün- bis gelblich braun. Große Augen. Langer Stechrüssel. Rücken aufgewölbt, Bauchseite flach, Körper im Querschnitt dreieckig. **VORKOMMEN** Häufig in stehenden und langsam fließenden Gewässern. **LEBENSWEISE** Meist hängen die Tiere in Rückenlage unter dem Wasserspiegel. Als Nahrung dienen ihnen aufs Wasser gefallene Insekten, Insektenlarven und Kaulquappen. Die Beute wird mit dem Rüssel ausgesogen **WISSENSWERTES** Rückenschwimmer können auch Menschen sehr schmerzhaft stechen, im Volksmund nennt man sie daher auch »Wasserbienen«.

1

2

3

4

1 Köcherfliege
Lymnephilus spec.

- baut Köcher
- behaarte Flügel
- dämmerungs- und nachtaktiv

MERKMALE Etwa 3–4 cm langes, etwas schmetterlingsähnliches Insekt mit behaarten Flügeln, die aber in Ruhe dachförmig zusammengeklappt werden. Seine Jugend verbringt es als Larve im Wasser. Die Larven (links) sind kaum je sichtbar, weil nur ihr Kopf und ihre Vorderbeine aus merkwürdigen, 3–3,5 cm langen, köcherähnlichen Gebilden herausschauen. **VORKOMMEN** In Still- und Fließgewässern. **LEBENSWEISE** Die Larven leben von organischen Abfallstoffen am Gewässergrund. Die geschlüpften Köcherfliegen verlassen das Gewässer und kommen erst im Herbst zur Eiablage zurück. **WISSENSWERTES** Namensgebend für die Köcherfliegen sind die Köcher, in denen ihre Larven leben. Sie bestehen aus verschiedenen Materialien wie Schneckenhäusern, Blättern, Steinen oder Holzstückchen und werden mit Speichel zusammengeklebt.

2 Gelbrandkäfer
Dytiscus marginalis

- gelb umrandet
- fliegt gut
- lebt im Wasser

MERKMALE 3–3,5 cm großer, schwärzlicher Schwimmkäfer mit auffälligen, gelben Rändern an Flügeln und Hals. Die ebenfalls wasserlebende Larve (links) wird bis zu 6 cm lang. **VORKOMMEN** Häufig in Stillgewässern. **LEBENSWEISE** Lauerjäger, der unter Wasser alles erbeutet, was nicht zu groß oder zu schnell ist. Zu seiner Beute zählen andere Insektenlarven, Wasserschnecken, Würmer, Kaulquappen und Jungfische. Zum Luftschöpfen sieht man den Käfer oft mit dem Hinterleib an der Wasseroberfläche hängen (am Hinterleib befinden sich die Atemöffnungen). Zur Paarung trägt das Weibchen das Männchen tagelang huckepack. Die Larve ist ebenfalls ein gefräßiger Räuber im Teich. **WISSENSWERTES** Droht ein Tümpel auszutrocknen, fliegen Gelbrandkäfer kurzerhand zum nächsten Gewässer.

3 Stechmücke 086
Aedes spec.

- nur die Weibchen stechen
- Männchen mit gefiederten Antennen
- vermehrt sich gerne in Regentonnen

MERKMALE Etwa 1 cm großes Insekt mit langem, herausragendem Rüssel. Männchen mit auffällig gefiederten Antennen. **VORKOMMEN** Überall sehr häufig, vermehrt sich in kleinsten Gewässern, sogar in Regentonnen. **LEBENSWEISE** Die Weibchen saugen Blut, sie benötigen die Kraftmahlzeit zur Entwicklung ihrer Eier. Die Männchen sieht man häufig in großen Schwärmen über Uferwiesen auf- und niedertanzen. Fliegt ein Weibchen in den Schwarm, wird es sofort von einem Männchen ergriffen. Die Paarung dauert nur wenige Sekunden. Die Eier legt sie als »Mückenschiffchen« aufs Wasser. Die Larven (links) leben im Wasser, sie hängen mit ihren Atemrohren an der Wasseroberfläche und erbeuten Mikroorganismen. **WISSENSWERTES** In Gartenteichen mit natürlichen Feinden der Mücken kommt es selten zu Mückenplagen.

1a

1b

2a

2b

3a

3b

1 Aal
Anguilla anguilla

- schlangenförmig
- durchquert den Atlantik
- versteckt sich tagsüber

MERKMALE Schlangenförmig, Weibchen bis 1,3 m, Männchen maximal 40 cm. **VORKOMMEN** In Flüssen und Stillgewässern, die ins Meer münden. **LEBENSWEISE** Nachtaktiv, sucht am Gewässergrund nach Muscheln, Krebsen, Würmern und Fischen. **WISSENSWERTES** Aale sind Wanderfische: Sie ziehen flussabwärts ins Meer und legen schließlich in der Sargassosee im Westatlantik ihre Eier ab. Die dort geschlüpften Jungaale wandern in drei Jahren mit dem Golfstrom zu europäischen Küsten und schließlich zurück in unsere Flüsse.

2 Bachforelle
Salmo trutta f. fario

- rot gepunktet
- in klaren Bächen
- heute stark gefährdet

MERKMALE Silbriger, torpedoförmiger, meist bis zu 30 cm langer Fisch. Rücken mit schwarzen, Seiten mit roten Punkten. **VORKOMMEN** In schnell fließenden, sauerstoffreichen Bächen mit Kiesgrund. **LEBENSWEISE** Verteidigt feste Reviere unter überhängenden Steinen oder Wurzeln. Erbeutet Kleinkrebse, Insekten und kleine Fische. Legt Eier in Gruben am Kiesgrund. **WISSENSWERTES** Als ökologisch hochspezialisierte Art ist die Bachforelle durch Gewässerverbau und -verschmutzung und durch die Ausbreitung der nicht heimischen Regenbogenforelle in ihrem Bestand gefährdet.

3 Hecht
Esox lucius

- Schnauze wie Entenschnabel
- gefräßiger Raubfisch
- versteckt sich am Ufer

MERKMALE Lang gestreckt, bis zu 1,5 m lang, breites, entenschnabelartiges Maul. **VORKOMMEN** In stehenden und langsam fließenden Gewässern mit pflanzenreichem Ufersaum. **LEBENSWEISE** Lauert im ufernahen Pflanzendickicht anderen Fischen, aber auch Fröschen und jungen Wasservögeln auf; schießt blitzschnell aus der Deckung. Hat das Maul eine Beute gefasst, gibt es kein Entrinnen: Rückwärtsgerichtete Zähne verhindern ein Herausrutschen selbst glitschiger Fische. **WISSENSWERTES** Hechte sind (trotz ihrer vielen Gräten) hervorragende Speisefische.

4 Flussbarsch
Perca fluviatilis

- stachelige Rückenflossen
- besiedelt selbst Teiche
- lange, klebrige Laichschnüre

MERKMALE Meist 25–35 cm großer, seitlich abgeflachter, gestreifter Fisch mit stacheligen Rückenflossen. **VORKOMMEN** Fast in jedem stehenden und fließenden Gewässer. **LEBENSWEISE** Einzelgänger im offenen Wasser, erbeutet hier kleinere Fische. Jungbarsche bilden Schwärme in Ufernähe, hier fressen sie Insektenlarven und Kleinkrebse. **WISSENSWERTES** Legt Eier in bis zu 1 m langen, gallertigen Bändern (»Laichschnüre«) ab. Durch ihre klebrigen Eier, die am Gefieder von Wasservögeln haften bleiben, besiedeln Flussbarsche schnell neue Gewässer.

1

2

3

4

1 Karpfen
Cyprinus carpio

› begehrte »Fastenspeise«
› viele Zuchtformen
› bei uns eingebürgert

MERKMALE Die Wildform des Karpfens wird 30–70 cm lang (max. 1,20 m) und trägt sehr große Schuppen. Zuchtformen oft mit sehr hohem Rücken und ohne Schuppen. Typisch für Karpfen sind ihre zwei Bartfäden am Kinn und das ausstülpbare Maul. **VORKOMMEN** Ursprünglich in wärmeren Regionen am Schwarzen und Kaspischen Meer beheimatet, bei uns in vielen Teichen und Flüssen ausgesetzt (meist Zuchtformen). **LEBENSWEISE** Durchwühlt den Gewässergrund mit dem rüsselartigen Maul nach bodenlebenden Kleintieren wie Insektenlarven. **WISSENSWERTES** Karpfen werden seit dem Mittelalter in künstlichen, flachen und warmen Klosterteichen gezüchtet; denn während der fleischlosen Fastentage galt der Verzehr der Schuppen tragenden Tiere als erlaubt.

2 Rotfeder
Scardinius erythrophthalmus

› rote Flossen
› frisst Wasserpflanzen
› hält Teiche algenfrei

MERKMALE 20–30 cm großer, silbrig glänzender und seitlich zusammengedrückter Fisch mit roten Bauch- und Afterflossen. **VORKOMMEN** In ruhigen, meist flachen und pflanzenreichen Seen und in flachen Buchten größerer Flüsse. **LEBENSWEISE** Durchstreift in kleinen Gruppen die Ufervegetation und frisst dabei Algen, Laichkraut sowie andere Wasserpflanzen. Darauf lebende Kleintiere wie Krebse, Insektenlarven und Würmer werden mitverspeist. Wird im Sommer der Sauerstoff im Wasser knapp, sieht man Rotfedern oft in Gruppen dicht unterhalb der Wasseroberfläche stehen, wo sie den Sauerstoff der allerobersten Wasserschicht atmen. **WISSENSWERTES** Rotfedern sind gut geeignet, um auch kleinere Teiche von lästigen Algen und Wasserlinsen zu befreien.

3 Dreistachliger Stichling
Gasterosteus aculeatus

› mit drei Rückenstacheln
› tanzt am Grund
› trägt ein buntes Hochzeitskleid

MERKMALE Schlanker, bis zu 9 cm langer Fisch mit drei (bis fünf) Rückenstacheln, die er bei Bedrohung aufrichtet. Männchen im Frühjahr bunt gefärbt mit blaugrünem Rücken und rotem Bauch. **VORKOMMEN** In pflanzenreichen Teichen, Seen und Flüssen. **LEBENSWEISE** Außerhalb der Paarungszeit in lockeren Schwärmen. Frisst Kleintiere wie Kleinkrebse, Insektenlarven und Würmer, räubert aber auch Laich und Jungfische. Zur Paarungszeit zwischen März und Juni färbt sich das Männchen prächtig bunt, baut aus Pflanzenmaterial ein Nest und lockt mit Zickzacktänzen Weibchen dorthin. **WISSENSWERTES** Der Stichling-Vater betreibt aufwendige Brutfürsorge: Er fächelt den Eiern frisches Wasser zu und bewacht die geschlüpften Jungfische. Wegen ihrer komplexen Verhaltensweisen zählen Stichlinge zu den beliebten Anschauungsobjekten im Schulunterricht.

1

2

3

1 Feuersalamander
Salamandra salamandra

- › lebt an Land
- › Hautgifte
- › unverwechselbar gelb-schwarz

MERKMALE Bis zu 20 cm langer, plumper Salamander mit gelb-schwarzer Fleckenzeichnung. **VORKOMMEN** In feuchten Laubwäldern mit klaren Bächen oder Rinnsalen. **LEBENSWEISE** Versteckt sich tagsüber unter Baumwurzeln, Falllaub oder in Felsspalten. Jagt in der Dämmerung Insekten, Schnecken, Asseln und Würmer. Legt keine Eier ab, sondern die Jungtiere entwickeln sich im Mutterleib, bis sie etwa 3,5 cm lang sind. Diese Larven werden in kühle, sauerstoffreiche Gewässer abgelegt. Nach vier Monaten sind sie ausgewachsen und gehen an Land. Den Winter verbringen Feuersalamander in frostfreien Verstecken unter Baumwurzeln oder in Felsspalten. **WISSENSWERTES** Nach Kontakt unbedingt Hände waschen. Die Haut enthält Gifte, die brennen, wenn sie in die Augen gelangen!

2 Teichmolch
Lissotriton vulgaris

- › lebt im Wasser
- › trägt buntes Hochzeitskleid
- › verpackt seine Eier einzeln

MERKMALE Bis zu 11 cm langer Molch, Männchen bräunlich mit dunklen Flecken und gestreiftem Kopf, im Hochzeitskleid mit gewelltem Rückenkamm und orange-blau gefärbtem Schwanz, Weibchen schlicht lehmfarben. **VORKOMMEN** Von März bis Oktober in kleinen, vegetationsreichen Teichen, im Winter an Land unter Steinen, Moos oder Holz. **LEBENSWEISE** Die Tiere paaren sich ab März nach Verlassen der Winterquartiere im Wasser. Das Männchen trägt dann die auffällige Hochzeitstracht. Das Weibchen wickelt jedes seiner 200–300 Eier einzeln in Wasserblätter ein. Bleiben bis zum Herbst im Wasser, erbeuten als behände Schwimmer Wasserflöhe und die Larven von Mücken und anderen Insekten. Ab Oktober wieder in Verstecken an Land. **WISSENSWERTES** Molche sind wasserlebende Verwandte der Salamander.

3 Erdkröte 087
Bufo bufo

- › unsere häufigste Kröte
- › warzige Haut
- › Krötenwanderungen

MERKMALE Bis zu 15 cm große, bräunliche Kröte. Typisch sind ihre kupferfarbenen Augen mit waagerecht gestellten Pupillen. **VORKOMMEN** Im Winter in feuchten Verstecken an Land, im Frühjahr zur Eiablage an praktisch jedem Kleingewässer, im Sommer und Herbst an Land in fast jedem Lebensraum. **LEBENSWEISE** Versteckt sich tagsüber in Höhlen, im Wurzelbereich der Bäume, unter Holzhaufen und Steinen. Geht nachts auf Jagd nach Käfern, Spinnen, Fliegen und Tausendfüßern. Legt meterlange Schnüre mit Tausenden von Eiern ins Wasser. **WISSENSWERTES** Ab März sieht man oft ganze Heerscharen von Erdkröten zu ihren Fortpflanzungsgewässern wandern. Die kleineren Männchen oft huckepack auf den Weibchen sitzend. Führen die traditionellen Wanderwege der Erdkröten über (neue) Straßen, endet für viele Tiere dieser Ausflug tödlich (s. S. 335).

1

2a

2b

3a

3b

1 Laubfrosch *Hyla arborea* 088

› Kletterfrosch (kein Wetterfrosch im Glas!)
› grasgrün
› laute Männerchöre

MERKMALE 3–4 cm großer, grasgrüner Frosch. **VORKOMMEN** In Wäldern, Wiesen und Gebüschen, im Frühjahr an sauberen, sonnigen Gewässern. **LEBENSWEISE** Sitzt meist auf Büschen und Bäumen. Hier fängt er Insekten und Spinnen. Bei schlechtem Wetter, wenn keine Insekten fliegen, sucht er eher am Boden nach Nahrung. **WISSENSWERTES** Weil er bei schönem Wetter oben sitzt, bei schlechtem eher unten, gilt er fälschlicherweise als Wetterfrosch.

2 Teichfrosch *Pelophylax kl. esculentus* 089

› Grünfrosch
› mit zwei Schallblasen
› quakt den ganzen Sommer

MERKMALE Meist 4–5 cm lang, grünlich, Männchen mit zwei weißlichen, ausstülpbaren Schallblasen hinter den Mundwinkeln. **VORKOMMEN** An pflanzenreichen Teichen und Gräben und an größeren Seen. **LEBENSWEISE** Überwintert in Erdhöhlen oder anderen frostfreien Verstecken, kommt zur Paarungszeit im April an Gewässer. Bleibt nach der Eiablage im Wasser, von wo das Quaken der Männchen den ganzen Sommer zu hören ist. **WISSENSWERTES** Oft in Massen an den Ufern kleiner, pflanzenreicher Teiche.

3 Grasfrosch *Rana temporaria* 090

› Braunfrosch
› hat keine Schallblasen
› meist einzeln an Land

MERKMALE Meist 7–9 cm großer, bräunlicher Frosch mit kräftigen, langen Hinterbeinen. **VORKOMMEN** In feuchten Niederungen, Hecken, Parks und Gärten. **LEBENSWEISE** Lebt außerhalb der Fortpflanzungszeit an Land, wo er sich tagsüber in feuchten Verstecken aufhält. Streift in der Dämmerung und nachts umher, erbeutet Insekten, Spinnen, Asseln und Würmer. Grasfrösche überwintern meist in Gewässern, die mindestens 50 cm tief sind. **WISSENSWERTES** Bereits an den ersten milden Frühlingstagen paaren sie sich an sonnenbeschienenen Ecken von Kleingewässern (s. S. 335).

4 Ringelnatter *Natrix natrix*

› Halbmonde am Hinterkopf
› harmlos und ungiftig
› schwimmt und taucht gut

MERKMALE Bis zu 1 m lange, graugrüne Schlange mit zwei hellen, halbmondförmigen Flecken am Hinterkopf. **VORKOMMEN** Unsere häufigste Schlange. Im Uferbereich von Teichen, Bächen und Flüssen, aber auch auf Wiesen und in Gärten. **LEBENSWEISE** Sonnt sich vormittags, bis ihr Körper warm genug ist, um Frösche, Kröten und Molche zu erbeuten. Schwimmt und taucht gut, erbeutet auch kleine Fische. Überwintert an frostfreien Plätzen in der Erde, unter Laub oder in Baumstubben. **WISSENSWERTES** Harmlos und scheu, flüchtet bei Annäherung ins Wasser.

1

2

3a

3b

4

1 Haubentaucher 091
Podiceps cristatus

- balzt mit roten Backen
- führt »Pinguintänze« auf
- flüchtet durch Wegtauchen

MERKMALE Stockentengroß, langer Hals, spitzer Schnabel, zur Brutzeit mit rostrotem Backenbart und Federhaube (Name!). **VORKOMMEN** Gewässerreiche Landschaften. **LEBENSWEISE** Taucht nach kleinen Fischen, Insekten und Krebsen. Nest in Schilf oder Binsen. **WISSENSWERTES** Von Winter bis Frühsommer zeigen die Partner perfekt synchronisierte Balztänze auf dem Wasser. Einer ist der Pinguintanz, bei dem sie sich fast senkrecht aus dem Wasser heben und Brust an Brust gegenüberstehen.

2 Kormoran 092
Phalacrocorax carbo

- ernährt sich von Fischchen
- brütet in Kolonien
- trocknet häufig sein Gefieder

MERKMALE Etwa gänsegroß, schwarz mit langem Hals. **VORKOMMEN** An Flüssen, Seen und Küsten. **LEBENSWEISE** Brütet in Kolonien an küstennahen Binnengewässern. Seine Hauptbeute sind Fische von 10–20 cm Länge. Der rege Appetit (Tagesbedarf gut 500 g Fisch pro Vogel) macht ihn unbeliebt bei Fischern. **WISSENSWERTES** Das Gefieder ist nicht wasserabweisend und muss nach jedem Tauchgang getrocknet werden. Dazu sitzt er mit ausgebreiteten Flügeln auf Pfählen und Felsen.

3 Graureiher 093
Ardea cinerea

- s-förmig gekrümmter Hals
- laute Kolonien in Bäumen
- lauert reglos

MERKMALE Knapp storchengroß, grau mit langen Beinen und langem, gelbem Schnabel. Typisches Flugbild mit dem s-förmig gekrümmten Hals (im Unterschied zu Storch und Kranich). **VORKOMMEN** Zur Nahrungssuche an Gewässern aller Art, auch auf Wiesen und Feldern. **LEBENSWEISE** Frisst hauptsächlich Fische und Frösche, aber auch Insekten und Mäuse. Brütet in Kolonien hoch in Bäumen. **WISSENSWERTES** Steht zur Nahrungssuche oft völlig reglos (dann schwierig zu entdecken), um plötzlich blitzschnell mit seinem dolchartigen Schnabel einen Fisch aufzuspießen.

4 Kranich 094
Grus grus

- trompetet lauthals
- bildet Keil-Formationen
- im Herbst in großen Gruppen

MERKMALE Größer als Storch, Beine und Hals lang. Beide Geschlechter grau mit schwarz-weiß-roten Köpfen. **VORKOMMEN** Brutvogel nur in ungestörten Mooren und feuchten Wäldern. **LEBENSWEISE** Zur Nahrungssuche auf Feldern und Wiesen. Frisst Getreide und Früchte, Insekten, Regenwürmer und Mäuse. Bodennest auf kleinen Inseln in sehr feuchtem Gelände, auch auf Schwingrasen. **WISSENSWERTES** Spektakulär sind die Kranichschwärme zur Zugzeit: An der Ostsee auf dem Darß und der Insel Rügen ziehen Tausende der Vögel Besucherscharen an.

1

2

3

4a

4b

1 Höckerschwan *Cygnus olor* 095

› die meisten sind halbwild
› singende Fluggeräusche
› im Winter an Futterplätzen

MERKMALE Größer als eine Gans, schneeweiß mit elegant s-förmig gebogenem Hals und rotem Schnabel. Jungvögel sind graubraun gefärbt. **VORKOMMEN** Unsere Höckerschwäne stammen fast ausschließlich von ausgesetzten oder entkommenen Tieren ab und sind halbwild oder verwildert. Verbreitet auf Seen, Flüssen und Parkteichen, zuweilen auch am Meer. Oft in direkter Nähe des Menschen. **LEBENSWEISE** Baut aus Schilf und Blättern ein riesiges, bis zu 2 m großes Nest. Die Küken dürfen zunächst bei der Mutter auf dem Rücken mitschwimmen. Als Nahrung dienen Wasser- und Uferpflanzen. **WISSENSWERTES** Schwäne sind mit 8–12 kg echte Schwergewichte und zählen zu den schwersten noch flugfähigen Vögeln. Gegen vorwitzige Schwimmer wissen sich die Vögel zu wehren!

2 Graugans *Anser anser* 096

› »Gans des Nils Holgersson«
› Stammmutter der Hausgans
› immer in Gesellschaft

MERKMALE Etwa so groß wie eine Hausgans, hell bräunlich grau mit blassorangenem Schnabel. Gänsescharen fliegen oft in V-Formationen. **VORKOMMEN** Häufiger Brutvogel an schilfbestandenen Seen. **LEBENSWEISE** Die Bodennester mehrerer Paare liegen oft in lockeren Kolonien beieinander. Die Tiere suchen oft weit vom Brutgewässer entfernt nach Nahrung, z. B. auf Wiesen und Viehweiden. Fressen Gräser und Kräuter, auch Wurzeln und Sämereien. Auch außerhalb der Brutzeit sind Graugänse gesellig. Große Scharen setzen sich aus mehreren Familien zusammen, die bis zum nächsten Frühjahr zusammenbleiben. **WISSENSWERTES** Der Nobelpreisträger Konrad Lorenz hat die Graugans mit seinen Verhaltensforschungen berühmt gemacht.

3 Gänsesäger *Mergus merganser* 097

› brütet in Baumhöhlen
› Sägeschnabel zum Fischfang
› taucht viel

MERKMALE Größer als eine Stockente. Mit ihren schneeweißen Körpern sind die Männchen (links) auf offenen Wasserflächen unübersehbar. Die Weibchen (rechts) sind schlichter grau gefärbt. Typisch ist der Schnabel mit vielen spitzen Sägezähnchen und Haken an der Spitze. **VORKOMMEN** An klaren Flüssen, Seen und Küsten mit vielen Fischen. Braucht zum Brüten Baumhöhlen, nimmt aber auch Nistkästen an. **LEBENSWEISE** Frisst hauptsächlich Fische, die er mit seinem Sägeschnabel gut festhalten kann. **WISSENSWERTES** Gerade einen Tag alt, verlassen die Küken ihre Bruthöhle. Dazu müssen sie sich oft aus beträchtlichen Höhen fallen lassen. Für eine gewisse Fallschirmwirkung sorgen dabei ihre Schwimmhäute an den Füßen, relativ gut entwickelte Flügelstummel und der breit gefächerte Schwanz. Dann geht es sofort zur ersten Schwimmstunde ins Wasser.

1

2

3a

3b

1 Stockente 098
Anas platyrhynchos

- »Köpfchen in das Wasser«
- häufig an Winterfütterungen
- Stammmutter der Hausente

MERKMALE Männchen (links) im Brutkleid mit flaschengrünem Kopf und schokoladenbrauner Brust, sonst braungrau. Weibchen (rechts) schlicht bräunlich. **VORKOMMEN** Unsere häufigste Ente, an stehenden und langsam fließenden Gewässern, auch halbzahme Vögel in Parks. **LEBENSWEISE** Stockenten sind Vertreter der »Köpfchen-unters-Wasser«-Enten, auch »Gründelenten« genannt. Das heißt, sie suchen im Gegensatz zu den Tauchenten ihre Nahrung in seichten Gewässern bis zu 50 cm Tiefe, indem sie einfach den Kopf unter Wasser halten und so Fressbares herausholen. Das sind Ufer- und Unterwasserpflanzen, Wurzeln, Insekten und Krebse. Nester meist am Boden, oft nah am Wasser. **WISSENSWERTES** Wenn sich Stockenten mit Hausenten paaren, schlüpfen häufig gescheckte Mischlinge aus den Eiern.

2 Reiherente 099
Aythya fuligula

- ist eine typische Tauchente
- brütet spät im Jahr
- gern an Futterplätzen

MERKMALE Kleiner als eine Stockente. Männchen (links) im Brutkleid schwarz mit leuchtend weißen Seiten und Federtolle auf dem Kopf. Das Weibchen (rechts) ist schlicht braun mit etwas helleren braunen Seiten. **VORKOMMEN** Zählt neben der Stockente zu unseren häufigsten Brutvögeln auf Binnengewässern, auch Stauseen, und an der Ostsee. **LEBENSWEISE** Im Gegensatz zur gründelnden Stockente sind Reiherenten typische Tauchenten. Sie tauchen mehrere Meter tief nach Muscheln, Schnecken und Insektenlarven. Ihr Bodennest liegt in unmittelbarer Gewässernähe, Brutbeginn ist erst im Mai oder Juni, sodass Junge führende Weibchen im August keine Seltenheit sind. **WISSENSWERTES** Die anpassungsfähige Reiherente hat sich im letzten Jahrhundert stark in Westeuropa ausgebreitet.

3 Flussregenpfeifer 100
Charadrius dubius

- »Räubermaske«
- gelber Augenring
- lebt oft in Kiesgruben

MERKMALE Etwa spatzengroß. Rücken bräunlich, Unterseite weiß. Schwarz-weiße Kopfzeichnung, schwarzes Brustband. Kurzer, dunkler Schnabel. Gelber Augenring. **VORKOMMEN** Brutvogel an naturnahen Flüssen und Seen mit Sand- und Schotterbänken, vielfach auch in Kiesgruben. **LEBENSWEISE** Benutzt kein Nistmaterial, sondern legt seine perfekt getarnten Eier direkt auf den Boden. Seine Nahrung besteht aus Land- und Wasserinsekten, kleinen Krebschen und Spinnen, die er meist direkt an der Wasserkante erbeutet. Flussregenpfeifer überwintern als Zugvögel in Afrika südlich der Sahara. **WISSENSWERTES** Im Aussehen sehr ähnlich ist der Sandregenpfeifer *(Charadrius hiaticula)*. Ihm fehlt jedoch der gelbe Augenring und der Schnabel ist orange gefärbt mit schwarzer Spitze.

1a

1b

2a

2b

3

1 Teichhuhn 101
Gallinula chloropus

› rotes Stirnschild
› häufig zahmer Parkvogel
› ruft durchdringend »kik!«

MERKMALE Halb so groß wie eine Stockente, rotes Stirnschild, gelbe Schnabelspitze und lange, grüne Beine ohne Schwimmhäute. Teichhühner nicken beim Schwimmen mit Kopf und Schwanz. **VORKOMMEN** Überall an Seen und Teichen häufig. Brütet auch an Dorfteichen und in Stadtparks. **LEBENSWEISE** Hält sich meist versteckt in der Ufervegetation auf und ernährt sich von Pflanzenteilen sowie Kleintieren wie Insekten und Muscheln. **WISSENSWERTES** Viele Teichhuhn-Paare beginnen gleich nach dem Schlupf der Küken eine zweite Brut.

2 Blässhuhn 102
Fulica atra

› läuft auf dem Wasser
› taucht viel
› im Winter oft an Futterplätzen zu sehen

MERKMALE Schwarzer Wasservogel mit rundlicher Gestalt, weißer Stirn und weißem Schnabel. Etwas kleiner als Stockente. **VORKOMMEN** An allen Gewässern mit Ufervegetation häufig, auch an Teichen in Städten. Im Winter in großen Schwärmen an Futterplätzen. **LEBENSWEISE** Taucht nach Wandermuscheln und Schnecken. Frisst als anpassungsfähiger Allesfresser je nach Angebot aber auch Pflanzenteile, Insekten und Abfälle. Nest in dichter Ufervegetation versteckt. **WISSENSWERTES** Startet zum Flug durch Laufen auf der Wasseroberfläche.

3 Rohrweihe 103
Circus aeruginosus

› Gaukel-Flug
› im Winter am Mittelmeer
› im Flug v-förmige Flügelstellung

MERKMALE Fast so groß wie ein Bussard, aber viel graziler. Männchen mit hellem Kopf und grau und braun abgesetztem Gefieder, beim Weibchen fällt der vom braunen Gefieder abgesetzte, cremeweiße Kopf auf. **VORKOMMEN** Meist sieht man sie in niedrigen Suchflügen über schilfreichen Seen und Feuchtgebieten. **LEBENSWEISE** Brüten in dichtem Röhricht, gelegentlich auf Wiesen oder Getreideäckern. Erbeuten Vögel und deren Eier, auch Mäuse, Ratten und Frösche. **WISSENSWERTES** Halten bei ihren langsamen, gaukelnden Gleit- und Segelflügen die Flügel v-förmig.

4 Seeadler 104
Haliaeetus albicilla

› größter heimischer Greifvogel
› leben in Dauerehe

MERKMALE Typisches Flugbild mit breiten, brettartigen Flügeln. Altvögel mit weißem, Jungvögel mit braunem Schwanz. **VORKOMMEN** Größere Bestände in Nord- und Osteuropa, in Deutschland nur im Norden. **LEBENSWEISE** Seeadler bauen ihre riesigen Nester meist in alte, hohe Bäume. Sie erbeuten Fische, Wasservögel sowie Säugetiere. **WISSENSWERTES** Stand durch Verfolgung kurz vor dem Aussterben. Intensive Schutzmaßnahmen haben zu einer deutlichen Bestandszunahme geführt.

1a

1b

2

3

4

1 Eisvogel 105
Alcedo atthis

› fliegt pfeilartig
› braucht steile Ufer
› gräbt tiefe Höhlen

MERKMALE Kaum größer als ein Spatz, prächtig türkis und orange gefärbt. Großer Kopf mit langem, dolchartigem Schnabel, kurzer Schwanz. Am auffälligsten ist er im Flug, wenn er mit seinem lauten »tsiiehh« wie ein türkisfarbener Pfeil dicht über der Wasserfläche davonschießt. **VORKOMMEN** Jagt an klaren Gewässern mit kleinen Fischen und überhängenden Sitzwarten. Zum Bau seiner Bruthöhle braucht er Abbruchkanten von mindestens 50 cm Höhe. Die Höhlen können bis zu mehrere 100 m vom Jagdrevier entfernt liegen. **LEBENSWEISE** Frisst hauptsächlich 4–5 cm lange Süßwasserfische, die er von Sitzwarten aus erspäht und in Sturzflügen, Schnabel voran, aufspießt. **WISSENSWERTES** Gräbt mit seinem kräftigen Schnabel eine meterlange Röhre in Uferwände. An deren Ende liegt die Nistkammer (s. S. 339). Im Winter sieht man Eisvögel auch an kleinen Teichen in Dörfern und Städten.

2 Uferschwalbe 106
Riparia riparia

› Brutröhren in Steilwänden
› Brutkolonien
› braunes Brustband

MERKMALE Etwa spatzengroß. Braune Oberseite, weiße Unterseite mit braunem Brustband. Im Gegensatz zur ähnlichen Mehlschwalbe (s. S. 192) kein weißer Bürzel. **VORKOMMEN** Brutvogel ursprünglich an sandigen Steilwänden von Flüssen oder an der Meeresküste, der heute vielfach Ersatzbrutplätze in Kies- und Sandgruben findet. **LEBENSWEISE** Sehr gesellig, brütet in Kolonien, die mitunter aus über 1000 Paaren bestehen (s. S. 339). Männchen und Weibchen bauen gemeinsam eine waagerechte, bis zu 1 m lange Brutröhre in die Steilwand. An deren Ende werden vier bis fünf Eier abgelegt. In günstigen Jahren beginnt das Weibchen bereits mit einer zweiten Brut, während das Männchen die Pflege der ersten zu Ende führt. Erbeuten im Flug Insekten. **WISSENSWERTES** Uferschwalben sind Zugvögel, die den Winter in Afrika verbringen.

3 Wasseramsel 107
Cinclus cinclus

› an reißenden Bächen
› taucht viel
› singt auch im Winter

MERKMALE Wie eine kleine Amsel mit braunem statt schwarzem Kopf und auffällig weißer Brust. Stellt ihren kurzen Schwanz oft hoch wie ein Zaunkönig. **VORKOMMEN** Das ganze Jahr über an schnell fließenden Bächen und Flüssen, zur Brutzeit nur im Mittel- und Hochgebirge, im Winter auch an Flüssen im Tiefland. **LEBENSWEISE** Sucht ihr Futter am Grund von Bächen, schwimmt und taucht gut. Taucht bis zu 1,5 m tief und bis zu 20 m weit. Dreht unter Wasser Steine um oder verschiebt sie, um Nahrung wie Insektenlarven, Würmer, Krebschen und Schnecken hervorzuholen. Baut Nest nah am Wasser in Löchern oder Ritzen, auch unter Brücken. Es ist stets überdacht. **WISSENSWERTES** Bedroht durch Flussverbauungen und Wasserverschmutzung.

1

2

3

1 Bachstelze
Motacilla alba

108

- schwarz-weiß mit langem Schwanz
- wippt häufig
- oft in menschlicher Nähe

MERKMALE Spatzengroß mit sehr langem Schwanz, kontrastreich schwarz und weiß. **VORKOMMEN** Häufige Vögel in offener Kulturlandschaft, bevorzugt in Wassernähe. **LEBENSWEISE** Bauen ihr Nest in Halbhöhlen oder Löchern am Wasser, auch an Bauwerken wie Schuppen, Brücken und Industrieanlagen. Ihre Nahrung besteht aus Mücken, Ameisen und kleinen Wassertieren. **WISSENSWERTES** Einer der wenigen Vögel, der von menschlichen Eingriffen in die Natur profitiert.

2 Gebirgsstelze
Motacilla cinerea

109

- langer Schwanz
- gelbe Unterseite
- an Bächen

MERKMALE Spatzengroß mit sehr langem Schwanz. Rücken grau mit grünlich gelbem Bürzel, Unterseite gelb. Männchen im Prachtkleid an Kinn und Kehle schwarz. **VORKOMMEN** An schnell fließenden, meist schattigen Bächen, seltener an Seen und Teichen. **LEBENSWEISE** Baut ihr Nest in unmittelbarer Gewässernähe in Nischen und Löchern in der Uferböschung, zwischen Baumwurzeln oder auch in Brücken, Wehren und Gebäuden. Ernährt sich von Insekten, Spinnen und anderen Wirbellosen. **WISSENSWERTES** Gebirgsstelzen sind Teilzieher, d. h., einige Tiere ziehen im Winter in südliche Gefilde, andere bleiben im Brutgebiet.

3 Teichrohrsänger
Acrocephalus scirpaceus

110

- »schwätzender« Gesang
- überwintert in afrikanischen Savannen
- oft Wirtsvogel des Kuckucks

MERKMALE Kleiner als Spatz, Rücken unscheinbar braun, die Unterseite cremefarben. Am ehesten am Gesang auszumachen. **VORKOMMEN** Schilfbewohner. **LEBENSWEISE** Teichrohrsänger sieht man am besten in der Dämmerung, dann klettern sie an Schilfstängeln empor und schwatzen mit rhythmischem Gesang. Ihr Nest flechten sie als tiefes Körbchen zwischen senkrechte Schilfhalme. Klettern geschickt zwischen Schilfstängeln und picken kleine Insekten auf. **WISSENSWERTES** Ziehen im Winter nach Afrika.

4 Rohrammer
Emberiza schoeniclus

111

- »Rohrspatz«
- singt auf Schilfhalmen
- ruft gedehnt »ziieehh«

MERKMALE So groß wie ein Spatz und ähnlich gefärbt, deshalb auch »Rohrspatz« genannt. Männchen (rechts) mit schwarzem Kopf, weißem Halsband und Kinnstreifen. **VORKOMMEN** An schilfreichen Gewässern, auch an Gräben und in Getreidefeldern. **LEBENSWEISE** Das Nest liegt meist in Bodennähe. Frisst Grassamen, im Sommer zur Fütterung der Jungvögel auch Insekten. **WISSENSWERTES** Neben dem Teichrohrsänger häufigster Vogel in unseren Schilfröhrichten.

1

2

3

4a

4b

1 Wasserfledermaus
Myotis daubentonii

- nachtaktiv
- bildet Wochenstuben
- jagt über dem Wasser

MERKMALE Etwa 5 cm lange Fledermaus, Rücken bräunlich grau, unterseits hellgrau. **VORKOMMEN** In Wäldern und Parks in Gewässernähe. **LEBENSWEISE** Dämmerungs- und nachtaktiv. Jagt dicht über dem Wasser, erbeutet im Flug Insekten, die sie mit Ortungsrufen im Ultraschallbereich ausmacht. Versteckt sich tagsüber in Baumhöhlen, in Spalten auf Dachböden oder in Mauerritzen. Überwintert in Höhlen, Kellern oder alten Brunnen. **WISSENSWERTES** Bis zu 50 Weibchen sammeln sich in »Wochenstuben«, um hier ihre nackten und blinden Jungen zur Welt zu bringen.

2 Wasserspitzmaus
Neomys fodiens

- keine echte Maus
- schwimmt und taucht
- bedrohte Art

MERKMALE Mausartig, 7–10 cm lang. Spitzes Gesicht, oben schiefergrau, unten weiß. **VORKOMMEN** An und in klaren, sauberen Gewässern. **LEBENSWEISE** Jagt schwimmend und tauchend Insektenlarven, Wasserschnecken, kleine Fische und Frösche. Die Gänge ihrer Baue haben einen Ausgang zum Wasser. **WISSENSWERTES** Spitzmäuse sind keine echten Mäuse, sie nagen nicht, sondern fressen vor allem Insekten. Sie sind die nächsten Verwandten des Igels. Wasserspitzmäuse stehen als bedrohte Art bei uns unter Schutz.

3 Schermaus
Arvicola amphibius

- ausgedehnte Gangsysteme
- schwimmt und taucht
- typische »Maulwurfshaufen«

MERKMALE Große, 16–22 cm lange Wühlmaus mit kurzen, im Fell versteckten Ohren. Färbung sehr variabel von gelbbraun bis fast schwarz. **VORKOMMEN** An üppig bewachsenen Ufern stehender und langsam fließender Gewässer, aber auch in Gärten und Obstplantagen. **LEBENSWEISE** Baut unterirdische Gangsysteme mit Nest- und Vorratskammern. Auch oberirdische Gänge sind typisch. Frisst Pflanzen und deren Wurzeln, Früchte und Baumwurzeln. Schwimmt und taucht vorzüglich. **WISSENSWERTES** Die Erdhaufen neben den Eingängen ähneln Maulwurfshügeln.

4 Wanderratte 112
Rattus norvegicus

- Allesfresser
- unterirdische Gangsysteme
- schwimmt und taucht gut

MERKMALE Große, kräftige, 20–28 cm lange, braungraue Ratte mit nacktem Schwanz. **VORKOMMEN** In Siedlungen in Gewässernähe. **LEBENSWEISE** Familienrudel leben in tiefen, unterirdischen Gangsystemen mit Vorratskammern und Fluchtröhren. Frisst Mäuse, Kaninchen, Aas und verursacht hohe Schäden in Lagern mit Lebensmitteln. **WISSENSWERTES** Kam im 18. Jahrhundert mit Handelsschiffen nach Europa und breitete sich explosionsartig aus. Gefürchtet als Überträger von Krankheiten und Seuchen.

1

2

3

4

1 Bisamratte 113
Ondatra zibethicus

- › ist keine Ratte
- › wertvoller Pelz
- › aus Nordamerika eingebürgert

MERKMALE Kaninchengroße, braune Wühlmaus (keine Ratte!) mit dichtem, weichem Fell und sehr kurzen Ohren. **VORKOMMEN** In wasserpflanzenreichen Teichen und Seen, Kanälen und langsam fließenden Flüssen. **LEBENSWEISE** Frisst Schilf, Binsen, Rohrkolben, See- und Teichrosen, Obst und gelegentlich Schnecken und Muscheln. Unterhöhlt mit ausgedehnten Gangsystemen Dämme und Deiche. Wo solche Uferböschungen fehlen, baut sie ähnlich wie der Biber kegelförmige Burgen von 1–2 m Höhe, deren unterer Teil stets von Wasser bedeckt ist. Hier liegen die Eingänge. **WISSENSWERTES** Als wertvolles Pelztier und Jagdwild wurde die in Nordamerika beheimatete Bisamratte Anfang des 20. Jahrhunderts in Mitteleuropa eingebürgert. Hier konnte sich die anpassungsfähige Wühlmaus schnell ausbreiten.

2 Biber 114
Castor fiber

- › breiter, platter Schwanz
- › fällt Bäume
- › staut Flüsse zu Seen auf

MERKMALE Fuchsgroßes Nagetier mit sehr breitem, plattem Schwanz, der ihn von allen anderen Nagetieren unterscheidet. **VORKOMMEN** In Flussauen mit stehenden und fließenden Gewässern. **LEBENSWEISE** In Familienverbänden, die ihren Lebensraum aktiv gestalten: Sie fällen Bäume und bauen mit den Ästen Burgen und Staudämme (s. S. 344). Sie regulieren Wasserstände so, dass der Eingang der Burgen stets von Wasser bedeckt ist. Schwimmen und tauchen viel, fressen Sumpfpflanzen, Blätter, Rinde und Zweige. **WISSENSWERTES** Ehemals auf der Nordhalbkugel weit verbreitet, ist der Biber durch Bejagung als Pelztier sowie durch Gewässerzerstörung und -verschmutzung fast ausgerottet worden. Wiederaussetzungen und Schutzprogamme haben aber regional zur Ausbreitung und Erholung der Bestände geführt.

3 Fischotter 115
Lutra lutra

- › bedrohte Art
- › nachtaktiv und scheu
- › braucht vielfältige Gewässer

MERKMALE Fuchsgroßes Mardertier mit kurzen »Dackelbeinen« und fleischigem, spitz zulaufendem Schwanz. **VORKOMMEN** An Flüssen und Bächen, Seen und Sümpfen mit reichhaltigem Fischangebot, Flach- und Tiefwasserzonen sowie Flach- und Steilufern. **LEBENSWEISE** Reviergrößen von 2,5 km bis zu 20 km Uferlänge, je nach Nahrungsangebot. Fischotter fressen Fische, Mäuse, Muscheln, Schnecken und Krebse. Graben Erdhöhlen in Uferböschungen, deren Eingänge meist unter Wasser liegen. **WISSENSWERTES** Durch Bejagung als Pelztier, Verfolgung als Fischfang-Konkurrent, Flussbegradigungen und Gewässerverschmutzung außerordentlich bedrohte Art. In Tierparks sind die spielfreudigen, »niedlichen« Tiere mit ihren Tauchkünsten häufig eine Attraktion.

1

2

3

Lebensraum — Berge

1 Schneerose, Christrose
Helleborus niger

› blüht im Winter
› schüsselförmige Blüten
› giftig!

MERKMALE Hahnenfußgewächse *(Ranunculaceae).* 10–30 cm hoch und auffällig, da sie im Winter blüht. Stängel dick und rötlich grün, Blüten 5–10 cm groß, weiß und schüsselförmig, später hellrot verfärbend. Blätter handförmig geteilt, wintergrün. Blütezeit Ende Dezember bis April. **VORKOMMEN** In kalkhaltigen Laubwäldern und Gebüschen der Alpen bis 1900 m Höhe. **WISSENSWERTES** Enthält giftige Saponine, die Durchfall und Erbrechen bewirken. Gezüchtete Gartenformen haben meist etwas größere Blüten, die sich schon zu Weihnachten öffnen (»Christrose«).

2 Alpen-Küchenschelle
Pulsatilla alpina

› »Teufelsbart«
› farnähnliche Blätter
› giftig!

MERKMALE Hahnenfußgewächse *(Ranunculaceae).* 10–50 cm hoch, dicht behaart, je eine Blüte am Stängelende. Blüten etwa 5 cm groß, aus meist sechs weißen Blütenblättern, außen oft blaurot überlaufen. Blätter farnähnlich. Blütezeit Mai bis Juli. **VORKOMMEN** Auf kalkhaltigem Geröll, Rasen und Weiden der Alpen bis 2700 m. **WISSENSWERTES** Wegen der 5 cm langen, silbrigen Federhaare an den Früchten auch »Teufelsbart« genannt. Die Pflanze enthält giftiges Protoanemonin, das zu Lähmungen führt.

3 Trollblume
Trollius europaeus

› gelbe Blütenkugeln
› streng geschützt
› schwach giftig

MERKMALE Hahnenfußgewächse *(Ranunculaceae).* 20–60 cm hoch mit außergewöhnlichen, leuchtend gelben Blüten: Die Blütenblätter neigen sich nach innen und formen eine 3–5 cm große Blütenkugel. Blätter handförmig geteilt mit gesägtem Rand. Blütezeit Mai bis Juli. **VORKOMMEN** Auf feuchten Bergwiesen bis 2800 m. **WISSENSWERTES** Der Name bezieht sich vermutlich auf »Troll«, den nordischen Berggeist, oder auf das althochdeutsche »trol« = Kugel. Soll giftiges Protoanemonin enthalten, wird vom Weidevieh verschmäht.

4 Blauer Eisenhut
Aconitum napellus

› giftigste heimische Pflanze!
› auf keinen Fall berühren!
› Blüten helmartig

MERKMALE Hahnenfußgewächse *(Ranunculaceae).* 0,5–2 m hoch mit kräftigem, aufrechtem Stängel. Blüten in lockerer Traube am Stängelende, blauviolett, 2–3 cm groß, das oberste Blütenblatt bildet einen Helm. Blätter handförmig geteilt. Blütezeit Juni bis September. **VORKOMMEN** In Gebirgswäldern, an Bachufern, auf feuchten Weiden der Alpen und Mittelgebirge. **WISSENSWERTES** Die ganze Pflanze enthält das stark giftige Aconitin, insbesondere Wurzel und Samen. Schon beim Pflücken kann das Gift durch die Haut eindringen und schwere Vergiftungen hervorrufen.

1

2

3

4a

4b

1 Berg-Hahnenfuß
Ranunculus montanus

- blüht goldgelb
- giftig!
- wächst bis in 2800 m Höhe

MERKMALE Hahnenfußgewächse *(Ranunculaceae).* 10–30 cm hoch, goldgelbe, 2–3 cm große Blüten aus meist fünf Blütenblättern. Blätter tief drei- bis fünfgeteilt und unregelmäßig eingeschnitten. Blütezeit Mai bis September. **VORKOMMEN** Auf Schneeböden, feuchten Weiden und Feuchtwiesen, aber auch auf Geröll und in Wäldern von 600–2800 m Höhe. **WISSENSWERTES** Berg-Hahnenfuß reizt die Schleimhäute bei Kontakt, eingenommen lähmt es Kreislauf und Atmung. In höheren Dosen tödlich.

2 Gletscher-Hahnenfuß
Ranunculus glacialis

- große, weiße Blüten
- Blätter fleischig
- höchststeigende Blütenpflanze der Alpen

MERKMALE Hahnenfußgewächse *(Ranunculaceae).* 5–20 cm hoch, wenige, große Blüten, dicker, rötlich grüner Stängel. Blüten 2–3 cm groß, aus fünf Blütenblättern, erst weiß, gegen Ende der Blühzeit rosa oder rotbraun. Blätter dicklich fleischig, tief dreigeteilt und zipfelig eingeschnitten. Blütezeit Juli bis Oktober. **VORKOMMEN** Höchststeigende Blütenpflanze der Alpen, auf kalkarmem Geröll und Schneeböden in 2000–4300 m Höhe. **WISSENSWERTES** Der Gletscher-Hahnenfuß ist giftig.

3 Weißer Alpenmohn
Papaver alpinum

- wächst in kleinen Polstern
- weiße Blüten mit leuchtend gelbem Grund
- giftig!

MERKMALE Mohngewächse *(Papaveraceae).* 5–20 cm hoch, in kleinen Polstern wachsend. Aus diesen sprießen mehrere aufrechte, mit steifen, gelben Haaren besetzte Stängel mit je einer Blüte am Ende. Blüten 5 cm groß, aus vier weißen Blütenblättern, die am Grund gelblich oder schwärzlich gefärbt sind. Blätter alle am Grund, länglich und zerschlitzt. Blütezeit Juli bis August. **VORKOMMEN** Auf Kalksteinschutt der Alpen, auch auf solchem, der sich noch bewegt, von 1300–2600 m Höhe. **WISSENSWERTES** Enthält giftige Alkaloide, die nach Aufnahme zu Erbrechen und Krämpfen führen.

4 Spinnweben-Hauswurz
Sempervivum arachnoideum

- Blätter in Rosetten
- wie mit Spinnweben überzogen
- Zierpflanze in Steingärten

MERKMALE Dickblattgewächse *(Crassulaceae).* 4–12 cm hoch, polsterförmig mit dickfleischigen Blättern. Die Blätter wachsen in 0,5–2,5 cm großen Rosetten, die Blattspitzen sind durch spinnwebenartige Haare untereinander verbunden (Name!). Aus den Rosetten wachsen dickfleischige Stängel mit 5–15 Blüten. Blüten 1–2 cm groß, sternförmig, rot. Blütezeit Juni bis September. **VORKOMMEN** Auf kalkfreiem, steinigem Boden von 1000–3000 m Höhe. **WISSENSWERTES** Die fleischigen Blätter dienen der Speicherung von Wasser. Beliebte Zierpflanze für Steingärten.

1

2

3

4

1 Roter Steinbrech
Saxifraga oppositifolia

› flache Polster
› tiefrosa Blüten
› bricht nicht den Stein!

MERKMALE Steinbrechgewächse *(Saxifragaceae)*. Niedrige, 1–5 cm hohe Polsterpflanze. Stängel am Boden ausgebreitet, Blätter eiförmig, 1–6 mm lang, blaugrün und dicklich. Blüten rosa bis pinkfarben, 1–2 cm groß. Blütezeit April bis August. **VORKOMMEN** Auf feuchtem, kalkhaltigem Fels und Geröll von 1500 bis über 3500 m Höhe. **WISSENSWERTES** Der Name »Steinbrech« rührt von der Vorstellung her, die Pflanzen würden die Felsen, auf denen sie leben, aufbrechen. Richtig ist, dass sie in bereits vorhandenen Felsspalten einfach am besten Fuß fassen können.

2 Mehl-Primel, Mehl-Schlüsselblume
Primula farinosa

› Stängel und Blattunterseiten mehlig
› Blattrosette
› purpurne Blüten

MERKMALE Primelgewächse *(Primulaceae)*. Bis 20 cm hoch. Aus einer dichten Blattrosette am Boden wächst ein blattloser Stängel, an dessen Ende mehrere (meist 3–15) Blüten dicht an dicht stehen. Blätter länglich, bis 8 cm lang, unterseits weißmehlig (Name!), Blüten bis 1,5 cm groß, purpurn. Blütezeit (April) Mai bis Juli. **VORKOMMEN** Auf feuchten, humosen und kalkhaltigen Böden, in den Alpen bis 3000 m Höhe. **WISSENSWERTES** Der Name »Primula« (Primus = der Erste) weist auf die frühe Blütezeit hin, die auch für ihre gelb blühenden Verwandten im Tiefland typisch ist.

3 Alpenglöckchen
Soldanella alpina

› fransige Blütenröckchen
› blüht, wenn noch Schnee liegt
› herzförmige Blätter

MERKMALE Primelgewächse *(Primulaceae)*. 5–15 cm hoch, zartlila, glöckchenförmige Blüten, unterer Rand fransig eingeschnitten. Blüten bis 1,5 cm lang. Die Blätter stehen alle in einer Rosette am Grund, sind immergrün, ledrig und herzförmig. Aus der Rosette entspringt der blattlose Stängel mit zwei bis drei Blüten. Blütezeit April bis Juli. **VORKOMMEN** Auf kalkreichen, feuchtnassen Böden der Alpen, in Höhe von 1500–2500 m. **WISSENSWERTES** Es kommt meist in größeren Beständen vor.

4 Alpen-Mannsschild
Androsace alpina

› dichte Polster
› braucht feuchte Böden
› beliebt in Steingärten

MERKMALE Primelgewächse *(Primulaceae)*. Nur 2–5 cm hoch, kleine, etwa 5 mm große, rosafarbene Blüten. Blätter rasenartig dicht stehend, 5–10 mm groß, am Rand und auf der Unterseite behaart. Blütezeit Juni bis August. **VORKOMMEN** Häufig auf kalkarmen, nassen und lange schneebedeckten Böden der Zentralalpen zwischen 2200 und 3000 m Höhe, gelegentlich bis 4000 m. **WISSENSWERTES** Beliebte Polsterpflanze. Bekannt ist auch das aus dem Himalaja stammende China-Mannsschild *(A. sarmentosa)*.

1

2

3

4

1 Stängelloses Leimkraut
Silene acaulis

› bildet halbkugelige Polster
› duftet intensiv
› lockt Insekten an

MERKMALE Nelkengewächse *(Caryophyllaceae)*. 1–5 cm hohe, halbkugelige Polsterpflanze. Blüten purpurrot, etwa 1–1,5 cm groß. Blätter schmal und lang, etwa 0,5–1 cm lang und nur 1 mm breit. Blütezeit Juni bis September. **VORKOMMEN** In Felsspalten und auf steinigen Rasen in Höhen von etwa 2000–3000 m. In den Nördlichen und Südlichen Kalkalpen häufig, sonst selten. **WISSENSWERTES** Auf den ersten Blick ist das Stängellose Leimkraut dem Roten Steinbrech (s. S. 268 oben) zum Verwechseln ähnlich – der hat jedoch etwas breitere, mehr eiförmige Blätter. Doch die beiden sind nicht im Entferntesten miteinander verwandt, sondern gehören zwei vollkommen verschiedenen Pflanzenfamilien an. In der Biologie bezeichnet man ein solches Phänomen als Konvergenz, d. h. ganz ähnliche Wuchsformen bilden sich im Laufe von Jahrmillionen als Anpassung an die Umweltbedingungen heraus, ganz unabhängig davon, was für die Familie sonst typisch ist.

2 Gelber Enzian
Gentiana lutea

› streng geschützt
› alte Heilpflanze
› Enzian-Schnaps

MERKMALE Enziangewächse *(Gentianaceae)*. 0,5 m bis über 1 m hoch mit großen (bis über 25 cm langen), ovalen und spitzen Blättern. Die gelben, etwa 5 cm großen Blüten stehen büschelig zu drei bis zehn in den Achseln der oberen Blätter. Blüht Juni bis August. **VORKOMMEN** Auf trockenen Rasen und in lichten Gebüschen der Alpen bis über 2500 m Höhe. **WISSENSWERTES** Der Gelbe Enzian enthält in seinen dicken Speicherwurzeln glykosidische Bitterstoffe, die hochwirksam bei Verdauungsstörungen sind. Daher wurde die Pflanze von alters her häufig ausgegraben – und ist damit vielerorts selten geworden. Enzian-Schnäpse und Magenbitter erfreuen sich auch heute noch großer Beliebtheit, die Pflanzen hierfür stammen meist aus Feldkulturen.

3 Frühlings-Enzian
Gentiana verna

› typische Alpenpflanze
› darf nicht gepflückt werden
› braucht magere Bergwiesen

MERKMALE Enziangewächse *(Gentianaceae)*. 3–10 cm hoch mit einer einzigen, intensiv himmelblauen, 2–3 cm großen Blüte am Stängelende. Die meisten Blätter stehen in einer Rosette am Grund, sie sind bis zu 3 cm lang und schmal eiförmig. Blütezeit März bis Juni. **VORKOMMEN** Auf kalkhaltigen, feuchten oder trockenen Wiesen und Bergweiden, etwa 1200–3000 m Höhe. **WISSENSWERTES** Der Frühlings-Enzian braucht lockere und eher magere Böden. Wo Bergwiesen und Weiden zwecks größerer Ausbeute gedüngt werden, kann er sich nicht mehr behaupten und ist deshalb – und weil zu häufig gepflückt – selten geworden. Die Pflanze ist streng geschützt und darf nicht gepflückt werden. Bei warmer Witterung blüht sie im Herbst ein zweites Mal.

1

2a

2b

3

1 Alpen-Aster
Aster alpinus

- schöne, großblumige Aster
- lila-gelbe Blüten
- Nektar für Schmetterlinge

MERKMALE Korbblütengewächse *(Asteraceae)*. 5–20 cm hoch mit meist einzeln am Stängelende stehenden, lila-gelben Blüten. Blüten 3–5 cm groß, innen gelbe Scheibenblüten, umgeben von einem Kranz lilafarbener Zungenblüten. Blätter behaart, schmal und lang. Blütezeit Juni bis August. **VORKOMMEN** Fast nur in den Alpen auf kalkhaltigen, flachgründigen und steinigen Weiden zwischen 1500 und 3000 m Höhe. Ziemlich häufig und gesellig; wo sie wächst, bildet sie meist größere Bestände. **WISSENSWERTES** Die Früchte tragen fedrige Haarkronen, sodass die Pflanze im Herbst aussieht, als trüge sie eine wollige Mütze. Oft bleiben die Früchte den ganzen Winter über an der Pflanze, die Samen werden nach und nach vom Wind verbreitet.

2 Edelweiß
Leontopodium nivale

- weißer Blütenstern
- Symbol der Alpen
- viel begehrte Seltenheit

MERKMALE Korbblütengewächse *(Asteraceae)*. Meist 5–20 cm hoch und insgesamt weißfilzig wirkend. Die eigentlichen Blüten sind nur 4–8 mm klein und gelblich, auffallend sind vielmehr die sie umgebenden, sternförmig angeordneten, weißfilzigen Hochblätter (5–15 an der Zahl), die streng genommen gar nicht Bestandteil der Blüte sind. Blätter schmal und lang, vor allem unterseits dicht weißfilzig. Blütezeit Juli bis August. **VORKOMMEN** Heute sehr selten in feuchten, sonnigen Felsspalten der Alpen etwa zwischen 1500 und 3400 m Höhe. **WISSENSWERTES** Jeder kennt sicher das berühmte Edelweiß, ob aus Filmen, Liedern oder von Krawattennadeln und Filzhüten. Doch nur die wenigsten haben es wohl je in der Natur gesehen. Denn das Symbol der Alpen ist zum einen durch unvernünftige Pflücksucht selten geworden, zum anderen aber auch viel schlichter und unscheinbarer, als die meisten sich diese Pflanze wohl vorgestellt hätten.

3 Arnika
Arnica montana

- wertvolle Heilpflanze
- duftet aromatisch
- leicht giftig

MERKMALE Korbblütengewächse *(Asteraceae)*. 20–60 cm hoch mit 5–8 cm großen, gelben Blüten und borstig behaartem Stängel. Blätter fast alle am Grund als Rosette. Blütezeit Mai bis August. **VORKOMMEN** Auf kalkarmen, ungedüngten Bergwiesen und -weiden, in lichten Wäldern und Mooren. Im Tiefland, in den Mittelgebirgen und Alpen bis über etwa 2500 m. **WISSENSWERTES** Arnika ist eines der ältesten Volksheilmittel. Bekannt auch als »Wundkraut«, wirkt die Tinktur entzündungshemmend und wundheilend. Arnika wird äußerlich und innerlich angewandt, gehört aber, da schwach giftig, in die Hand eines erfahrenen Therapeuten. In der Homöopathie ist »Arnica D6« das Erste-Hilfe-Mittel bei Verletzungen und Unfällen jeder Art. Sie kann aber auch allergische Hautreaktionen auslösen.

1

2

3

1 Silberdistel
Carlina acaulis

- Blätter silbergrau
- nur eine Blüte
- schließt Blüte bei Regen

MERKMALE Korbblütengewächse *(Asteraceae)*. 10–40 cm hohe Distel mit nur einer großen, silbrig grauen Blüte (Name!). Blüten 5–15 cm groß, höchstens kurz gestielt. Blätter tief zerschlitzt, stechend. Blütezeit Juni bis Oktober. **VORKOMMEN** Vor allem im Gebirge auf trockenen, nährstoffarmen Böden, an Wegen und Böschungen. **WISSENSWERTES** Als »Wetterdistel« bekannt: Die äußersten, silbrigen Hüllblätter der Blüte krümmen sich bei feuchter Luft nach innen, bei trockener Luft spreizen sie sich auseinander.

2 Berg-Flockenblume
Centaurea montana

- wie eine große Kornblume
- zeigt Bodenfeuchte an
- beliebt als Gartenstaude

MERKMALE Korbblütengewächse *(Asteraceae)*. 10–60 cm hoch, 3–5 cm große, leuchtend »kornblumenblaue« Blüten. Stängel dicht behaart. Blätter schmal eiförmig, ungeteilt. Blütezeit Mai bis Juli, blüht gelegentlich ein zweites Mal im Herbst. **VORKOMMEN** Wild auf Bergwiesen und in Wäldern bis über 2000 m Höhe, gern auf feuchten, frischen Böden. Oft auch aus Gärten verwildert. **WISSENSWERTES** Beliebte, pflegeleichte Gartenstaude, die auch im Halbschatten und auf feuchten Böden gedeiht, keine hohen Ansprüche an die Pflege hat und sich auch selbst aussät.

3 Alpen-Milchlattich
Cicerbita alpina

- himmelblaue Blüten
- viel Milchsaft
- schließt bei Regen Blüten

MERKMALE Korbblütengewächse *(Asteraceae)*. 0,5–2 m hoch, zahlreiche himmelblaue bis hellviolette, etwa 2 cm große Blüten in einer Traube am Ende des dicht behaarten Stängels. Blätter groß, bis 25 cm lang und 12 cm breit, am Rand sehr unregelmäßig gesägt und mit großem, dreieckigem Endabschnitt. Blütezeit Juli bis September. **VORKOMMEN** Auf Lehmböden in Bergwäldern in 1000–2000 m Höhe, häufig. **WISSENSWERTES** Die Pflanze, insbesondere der hohle Stängel, enthält reichlich Milchsaft (Name!). Bei Schlechtwetter schließen sich die Blütenköpfe.

4 Alpen-Krokus
Crocus vernus

- Frühjahrsblüher
- Krokus der Bergwiesen
- in Gärten und Parks gepflanzt

MERKMALE Schwertliliengewächse *(Iridaceae)*. 10–15 cm hoch mit je einer weißen oder violetten Blüte am Stängelende. Blätter grasartig, grün mit weißem Mittelstreifen. Blütezeit Februar bis April. **VORKOMMEN** Braucht feuchte, lehmige Böden. Wild nur auf Bergwiesen der Alpen und Voralpen bis etwa 2500 m Höhe. Vielfach angepflanzt und aus Gärten und Parks verwildert. **WISSENSWERTES** Krokusse blühen nicht selten schon zwischen Schneeresten. Die Blüten sind nur bei vollem Sonnenschein geöffnet.

1

2

3

4

1 Berg-Kiefer
Pinus mugo

- oberhalb der Baumgrenze
- wächst buschig
- Bodenfestiger an Geröllhängen

MERKMALE Kieferngewächse *(Pinaceae)*. Bis 3,5 m hoch, buschig; niedrig, aufsteigende Äste, steife, 2–8 cm lange Nadeln, kleine, 3–7 cm große Zapfen. Männliche Blüten gelb, 1–1,6 cm, gehäuft am Grund junger Triebe, weibliche Blüten rosa bis rot, 5–10 mm groß, zu einer bis vier am Ende junger Triebe. Blütezeit Juni/Juli, Samenreife Oktober/November. **VORKOMMEN** In mittel- und südeuropäischen Gebirgen bis über 2000 m Höhe. **WISSENSWERTES** Bildet über der Baumgrenze mit Alpenrosen Dickichte, den sogenannten Krummholzgürtel.

2 Zirbel-Kiefer, Arve
Pinus cembra

- Zapfen aufrecht
- typischer Alpen-Baum
- wird bis zu 1000 Jahre alt

MERKMALE Kieferngewächse *(Pinaceae)*. Bis 25 m hoch, kegelförmig, Nadeln biegsam, 5–12 cm lang. Blüten nur im oberen Kronenteil: Männliche Blüten eiförmig, gelb, 1,5 cm lang, am Grund junger Triebe; weibliche Blüten tiefrot, 1–1,5 cm, an der Spitze junger Triebe. Zapfen eiförmig, aufrecht, 5–13 cm. Blütezeit Mai bis Juli, Samenreife September/Oktober. **VORKOMMEN** Alpen, Karpaten, Nordrussland bis Mittelsibirien in 1300–2700 m Höhe. **WISSENSWERTES** Ihre Samen sind die Hauptnahrung des Tannenhähers.

3 Alpen-Heckenrose, Gebirgsrose
Rosa pendulina

- rosafarbene Blüten
- ziegelrote Hagebutten
- sommergrüner Busch

MERKMALE Rosengewächse *(Rosaceae)*. 0,5–2,5 m hoch, spärlich bestachelt. Blätter hellgrün, Blüten 4–5 cm, rosa bis purpurn. Hagebutten flaschenförmig, ziegelrot. Blütezeit Mai/Juli, Fruchtreife September/Oktober. **VORKOMMEN** In Gebirgen Mittel- und Südeuropas bis 2600 m, oft an der Baumgrenze. Neben den Alpen auch im Schwarzwald, auf der Alb, im Bayerischen, Oberpfälzer und Böhmerwald. **WISSENSWERTES** Die Alpen-Heckenrose ist unsere am höchsten im Gebirge vorkommende Rose.

4 Silberwurz
Dryas octopetala

- immergrüner Zwergstrauch
- strahlend weiße Blüten
- wird 100 Jahre

MERKMALE Rosengewächse *(Rosaceae)*. Immergrün, nur 5–10 cm hoch. Blätter ledrig-runzlig, länglich, 0,5–2,5 cm lang, unten silberweiß filzig behaart. Blüten weiß, 2–4 cm breit, meist mit acht Blütenblättern. Blütezeit Mai bis August, Fruchtreife September/Oktober. **VORKOMMEN** Alpen, Pyrenäen, Karpaten, Apennin, Gebirge der Balkanhalbinsel, Hochgebirge der nördlichen Halbkugel. Meist in 1200–2500 m Höhe. **WISSENSWERTES** Äußerst genügsam, gedeiht auf Kalkschutt und Flusskies, wird bis zu 100 Jahre alt.

1a

1b

2

3

4a

4b

1 Netz-Weide
Salix reticulata

› Kalkanzeiger
› Spalierstrauch
› Blätter netzartig geädert

MERKMALE Weidengewächse *(Salicaceae).* Niederliegend, Äste breiten sich auf dem Boden aus. Blätter 1–3 cm lang, rundlich eiförmig mit tiefer Netzäderung (Name!). Blüten 2 cm lange, aufrechte, rötliche Kolben. Blütezeit Juli/August. **VORKOMMEN** In feucht-kühlen Hochlagen praktisch aller Gebirge der Nordhalbkugel. **WISSENSWERTES** Die Netz-Weide ist mit ihren eng an den Boden gedrückten Zweigen ein typischer »Spalierstrauch«; einen höheren Wuchs erlaubt der extreme Standort nicht: Dem Wind und schweren Schneedecken würden höhere Zweige nicht standhalten.

2 Rostblättrige Alpenrose
Rhododendron ferrugineum

› heimischer Rhododendron
› immergrün
› meidet Kalk

MERKMALE Heidekrautgewächse *(Ericaceae).* Immergrüner, bis 1 m hoher Strauch. Blätter dunkelgrün glänzend, ledrig, bis 4 cm lang. Blüten etwa 1,5 cm groß, tief rosarot, zu sechs bis zehn in Trauben. Blütezeit je nach Höhenlage Mai bis Juli. **VORKOMMEN** Auf sauren Böden in den Alpen, Pyrenäen, dem Apennin, dem Jura, den Karpaten und den Gebirgen des Balkans. Wächst häufig an Gebirgshängen bis etwa 2800 m Höhe. **WISSENSWERTES** In Mitteleuropa sind nur zwei der weltweit etwa 1300 Rhododendron-Arten heimisch.

3 Behaarte Alpenrose
Rhododendron hirsutum

› Kalk liebend
› Blätter am Rand borstig behaart
› hellrosa Blüten

MERKMALE Heidekrautgewächse *(Ericaceae).* Immergrün, bis 1 m hoch, junge Triebe behaart. Blätter grün glänzend, ledrig, bis 3 cm lang, im Unterschied zur Rostblättrigen Alpenrose am Rand borstig behaart. Blüten 1–2 cm groß, hellrosa, zu drei bis zehn zusammenstehend. Blütezeit Mai bis Juli, auch noch bis in den September und später. **VORKOMMEN** Meist über der Baumgrenze, in den Alpen von 600–2500 m Höhe. **WISSENSWERTES** Geschützte Art, auch unter vielen anderen Namen bekannt, z. B. Almrausch oder Bergrose. Kalk liebend.

4 Alpen-Bärentraube
Arctostaphylos alpina

› sommergrüner Bodendecker
› Blätter im Herbst rot
› reife Beeren blauschwarz

MERKMALE Heidekrautgewächse *(Ericaceae).* Sommergrün, kriechend, mit kurzen, aufsteigenden Zweigenden. Blätter schmal, bis 5 cm, lang bewimpert, am Rand scharf gesägt. Blüten 0,5 cm, grünlich weiß bis rötlich, zu zwei bis fünf zusammenstehend. Beeren erst rot, später blauschwarz. Blüht Mai/Juni, Fruchtreife September/Oktober. **VORKOMMEN** Bei uns nur in den Alpen, in sonniger Lage auf kalkarmen Felsböden. **WISSENSWERTES** Im Herbst Blätter leuchtend rot, bleiben bis zum Frühjahr stehen. Früchte werden von Vögeln gefressen, für Menschen ungenießbar.

1

2

3

4a

4b

1 Apollofalter
Parnassius apollo

- »Schneewittchen-Falter«
- fliegt zitternd
- streng geschützt

MERKMALE 5 cm großer Schmetterling mit pergamentartig durchscheinenden Flügeln. Vorderflügel mit vier schwarzen Flecken, Hinterflügel tragen zwei rote Flecken mit schwarzen Rändern. Raupen (links) haarig, schwarz mit einer orangeroten Fleckenreihe an jeder Körperseite. **VORKOMMEN** In felsigen Gebirgen. **LEBENSWEISE** Die Falter fliegen bei schönem Wetter auf blühenden Bergwiesen und saugen Nektar an Disteln. Die Weibchen legen ihre Eier an Weißen Mauerpfeffer oder an Hauswurz-Arten, die Fraßpflanzen ihrer Raupen. Flugzeit Juni bis September. **WISSENSWERTES** »Weiß wie Schnee, rot wie Blut, schwarz wie Ebenholz«, so beschrieb der Schmetterlingsdichter Friedrich Schnack den einst gar nicht so seltenen Apollo. Der schöne Falter reagiert empfindlich auf Umweltveränderungen und ist heute fast überall selten geworden.

2 Alpenbock
Rosalia alpina

- hellblau mit schwarzen Flecken
- mächtige Fühler
- in alten Buchenwäldern

MERKMALE Bis 4 cm langer, prächtig gefärbter Bockkäfer, kräftige, deutlich mehr als körperlange Fühler. Färbung matt hellblau mit schwarzen Flecken, Beine und Fühler ebenso gefärbt. **VORKOMMEN** Lebt in alten Buchenwäldern im Bergvorland und im Gebirge. In Deutschland selten, nur noch an wenigen Stellen der Alpen und der Schwäbischen Alb. **LEBENSWEISE** Die Käfer fliegen an sonnigen Tagen, oft landen sie auf Blüten und fressen Pollen. Ihre Eier legen sie in morsches Buchen- oder Eschenholz. Darin verbringen die geschlüpften Larven drei Jahre und mehr, graben sich eine Erdhöhle zum Verpuppen und sind schließlich »fertige« Käfer. **WISSENSWERTES** Vom Aussterben bedroht, vielerorts verschwunden. Wo er noch vorkommt, lässt er sich durch Fällen und Liegenlassen von Buchen gut vermehren.

3 Alpensalamander
Salamandra atra

- lackschwarz
- nachtaktiv
- gebärt lebende Junge

MERKMALE 10–15 cm langer, meist komplett schwarzer Salamander, gelegentlich mit gelben Flecken. **VORKOMMEN** In den Alpen zwischen 800 und 2000 m Höhe. Bevorzugt feuchte und schattige Orte. **LEBENSWEISE** Geht nachts auf Jagd nach Käfern, Spinnen, Nacktschnecken und Würmern. Versteckt sich tagsüber in Felsspalten oder unter totem Holz. Hält von Oktober bis April Winterruhe in Höhlen und unter Baumstämmen. **WISSENSWERTES** Biologisch sensationell ist seine Fortpflanzung: Anders als beim Rest der Familie, das sind Frösche, Molche und der Feuersalamander, ist er vom Wasser komplett unabhängig. Denn er legt keine Eier ab, sondern trägt seinen Nachwuchs zwei bis drei Jahre lang im Bauch. Dann bringt er komplett »fertige«, 4–5 cm kleine Alpensalamander zur Welt.

1a

1b

2

3

1 Steinadler
116

Aquila chrysaetos

› mächtiger Greifvogel
› segelt hoch in der Luft
› König der Berge

MERKMALE Großer Adler (etwa gänsegroß) mit typischem, vorstehendem Adlerkopf und im Flug langen, schmalen Flügeln. Junge, noch nicht ausgefärbte Steinadler sind mehrere Jahre lang an ihren weißen Feldern auf Flügeln und Schwanz zu erkennen. **VORKOMMEN** Seltener Brutvogel. Bei uns als ganzjähriger Hochgebirgsvogel nur in den Alpen. In Skandinavien brüten noch etliche Steinadler-Paare in ausgedehnten Wäldern. **LEBENSWEISE** Steinadler brauchen viel Platz: 100 km^2 reichen in der Regel gerade einem Steinadler-Paar als Jagdrevier. Sie leben hauptsächlich von Murmeltieren, Schneehasen, jungen Gämsen oder Schafen (auch als Aas) und Vögeln wie Schneehühnern. Die mächtigen Nester liegen auf Vorsprüngen oder in Nischen unzugänglicher Felswände und werden oft über mehrere Jahre bezogen. **WISSENSWERTES** Bedrohter Brutvogel, Störungen führen oft zu Brutverlusten.

2 Wanderfalke
117

Falco peregrinus

› rasanter Vogeljäger
› erreicht bis zu 200 km/h
› von Vogelschützern gerettet

MERKMALE Unser größter, kräftigster Falke, größer als eine Taube. Typisch sind der breite, schwarze Backenbart und im Flug die langen, spitz zulaufenden Flügel. **VORKOMMEN** Bei uns Brutvogel in Felswänden von Mittel- und Hochgebirgen, aber auch an Steilküsten. **LEBENSWEISE** Ausgesprochener Vogeljäger (Haustauben, Stare, Drosseln, Krähen und andere), der in offenen, abwechslungsreichen Landschaften jagt. Baut sein Nest in Felshöhlen und -nischen. **WISSENSWERTES** Die rücksichtslose Verfolgung sowie Störungen an den Brutplätzen brachten den faszinierenden Vogel bei uns an den Rand der Ausrottung. Eine durchgehende Bewachung und Beobachtung der Brutplätze konnten den Wanderfalken in letzter Minute retten. Heute nehmen die Bestände wieder zu.

3 Dreizehenspecht
118

Picoides tridactylus

› trägt kein Rot
› Fichtenspecht
› trinkt Baumsäfte

MERKMALE Etwas kleiner als ein Buntspecht, im Gegensatz zu diesem nur schwarz-weiß, ohne Rot im Gefieder. **VORKOMMEN** In naturnahen Fichtenwäldern (nicht in künstlich angelegten Fichtenschonungen) mit reichlich Totholz, das er zum Brüten und zur Nahrungssuche benötigt. Bei uns Brutvogel in den Alpen, in den Hochlagen des Bayerischen und Böhmerwaldes und auch wieder im Schwarzwald. **LEBENSWEISE** Männchen und Weibchen zimmern sich im Gegensatz zu anderen Spechten jedes Jahr eine neue Höhle, meist in absterbenden Fichten. Picken mit ihren kräftigen Schnäbeln die Larven und Puppen von Bock- und Borkenkäfern unter der Rinde hervor. **WISSENSWERTES** Der Dreizehenspecht schlägt ringförmige Spuren in die Rinde von Fichtenstämmen und trinkt die austretenden Harze.

1a

1b

2

3

1 Alpenschneehuhn

Lagopus muta

119

› kleidet sich passend zur Jahreszeit
› übernachtet in Iglus
› häufig wenig scheu

MERKMALE Etwa halb so groß wie ein Haushuhn. Unterschiedliche Färbung im Jahreslauf, wobei die Flügel immer weiß sind (fällt besonders im Flug auf). Zur Brutzeit ist das Männchen braungrau marmoriert, das Weibchen eher goldbraun, im Winter sind beide schneeweiß (links). Im Frühjahr und Herbst (rechts) sind sie ungleichmäßig gescheckt. **VORKOMMEN** Ganzjährig in den Alpen, über der Baumgrenze. **LEBENSWEISE** Lebt von Trieben, Blättern und Knospen. **WISSENSWERTES** Nur mit Anpassungen können die Vögel den eisigen Winter in unwirtlichen Höhen überstehen: Ihr weißes Gefieder tarnt sie hervorragend in der offenen Landschaft, die befiederten Füße dienen als Schneeschuhe und nachts graben sie sich gegen die Kälte eine bis zu 1 m lange Höhle in den Schnee.

2 Auerhuhn

Tetrao urogallus

120

› poltert beim Auffliegen
› Hähne treffen sich zur Balz
› Laute schleifend, knallend und glucksend

MERKMALE Mächtige Hühner: Das Männchen (rechts) so groß wie ein Truthahn, dunkelgrau und braun gefärbt, das Weibchen (links) etwa gänsegroß und schlicht goldbraun marmoriert. **VORKOMMEN** Bedrohter Brutvogel, braucht ungestörte, naturnahe Nadel- und Mischwälder. **LEBENSWEISE** Ernährt sich vegetarisch von Kiefernnadeln, Knospen, Kräutern und Beeren, im Sommer auch von Ameisen. **WISSENSWERTES** Legendär ist die Auerhahn-Balz: Noch vor Sonnenaufgang treffen sich die Hähne im Frühjahr an traditionellen Balzplätzen und buhlen mit eigenartigen Verhaltensweisen und Tänzen um die Gunst der Weibchen. Mit hochgereckten Köpfen, abgespreizten Flügeln und hoch aufgefächerten Schwanzfedern laufen sie herum und machen merkwürdige Geräusche, die wie das Knallen von Sektkorken, Glucksen und Schleifen klingen.

3 Birkhuhn

Lyrurus tetrix

121

› die Hähne kullern und zischen ganzjährig
› die Hennen brüten und ziehen die Jungen auf
› bedrohte Art

MERKMALE Etwa so groß wie ein Haushuhn, sieht etwa aus wie die kleine Ausgabe des Auerhuhns. **VORKOMMEN** Im Tiefland Brutvogel ausgedehnter Moore und Heiden, hier jedoch fast ausgestorben. In den Alpen Brutvogel der Baumgrenze. **LEBENSWEISE** Birkhühner sind Vögel ohne jede Paarbindung. Die Männchen (rechts) tun das ganze Jahr über praktisch nichts außer zu balzen und entfernen sich dementsprechend auch kaum von ihren gemeinschaftlichen Balzplätzen. Nach der kurzen Begattung baut das Weibchen (links) ein Nest, legt Eier, brütet und zieht schließlich auch die Jungen alleine groß. **WISSENSWERTES** Das zum Balzgesang gehörende, gurgelnd klingende »Kullern« der Hähne hört man im Hochgebirge häufig kilometerweit von schneebedeckten Gipfeln.

1a

1b

2a

2b

3a

3b

1 Alpenbraunelle 122
Prunella collaris

› in Höhen von 1500–3000 m
› im Winter oft an Schutzhütten
› lerchenartiger Trillergesang

MERKMALE Etwas größer als ein Spatz, mit pinzettenartigem Insektenfresserschnabel. Unscheinbar braun und grau gefärbt, aber mit leuchtend rotbraunen Körperseiten. **VORKOMMEN** Häufiger Brutvogel der Alpen, meist oberhalb der Baumgrenze auf schütter bewachsenen alpinen Matten. **LEBENSWEISE** Sucht hauptsächlich am Boden hüpfend nach Nahrung wie Schmetterlingsraupen, Fliegen, Spinnen und auch Sämereien. Das umfangreiche Nest liegt versteckt in Felswänden oder zwischen Steinen. **WISSENSWERTES** Wird häufig für eine Lerche gehalten, weil sie anhaltend melodisch und trillernd singt.

2 Steinschmätzer 123
Oenanthe oenanthe

› steht hoch aufgerichtet
› schwarze Augenbinde
› Gesang kratzend

MERKMALE Etwa spatzengroß, Männchen mit grau-schwarzem Mantel, leicht orange überhauchter Brust und schwarzer Augenbinde. Weibchen bräunlicher mit hellerer Augenbinde. Im Flug fällt bei beiden der Schwanz auf: Er trägt ein schwarzes »T« auf weißem Grund. **VORKOMMEN** In offenen Landschaften mit schütterer Vegetation, Nischen und Sitzwarten, z. B. Kiesgruben, Dünen und im Hochgebirge. **LEBENSWEISE** Ansitzjäger. Erbeutet Insekten, Würmer und Schnecken. **WISSENSWERTES** Sitzt hoch aufgerichtet auf Steinen u. Ä. und wippt mit dem Schwanz.

3 Ringdrossel 124
Turdus torquatus

› »Amsel der Berge«
› im Winter am Mittelmeer
› trägt ein weißes Lätzchen

MERKMALE Wie Amsel mit weißem Lätzchen. **VORKOMMEN** Bei uns Brutvogel der Alpen und höherer Mittelgebirge. Brütet in nadelholzreichen Wäldern. **LEBENSWEISE** Frisst wie die Amsel Regenwürmer, daneben Insekten und im Sommer Beerenfrüchte. Baut ihr recht »schlampiges« Nest in Fichten oder Kiefern, aber auch an Berghütten. **WISSENSWERTES** Oft brüten mehrere Paare dicht nebeneinander. Sie machen sich keine Konkurrenz, da ihre Nahrungsreviere woanders liegen.

4 Schneesperling 125
Montifringilla nivalis

› Spatz der Berge
› im Winter an Berghotels
› bekannt als »Schneefink«

MERKMALE Wie ein großer, langflügliger Spatz. Im Flug fallen die schneeweißen Felder auf Flügeln und Schwanz auf. **VORKOMMEN** Brutvogel der Alpen zwischen Baumgrenze und dem ewigen Schnee in Felsgebieten. **LEBENSWEISE** Frisst im Sommer Insekten und Spinnen, im Winter Sämereien. Brütet häufig gesellig in Felswänden, Steinhaufen, aber auch an Hütten. **WISSENSWERTES** Im Winter in Trupps, dann trifft man Schneesperlinge auf Nahrungssuche an Bergstationen, Berghütten oder Futterplätzen.

1

2

3

4

1 Tannenhäher 126
Nucifraga caryocatactes

› pflanzt Kiefernwälder
› ruft »grrääh«
› lebt im Herbst in Tälern und Gärten

MERKMALE Kleiner als eine Krähe, dunkelbraun mit weißen Punkten. **VORKOMMEN** In Mittel- und Hochgebirgen bis zur Waldgrenze. Brutvogel in Nadelwäldern mit Zirbel-Kiefern, auch in Fichtenwäldern mit reichlich Haselsträuchern in der Nähe. **LEBENSWEISE** Ernährt sich hauptsächlich von Baumsamen und Früchten, im Sommer auch von Insekten oder Aas. Für sein Vorkommen von entscheidender Bedeutung sind die großen Samen der Zirbel-Kiefer oder ersatzweise Haselnüsse. Zwischen 50 000 und 100 000 vergräbt er davon jeden Herbst als Wintervorrat. **WISSENSWERTES** Der Tannenhäher ist von nicht zu unterschätzender Bedeutung für die Forstwirtschaft. So entstehen rund 80 % des Jungwuchses in Zirbel-Kiefernwäldern dadurch, dass Tannenhäher nur einen Teil ihrer Wintervorräte an Zirbelnüsschen wiederfinden!

2 Alpendohle 127
Pyrrhocorax graculus

› gesellig und oft futterzahm
› lernfähig und schlau
› fliegt spielend 200 km/h

MERKMALE Kleiner als eine Krähe, ganz schwarz mit gelbem Schnabel und roten Beinen. **VORKOMMEN** Häufiger Brutvogel der Alpen oberhalb der Baumgrenze. **LEBENSWEISE** Brütet einzeln in steilen Felswänden, Mauerlöchern von Ruinen, auch auf Dachböden. Sofort nach dem Ausfliegen der Jungen schließen sich die für ihre Geselligkeit bekannten Vögel schnell zu Schwärmen zusammen und suchen gemeinsam nach Nahrung. Das sind Insekten, Spinnen und Würmer, aber auch Jungvögel. In zunehmendem Maße stehen auch Abfälle und Lebensmittelreste auf ihrem Speiseplan. **WISSENSWERTES** Dohlen sind für ihre Schläue bekannt, das gilt auch für Alpendohlen. So finden sie sich pünktlich nach der Pause auf Schulhöfen ein, um die Reste des Pausenbrotes zu ergattern, und richten sich sogar nach den Ankunftszeiten der Bergbahnen im Gipfelbereich.

3 Kolkrabe 128
Corvus corax

› Flugruf tief »kork«
› akrobatische Flugspiele
› heute wieder häufiger

MERKMALE Mächtiger Krähenvogel, größer als ein Bussard. Glänzend schwarz mit sehr kräftigem Schnabel und dick wirkendem Hals. Segelt wie ein Greifvogel, der keilförmige Schwanz ist dann ein wichtiges Erkennungsmerkmal. **VORKOMMEN** Im Tiefland in Wäldern und in felsigen Gebirgslandschaften. **LEBENSWEISE** Brütet auf hohen Bäumen oder in Felswänden. Frisst hauptsächlich Aas, schlägt aber auch in Gemeinschaftsjagden junge Hasen und Rehe. Zur Nahrungssuche auch auf Müllkippen. **WISSENSWERTES** Fast ausgerottet war der Kolkrabe in Mitteleuropa bis zur Mitte des 20. Jahrhunderts in den Mittelgebirgen und im Tiefland. Seit er nicht mehr direkt verfolgt wird (Abschuss, Zerstörung der Nester), breitet er sich durch weit umherstreifende Jungvögel wieder aus.

1

2

3

1 Schneehase
Lepus timidus

- im Winter weiß
- gräbt Schneetunnel
- häufige Beute des Steinadlers

MERKMALE Größe zwischen Kaninchen und Feldhase. Fell im Sommer (rechts) bräunlich grau, im Winter (links) reinweiß. Ohrenspitzen immer schwarz, Schwanz immer weiß. **VORKOMMEN** In Nadelwäldern, Lawinenstrichen und Kahlschlägen der Alpen von ungefähr 1300–3000 m Höhe. **LEBENSWEISE** Der Schneehase ist in der Nahrungswahl anspruchsloser als der Feldhase. Im Sommer frisst er Kräuter, Knospen, Gräser und Beeren, im Winter genügen ihm Zweige, Flechten und Rinde. **WISSENSWERTES** Der kräftigere Feldhase verdrängt seinen Nahrungskonkurrenten aus Gebieten, in denen er selbst vorkommen kann. So bleiben dem Schneehasen nur karge Lebensräume. Mit seinem weißen Fell und breiten, spreizbaren Pfoten (»Schneeschuhen«) ist er aber hervorragend an kalte, schneereiche Winter angepasst.

2 Alpen-Murmeltier 129
Marmota marmota

- verschläft den Winter
- lebt in Kolonien
- gebietsweise sehr zutraulich

MERKMALE Etwa hasengroß, typisch sind der kurze Kopf mit winzigen Ohren und der kurze, buschige Schwanz. **VORKOMMEN** Auf offenen Almen und Felsregionen zwischen 1000 und 3000 m Höhe, sofern der Boden das Graben von Bauen zulässt. **LEBENSWEISE** Lebt gesellig in unterirdischen, weit verzweigten Bauen. Diese enthalten Wohn-, Schlaf- und Fluchtkammern und können bis zu 3 m tief sein. Oft sieht man einzelne Tiere am Eingang Wache stehen, wobei sie »Männchen« machen. Als Nahrung dienen Gräser, Knospen, Kräuter und Wurzeln. **WISSENSWERTES** Im Oktober ziehen sich die Familien in ihre Baue zurück. Hier kuscheln sie sich in Schlafkesseln eng aneinander und halten Winterschlaf, bis das Wetter besser wird (meist bis April).

3 Luchs 130
Lynx lynx

- schäferhundgroße Katze
- überall selten
- für den Menschen völlig ungefährlich

MERKMALE Etwa so groß wie ein Deutscher Schäferhund, typisch sind der kurze Stummelschwanz und die Pinselohren. **VORKOMMEN** Ausgedehnte Wälder und Hochgebirge. **LEBENSWEISE** Einzelgängerisch, versteckt und heimlich. Pirscht sich an Rehe, Gämsen und Schneehasen heran und tötet sie mit einem Biss in die Kehle. Ruht tagsüber in Fels- und Baumhöhlen, hier bringen Muttertiere auch ihre Jungen zur Welt, die sie wahrscheinlich alleine großziehen. Nach einem Jahr verlassen die Jungluchse die Mutter und gründen eigene Reviere. **WISSENSWERTES** Da der Luchs immens große Reviere bewohnt (etwa 100–300 km^2), ist er selten. Außerdem ist er fast überall in Mitteleuropa ausgerottet worden. Versuche, ihn wieder anzusiedeln, sind zum Teil erfolgreich. Luchse entnehmen ihrem Revier pro Jahr etwa ein Reh pro Quadratkilometer. Zum Vergleich: Jäger erlegen die drei- bis fünffache Zahl.

1a

1b

2

3a

3b

1 | Mufflon 131
Ovis aries musimon

› Wildschaf
› schneckenförmige Hörner
› fast überall ausgesetzt

MERKMALE Ist etwas kleiner als die meisten Hausschaf-Rassen. Männchen (rechts) mit bis zu 80 cm langen, schneckenförmigen Hörnern, Weibchen (links) hornlos oder höchstens mit kurzen Hörnern. **VORKOMMEN** Ursprünglich in offenen Gebirgslandschaften auf den Inseln Korsika und Sardinien beheimatet, in Mitteleuropa vielerorts als Jagdwild ausgesetzt. Reinrassige Mufflons trifft man nur selten an, da sie sich mit Hausschafen vermischen. **LEBENSWEISE** Leben in kleinen Rudeln, klettern und springen viel und gern. Ernähren sich genügsam von Gräsern, Kräutern, Knospen, Laub und Baumfrüchten wie Eicheln, Bucheckern und Kastanien. **WISSENSWERTES** Bei Rangkämpfen krachen die Widder mit Anlauf mit ihren Hörnern aneinander. Dies wird von den Jungwiddern schon früh spielerisch nachgeahmt.

2 | Alpensteinbock 132
Capra ibex

› lange, säbelartige Hörner
› an steilen Hängen
› nur in den Alpen

MERKMALE So groß wie eine Ziege, aber kräftiger und mit langen, säbelartig nach hinten gebogenen Hörnern (beim Männchen bis zu 1 m lang). **VORKOMMEN** In den Alpen oberhalb der Baumgrenze in 2500–3500 m Höhe. Im Winter an steilen, schneefreien Südhängen. **LEBENSWEISE** Klettert und springt an steilen und felsigen Hängen, wo er sich von Gräsern, Kräutern, Jungtrieben und Flechten ernährt. Lebt außerhalb der Paarungszeit (im Dezember und Januar) in getrennten männlichen und weiblichen Herden. **WISSENSWERTES** Durch Überjagung wurde der Alpensteinbock fast ausgerottet. Nur im italienischen Gran-Paradiso-Nationalpark überlebten einige Herden. Von diesen aus wurde der Alpensteinbock in vielen Gebirgsstöcken der Alpen wieder ausgesetzt.

3 | Gämse 133
Rupicapra rupicapra

› kurze, hakenförmige Hörner
› Männchen mit Gamsbart
› auch in Mittelgebirgen

MERKMALE Ziegenähnlich, beide Geschlechter mit kurzen, dünnen Hörnern, die am Ende hakenartig nach hinten gebogen sind. **VORKOMMEN** In Hochgebirgen wie den Alpen, eingebürgert auch in Mittelgebirgen wie dem Schwarzwald und der Sächsischen Schweiz. Im Sommer oberhalb der Baumgrenze, im Winter darunter. **LEBENSWEISE** Klettert in offenem und felsigem Gelände, wo sie Kräuter, Gräser, Knospen und Beeren frisst. Weibliche Gämsen leben mit ihren Jungen in großen Rudeln, die Böcke leben in kleinen Gruppen oder allein. Im Winter gesellen sich die Böcke zu den Weibchen und kämpfen mit kräftezehrenden Hetzjagden um deren Gunst. **WISSENSWERTES** Als »Gamsbart« bezeichnet man die bis zu 25 cm langen Haare entlang Nacken und Rücken der Männchen. Während ihrer Rangkämpfe stellen sie ihn auf, um größer zu erscheinen.

1a

1b

2

3

Lebensraum
—— Küste

1 Sägetang
Fucus serratus

- olivgrün
- am Rand scharf gesägt
- vielfach verzweigt

MERKMALE Braunalgen *(Phaeophyceae)*. Groß, bis 1 m lang, olivgrün oder schwarzgrün mit gesägtem Rand. Die Zweige sind flach und mehrfach gegabelt. **VORKOMMEN** In Ost- und Nordsee sowie an den Atlantikküsten; fehlt im Mittelmeer. Wächst in dichten Beständen in 1–5 m Tiefe auf Felsen und Steinen. **WISSENSWERTES** Unter den dichten Vorhängen des Sägetangs gedeihen Rotalgen, dazwischen finden zahlreiche Meerestiere Schutz. Auf den Zweigen leben Moostierchen, Röhrenwürmer und winzige Polypen.

2 Zuckertang
Saccharina latissima

- Zutat für Speiseeis und Schaumgummi
- bis zu 5 m lang
- krallenartiger »Fuß«

MERKMALE Braunalgen *(Phaeophyceae)*. Sehr große, bis zu 5 m lange und 10–30 cm breite, unverzweigte Alge. Gelb-bräunlich und mit krallenartiger Wurzel am Untergrund verankert. **VORKOMMEN** Auf felsigem Untergrund in Ost- und Nordsee sowie an den Atlantikküsten. **WISSENSWERTES** Zuckertang hat seit alters große wirtschaftliche Bedeutung. Angespülte Tange wurden gesammelt oder bei Ebbe an ihren Wuchsorten geerntet. Die Verwendung reicht vom Dünger über Emulgatoren und Geliermittel (Speiseeis, Sülzen) bis zur Herstellung von Schaumgummi und Papier.

3 Roter Horntang
Ceramium virgatum

- wächst buschig
- perlschnurartig geringelt
- häufig in Kosmetika enthalten

MERKMALE Rotalgen *(Rhodophyceae)*. Buschig, feingliedrig, rot, bis 30 cm groß. Typisch ist die perlschnurartige Ringelung. **VORKOMMEN** Häufige Rotalge in Ost- und Nordsee sowie im Atlantik. Wächst auf Steinen oder anderen Algen bis in 20 m Tiefe. **WISSENSWERTES** Rotalgen sind für den Menschen von wirtschaftlicher Bedeutung: Ihre Zellen enthalten Pektinstoffe (z. B. Agar), die industriell bei der Lebensmittelherstellung, zum Kochen und in Kosmetika verwendet werden.

4 Meersalat
Ulva lactuca

- ähnelt Blattsalat
- essbar
- oft an Molen und Klippen

MERKMALE Grünalgen *(Chlorophyceae)*. Grün, bis 80 cm hoch, erinnert an Blattsalat. Seine Blätter sind oft in Lappen und Buchten aufgeteilt, wellig und sitzen mit einem kurzen Stiel am Untergrund fest. Häufig treiben auch losgerissene Blätter frei im Wasser. **VORKOMMEN** Sehr häufige Alge in Ost- und Nordsee, im Atlantik und im Mittelmeer. Wächst auf größeren Steinen und auf Fels bis in etwa 15 m Tiefe. **WISSENSWERTES** Meersalat erhielt seinen Namen zunächst, weil er wie Salat aussieht, erst später stellte sich heraus, dass er tatsächlich essbar ist. Er ist vitaminreich.

1

2

3

4

1 Stranddistel
Eryngium maritimum

› blaue Blütenkugeln
› Blätter stechen
› streng geschützt

MERKMALE Doldengewächse *(Apiaceae).* 20–70 cm hohe, oben stahlblau überlaufene und sehr stechende Pflanze. Blätter bläulich grün, tief dreigeteilt und mit langen, stacheligen Spitzen. Zahlreiche, 4 mm kleine, blauviolette Blüten, zu 1–2 cm großen Köpfchen. Blütezeit Juni bis September. **VORKOMMEN** Dünen an Ost- und Nordsee. Nur noch an vereinzelten Standorten. **WISSENSWERTES** Die Stängel und Blätter der Stranddistel sind mit einer wachsartigen Schicht überzogen. Sie schützt die Pflanze vor Sandstürmen, Salzduschen und Austrocknung. Badebetrieb und Pflücken haben die stachelige Schönheit selten werden lassen. Streng geschützt.

2 Meersenf
Cakile maritima

› hellviolett, auf dem Strand
› fleischige Blätter
› oft in Massen

MERKMALE Kreuzblütlergewächse *(Brassicaceae).* 10–50 cm hoch, ästig ausgebreitet mit dickfleischigen, graugrünen Stängeln und Blättern. Blätter meist gefiedert. Blüten etwa 0,5 cm groß, aus vier hellvioletten Blütenblättern. Blütezeit Juli bis September. **VORKOMMEN** Einzige hellviolett blühende Pflanze, die direkt auf dem Sandstrand wächst. **WISSENSWERTES** Naher Verwandter des gelb blühenden Schwarzen Senfs *(Brassica nigra),* dessen Samen Sinigrin und Sinapin enthalten und zur Senfherstellung dienen.

3 Queller
Salicornia europaea

› dickfleischig
› wächst auf Schlick
› im Herbst leuchtend rot

MERKMALE Gänsefußgewächse *(Chenopodiaceae).* 5–30 cm hoch und nur aus dicklichen, gelenkartig eingeschnürten Stängeln bestehend. Die Blätter sind zu winzigen Schuppen zurückgebildet. Blüten winzig und unscheinbar. Blütezeit August bis Oktober, dann verfärbt sich die ganze Pflanze leuchtend rot. **VORKOMMEN** Auf schlickigen Böden, typische Pflanze des Wattenmeeres. **WISSENSWERTES** Der Queller ist gut an den salzigen Lebensraum angepasst: Er verträgt Salzkonzentrationen von bis zu 12 %.

4 Strand-Grasnelke
Armeria maritima

› rosafarbene Blütenköpfchen
› Blätter wie Gras
› auf salzigen Küstenwiesen

MERKMALE Bleiwurzgewächse *(Plumbaginaceae).* 15–40 cm hoch mit 1,5–2 cm großen, rosafarbenen Blütenköpfen und grasartigen, bis 12 cm langen Blättern, die alle am Grund wachsen. Blütezeit Mai bis September. **VORKOMMEN** Auf salzigen Küstenwiesen und sandigen Rasen. **WISSENSWERTES** Es gibt etliche Kleinarten. Sie sind kaum voneinander zu unterscheiden. Strand-Grasnelken sind sehr genügsam und besiedeln ganz unterschiedliche Lebensräume wie Hochgebirge, Sandrasen und trockene Kiefernwälder.

1

2

3

4

1 | Strandflieder
Limonium vulgare

› Flieder der Strandwiesen
› heute selten
› streng geschützt!

MERKMALE Bleiwurzgewächse *(Plumbaginaceae).* 20–50 cm hoch mit dekorativen, fliederfarbenen Blütenähren. Blätter ledrig, bis 20 cm lang und in einer Stachelspitze endend. Blüht Juli bis September. **VORKOMMEN** Auf küstennahen, salzigen Wiesen. **WISSENSWERTES** Durch Eindeichungen und intensive Beweidung ist der einst häufige Strandflieder heute zur Besonderheit auf küstennahen Salzwiesen geworden und wächst fast nur noch in Schutzgebieten. Bitte nicht pflücken!

2 | Strand-Aster
Tripolium pannonicum

› Aster der Küsten
› braucht salzige Böden
› Blütenpracht in Gelb und Lila

MERKMALE Korbblütengewächse *(Asteraceae).* 20–60 cm hoch mit zahlreichen, 2–2,5 cm großen Blüten an jedem Stängel. Blüten innen gelb, außen lila. Blätter schmal und fleischig dicklich. Blütezeit Juni bis Oktober. **VORKOMMEN** Nur auf salzigen, nassen Böden. Auf küstennahen Salzwiesen und an Flussmündungen. **WISSENSWERTES** Mit ihren Blüten sprenkelt die Strand-Aster im Spätsommer mäßig beweidete Salzwiesen gelb und lila. Da sie auf salzige Böden angewiesen ist, eignet sie sich nicht für Gärten.

3 | Strand-Kamille
Tripleurospermum maritimum

› duftet kaum
› Blätter fleischig
› wächst auf Strandwällen

MERKMALE Korbblütengewächse *(Asteraceae).* 10–50 cm hoch mit ausgebreiteten, erst an den Enden aufsteigenden Stängeln. Blüten groß, bis etwa 5 cm breit, innen gelbe Röhrenblüten, außen weiße Zungenblüten. Blätter fiederteilig und etwas fleischig. Blütezeit Juli bis Oktober. **VORKOMMEN** Auf Strandwällen und meernahen Felsen. **WISSENSWERTES** Blüten duften beim Zerreiben nur schwach nach Kamille. Gelegentlich wird die Strand-Kamille mit der Geruchlosen Kamille *(T. inodorum)* zu einer Art zusammengefasst. Diese wächst auf Ödland und hat keine fleischigen Blätter.

4 | Strand-Beifuß
Artemisia maritima

› weißfilzig
› duftet betörend
› »Strand-Wermut«

MERKMALE Korbblütengewächse *(Asteraceae).* 30–60 cm hoch und auffällig gefärbt: Stängel und Blätter schimmern durch einen Filz weißer Haare schon von Weitem weißbläulich. Blätter mehrfach gefiedert, Blüten klein und gelb. Blütezeit August bis Oktober. **VORKOMMEN** Braucht salzige, feuchte Böden, auf küstennahen Wiesen. **WISSENSWERTES** Wird auch Strand-Wermut genannt; Blätter enthalten ätherische Öle, beim Zerreiben riechen sie aromatisch nach Wermut. Der weiße Filz ist eine Anpassung an den windigen, salzigen Lebensraum: Er schützt Blätter und Stängel vor dem Austrocknen.

1

2

3

4

1 Strandhafer
Ammophila arenaria

- graugrünes Gras
- Blätter meist eingerollt
- festigt Dünen

MERKMALE Süßgräser *(Poaceae).* 0,5–1 m hohes, graugrünes Gras mit sehr schmalen, meist eingerollten Blättern. Blüten in einer 10–20 cm langen, sehr schmalen Ähre. Blütezeit Juni bis August. **VORKOMMEN** Bildet dichte Rasen in Dünen und am Sandstrand. **WISSENSWERTES** Mit seinem reich verzweigten, tief reichenden Wurzelwerk hält der Strandhafer lose Dünenanwehungen fest und nimmt selbst Übersandungen nicht krumm: Dann wächst er einfach nach oben weiter. Wird häufig zur Dünenbefestigung angepflanzt. An Strand und Dünen verbreitet ist außerdem der Strandroggen *(Elymus arenarius).* Er wächst in dichten 70–150 cm hohen Horsten, seine Blätter sind blaugrün, etwa 1–2 cm breit und stechend zugespitzt.

2 Sanddorn
Hippophae rhamnoides

- vitaminreiche Früchte
- dornig mit silbrigen Blättern
- Pionier in den Dünen

MERKMALE Ölweidengewächse *(Elaeagnaceae).* Sommergrüner, dorniger Strauch, kann aber auch bis zu einem 10 m hohen Baum heranwachsen. Blätter 1–6 cm lang und 3–10 mm breit, silbrig behaart. Blüten unscheinbar und winzig, in kleinen Trauben an den Ästen. Es gibt rein männliche und rein weibliche Sträucher, die Bestäubung erfolgt durch den Wind oder durch Insekten. Die Früchte sind kugelig, etwa 8 mm im Durchmesser und auffallend orange gefärbt. Blütezeit März/April, Fruchtreife September. **VORKOMMEN** In Europa und Kleinasien heimisch, bei uns häufig an den Küsten von Nord- und Ostsee und im Alpenraum. Liebt sand- oder kieshaltige, vom Grundwasser beeinflusste Böden. **WISSENSWERTES** Die orangefarbenen Früchte des Sanddorns sind essbar. Sie schmecken außerordentlich sauer und enthalten viele Vitamine. Sie sind auch zu Sanddornsaft verarbeitet erhältlich.

3 Schwarze Krähenbeere
Empetrum nigrum

- Zwergstrauch in Dünen und Heiden
- nadelförmige Blätter
- schwarze Früchte, essbar

MERKMALE Heidekrautgewächse *(Ericaceae).* Immergrüner, 20–40 cm hoher Zwergstrauch, kriecht und bildet Teppiche. Seine Laubblätter wirken dadurch, dass sie nach unten eingerollt sind, nadelförmig. Sie sind 5 mm lang und etwa 1 mm breit. Die Blüten sind rötlich, unscheinbar und häufen sich an den Zweigenden. Auffällig sind die kugeligen, schwarz glänzenden, 6–8 mm großen Früchte. Blütezeit Mai/Juni, Fruchtreife August/September. **VORKOMMEN** In Dünen und Heiden an Nord- und Ostsee sowie in den Alpen. **WISSENSWERTES** Die Früchte wurden lange Zeit fälschlicherweise als giftig angesehen. Nach Frosteinwirkung sind sie jedoch genießbar, schmecken ähnlich sauer wie Preiselbeeren und lassen sich dann sowohl roh verzehren als auch zu Marmelade verarbeiten.

1

2

3

1 Ohrenqualle
Aurelia aurita

› ein Tier wie Wackelpudding
› oft in Massen angespült
› für Menschen harmlos

MERKMALE Bis 30 cm großes Tier, gleicht einem durchsichtigen Regenschirm. Der Mund auf der Unterseite ist von vier kräftigen Fangarmen und zahlreichen, dünnen Tentakeln umgeben. **VORKOMMEN** Häufig in Nord- und Ostsee. **LEBENSWEISE** Schwimmt frei im Meer und lähmt mit Nesselzellen auf ihren Tentakeln kleine Fische und Meerestierchen. Mit ihren Armen fängt sie die gelähmten Opfer. **WISSENSWERTES** Unangenehm für Badende sind Begegnungen mit ihrer Verwandten, der rotbraunen Feuerqualle *(Cyanea capillata)*. Ihre Tentakel werden bis zu 10 m lang und verursachen Verbrennungen auf der Haut.

2 Dickhörnige Seerose
Urticina felina

› gefräßiges Blumentier
› für Menschen harmlos
› häufig in Felstümpeln

MERKMALE Keine Pflanze, sondern ein »Raubtier«! Bis 15 cm hoch, wie ein kleiner Baum gewachsen. Die mehr als 150 »Äste« sind mit Nesselzellen besetzte Fangarme. An ihrem Grund liegt der Mund. Färbung rot, grün, gelb oder blau, auch gemustert. **VORKOMMEN** Auf felsigen Gründen in Nord- und Ostsee. Oft in zeitweise trockenfallenden Tümpeln der Gezeitenzone. **LEBENSWEISE** Fängt mit den Tentakeln Würmer, Muscheln und Krebse. **WISSENSWERTES** Oft in Meeresaquarien gezeigt.

3 Wellhornschnecke
Buccinum undatum

› Schnecke mit langem Rüssel
› bis 10 cm groß
› »Müllabfuhr des Meeres

MERKMALE Bis 10 cm groß, weißliches oder graugelbliches Gehäuse, dessen letzte Umdrehung sehr groß ist. Die Schnecke selbst ist weiß mit schwarz gesprenkeltem Fuß. **VORKOMMEN** In Nord- und Ostsee vom Flachwasser bis in 100 m Tiefe. **LEBENSWEISE** Frisst Aas, aber auch lebende Tiere. Stößt dazu ihren langen, ausstülpbaren Rüssel zwischen Muschelschalen. Mit einer Raspelzunge am Rüsselende schabt sie die Muscheln leer. **WISSENSWERTES** Im Spülsaum findet man oft ihre leeren Eiballen.

4 Gemeine Strandschnecke
Littorina littorea

› dickwandige Häuser
› oft in Massen an Felsen
› essbar

MERKMALE 2–4 cm groß, dickes, zugespitztes Gehäuse. Graugrün, gelblich oder bräunlich mit helleren Längsstreifen. **VORKOMMEN** An sandigen und felsigen Küsten von Nord- und Ostsee. **LEBENSWEISE** Raspelt mit ihrer Zunge Algenbeläge von der Oberseite von Steinen ab. Kann mit einer Hornplatte ihr Haus verschließen und übersteht so auch längeres Trockenfallen. **WISSENSWERTES** Die Schnecke ist essbar, das wussten schon unsere Vorfahren: Ihre Schalen fand man an steinzeitlichen Kochplätzen.

1

2

3a

3b

4a

4b

1 Schiffsbohrwurm
Teredo navalis

- › eine Muschel, die bohrt
- › frisst Holz
- › zerstört hölzerne Schiffe und Stege

MERKMALE Etwa 20 cm lange Muschel (kein Wurm!), deren Schale nur noch aus zwei winzigen, etwa 1 cm langen Resten besteht. **VORKOMMEN** Lebt in jeder Art von Holz, das im Meereswasser mit einem Salzgehalt von 9–35 ‰ liegt, steht oder schwimmt. **LEBENSWEISE** Ihre zwei kleinen Schalen sind so konstruiert, dass sich die Muschel damit regelrecht in Holz hineinbohren kann. Die Holzspäne dienen dem genügsamen Tierchen als Nahrung. Sie gräbt sich so bis zu 60 cm tiefe Gänge, die sie mit einer Kalkschicht auskleidet. Den Eingang kann sie mit kleinen Kalkplatten verschließen und überlebt so auch längere Trockenzeiten. **WISSENSWERTES** Der Schiffsbohrwurm richtet verheerende Schäden (von außen oft nicht sichtbar) an Hafenmolen und Schiffen an.

2 Essbare Miesmuschel
Mytilus edulis

- › blauschwarz bis violett
- › bildet Miesmuschel-Bänke
- › eine nicht ungiftige Delikatesse

MERKMALE Meist 6–8 cm große, blauschwarze bis violette Muschel, glänzt innen wie Perlmutt. **VORKOMMEN** In großen Kolonien auf dem Meeresboden von Nord- und Ostsee. **LEBENSWEISE** Die Muscheln heften sich mit sehr klebrigen Fäden am Untergrund fest. So bilden sie, über- und untereinander liegend, riesige Muschelbänke aus Abertausenden von Tieren. Sie filtrieren pausenlos das Wasser durch und ernähren sich von darin schwebenden, winzigen Teilchen. Ihre Eier und Samen geben sie einfach ins Wasser ab. Aus den befruchteten Eiern schlüpfen winzige Schwimmlarven, die sich wieder festsetzen. **WISSENSWERTES** Miesmuscheln sind leckere und begehrte Speisemuscheln. Da sie aber nicht nur Wasser filtrieren, sondern auch darin gelöste, giftige Schwermetalle anreichern, sollte man sie nicht zu häufig essen.

3 Amerikanische Scheidenmuschel
Ensis directus

- › Schalen wie eine Messerscheide
- › kann schwimmen und auch graben
- › aus Amerika eingewandert

MERKMALE Meist bis 16 cm lange Muschel. **VORKOMMEN** In Sandböden der Nordsee (und in der westlichen Ostsee). **LEBENSWEISE** Sie ist bei Weitem nicht so unbeweglich, wie man sich eine Muschel vorstellt. Mit ihrem muskulösen Fuß vermag sie sich flink im Sand einzugraben, und wenn sie ihre Schalen heftig bewegt, schwimmt sie sogar im Wasser. Sie lebt senkrecht eingegraben im Sand, sodass nur noch eine Art Schnorchel herausschaut. Damit saugt sie Wasser ein, filtert Nahrungspartikel heraus und prustet das Restwasser wieder heraus. **WISSENSWERTES** Die Amerikanische Scheidenmuschel stammt ursprünglich aus Nordamerika und ist wahrscheinlich in den 1970er-Jahren mit Schiffen nach Europa gelangt. Hier konnte sie schnell Fuß fassen und ist heute regelmäßig an der Nordsee zu finden.

1a

1b

2

3

1 Europäische Auster
Ostrea edulis

- › Delikatesse
- › lebt in großen Kolonien
- › in Muschelfarmen gezüchtet

MERKMALE 10–15 cm große, fast kreisrunde, sehr dicke Schalen mit kräftiger Riffelung. Schmutzig weiß bis graubraun gefärbt, gelegentlich auch rötlich. **VORKOMMEN** Braucht einen Salzgehalt von mindestens 19‰ und kommt daher bei uns nur in der Nordsee vor, nicht aber in der Ostsee. **LEBENSWEISE** Austern leben festgeheftet an Steinen oder Pfählen. Die kleinen Larven schwimmen kurz umher und setzen sich dann fest. **WISSENSWERTES** Um sich fortzupflanzen, brauchen Austern im Sommer Wassertemperaturen von mehr als 15 °C. So werden sie in unseren Gewässern meist nicht geschlechtsreif. Deshalb werden Larven importiert und in Muschelfarmen ausgesetzt. Es gibt aber auch kleinere, natürliche Bestände. Die meisten natürlichen Austernbänke der Nordsee wurden durch Überfischung und Verschmutzung vernichtet.

2 Essbare Herzmuschel
Cerastoderma edule

- › kann bis zu einem halben Meter »springen«
- › atmet über Schnorchel
- › essbar

MERKMALE Ihre Schalen werden etwa 5 cm groß, sie kann gräulich weiß, gelblich, aber auch bläulich gefärbt sein. Vorkommen Sehr weit verbreitet, da sie auch in brackigem Wasser leben kann. Bei uns häufige Muschel in Nord- und Ostsee. **LEBENSWEISE** Lebt eingegraben in sandigen und schlammigen Böden. Streckt zwei Schnorchel ins Wasser: einen zum Wasser-Einsaugen, einen zum Herausprusten. Zwischenzeitlich entzieht sie dem Wasser Sauerstoff und filtert Nahrungspartikelchen heraus. **WISSENSWERTES** Die Muschel besitzt einen muskulösen Fuß, den sie aus der Schale herausstreckt. Stemmt sie sich damit in den Boden und stößt sich mit einem Ruck ab, springt sie bis zu einem halben Meter weit.

3 Gemeiner Tintenfisch
Sepia officinalis

- › sehr intelligent
- › Schnabel papageiartig
- › spritzt Tinte

MERKMALE Bis 60 cm langer Tintenfisch, der am Kopf zehn Arme hat: zwei lange und acht kurze. Sie sind mit kräftigen Saugnäpfen ausgestattet. Der Rest des Körpers ist nur ein schlaffer Sack mit einem Flossensaum am Rand. Wird bis zu 5 kg schwer. **VORKOMMEN** In der Nordsee auf sandigem Grund und zwischen Seegräsern. **LEBENSWEISE** Geht nur nachts auf Jagd. Greift mit seinen Fangarmen Fische, Krebse sowie Muscheln, während eine Art Papageischnabel am Grund der Arme Stücke aus dem Opfer reißt. Er entflieht selbst Feinden, indem er schwarze Tinte verspritzt (Name!). **WISSENSWERTES** Tintenfische sind keine Fische, sondern eher »Tintenschnecken«, denn sie gehören in die Verwandtschaft der Schnecken und Muscheln. Außerordentlich leistungsfähig ist ihr hochentwickeltes Nervensystem, weshalb die Tiere als sehr intelligent gelten.

1

2

3

1 Gemeine Seepocke
Semibalanus balanoides

- › verpacktes Krebschen
- › Spritzwasser genügt ihr zum Leben
- › häufig an Steinmolen

MERKMALE 0,5–1,5 cm großer Krebs von ungewöhnlicher Gestalt: Sein ganzer Körper ist in einem Berg aus sechs weißlich grauen Kalkplatten verborgen, nur seine Arme gucken heraus. **VORKOMMEN** In Nord- und Ostsee häufig. **LEBENSWEISE** Lebt festgeheftet auf Gegenständen im Wasser, sogar auf Tieren wie Walen. Am Ufer wird sie oft nur vom Spritzwasser erreicht, selbst das genügt ihr zum Leben. Frisst Schwebteilchen, die an den Fangarmen hängen bleiben. **WISSENSWERTES** Seepocken überstehen Trockenzeiten, indem sie ihren Kalkpanzer dicht machen.

2 Nordseegarnele
Crangon crangon

- › bekannt als »Krabbensalat«
- › mit Krabbenkuttern gefischt
- › nur nachts aktiv

MERKMALE Bis 7 cm großer, länglicher, durchsichtiger Krebs mit krebstypischem, gepanzertem Körper. **VORKOMMEN** In Flachwassergebieten von Nord- und Ostsee. **LEBENSWEISE** Ruht tagsüber kaum sichtbar am Meeresboden, geht nur nachts auf Beutefang. Jagt Würmer, Schnecken und kleine Krebse. **WISSENSWERTES** Ein typischer Anblick an der Nordsee sind die Krabbenkutter mit ihren Schleppnetzen. Sie fangen ausschließlich Nordseegarnelen. Die großen Weibchen werden als »Nordseekrabben« verkauft, die kleinen Männchen zu Fischmehl verarbeitet.

3 Gemeiner Einsiedlerkrebs
Pagurus bernhardus

- › lebt in Schneckenhäusern
- › zieht regelmäßig um
- › mit mächtigen Scheren

MERKMALE Etwa 10 cm großer, gelboranger Krebs, der in Schneckenhäusern wohnt und diese stets mit sich herumschleppt. Darin verbirgt er seinen weichhäutigen Hinterleib. Aus dem Haus ragen Kopf, Vorderbeine und die mächtigen Scheren. **VORKOMMEN** Auf Sand- und Felsböden in Nord- und Ostsee. **LEBENSWEISE** Fängt Schnecken, Würmer und andere Kleintiere, frisst auch Aas. **WISSENSWERTES** Wird sein Schneckenhaus zu klein, krabbelt er in ein nächstgrößeres hinein.

4 Gemeine Strandkrabbe
Carcinus maenas

- › immer im Seitwärtsgang
- › knackt Muscheln
- › gräbt sich bei Ebbe ein

MERKMALE Etwa 8 cm großer Krebs mit fünf Beinpaaren und breitem Rückenpanzer, der am Vorderrand gezähnelt ist. Das erste Beinpaar trägt Kneifscheren. **VORKOMMEN** In Nord- und Ostsee häufig. **LEBENSWEISE** Bei Ebbe vergräbt sie sich im Meeresboden oder versteckt sich in Felsnischen. Erbeutet bei Flut Fische, Muscheln und Krebse, frisst auch Aas. **WISSENSWERTES** Wandert nachts auf der Suche nach Fressbarem über den Strand. Bewegen sich im Seitwärtsgang vorwärts.

1

2

3

4

1 Wattwurm
Arenicola marina

- › Charakterwurm des Watts
- › frisst Sand
- › hinterlässt auffällige »Sandwürstchen«

MERKMALE Bis 30 cm langer, kräftiger, rotbrauner, geringelter Wurm. **VORKOMMEN** In der Nordsee sowie in der westlichen Ostsee. **LEBENSWEISE** Lebt unterirdisch in selbst gegrabenen Wohnröhren. Eigentlich sieht man nur das, was er an charakteristischen Lebensspuren auf dem Wattboden hinterlässt: Häufchen aus gedrehten Sandwürstchen (sein Kot) und daneben ein Loch im Wattboden. Das Loch ist ein Fraßtrichter: Darunter frisst der Wurm Sand oder Schlick, er lebt ähnlich wie unser Regenwurm im Garten von den im Sand vorhandenen Nährstoffen. Da, wo der Kothaufen liegt, kommt er regelmäßig nach oben, um die unverdaulichen Reste auszuscheiden. **WISSENSWERTES** Die auffälligen »Sandwürstchen« des Wattwurms bedecken riesige Flächen des Wattenmeeres.

2 Essbarer Seeigel
Echinus esculentus

- › gefürchtete Stachelkugeln
- › häufig an Hafenmolen
- › weidet Felsen ab

MERKMALE Bis 16 cm groß, meist aber deutlich kleiner. Violett, sehr stachelig und rund mit flacher Unterseite, hier befindet sich die Mundöffnung mit kräftigen Zähnen. **VORKOMMEN** In der Nordsee in Seegraswiesen, auf Felsböden, Algen und Steinen. **LEBENSWEISE** Bewegt sich mit zahlreichen, winzigen Saugnäpfchen fort, die zwischen den Stacheln hervorragen. So weidet er gemächlich Algen und kleine, festsitzende Tierchen von Pflanzen und Steinen ab. **WISSENSWERTES** In südlichen Ländern werden die Weichteile des Stachelhäuters gegessen (Name!). Begehrt sind seine Geschlechtsorgane, die früher sogar roh aus den Tieren herausgelutscht wurden. Auf einen Seeigel zu treten, ist äußerst schmerzhaft! Die Stacheln brechen dabei ab und injizieren ein zwar harmloses, aber brennendes Gift in die Wunde.

3 Gemeiner Seestern
Asterias rubens

- › hat fünf Arme und Augen
- › gefräßiger Räuber
- › kann Muschelschalen öffnen

MERKMALE Bis zu 30 cm großes Tier von eigentümlichem Bau. Es hat fünf sternförmig angeordnete Arme mit je einem roten Augenfleck an der Spitze, der Mund liegt auf der Unterseite (rechts). **VORKOMMEN** Häufig in Nord- und Ostsee, gern auf Muschelbänken. **LEBENSWEISE** Wirkt auf den ersten Blick friedlich, ist aber ein gnadenloser Räuber. Stülpt sich über seine Opfer, oft Muscheln, und zieht mit seinen Saugnäpfen unter den muskulösen Armen oft stundenlang die Schalen auseinander. Kann die Muschel dem Dauerzug nicht mehr standhalten, stülpt er seinen Magen in sie hinein und verdaut ihr Inneres. **WISSENSWERTES** Seesterne sind wegen ihrer Gefräßigkeit keine gern gesehenen Tiere auf Muschelbänken. Auch in Fischereinetzen machen sie sich flink über die gefangenen Fische her.

1

2

3a

3b

1 Hering

Clupea harengus

› schlank und silberglänzend
› von Seevögeln begleitet
› bildet »Heringsberge«

MERKMALE Bis zu 40 cm lang, schlank, silbrig glänzend, kurze Rückenflosse. **VORKOMMEN** Meeresfisch, im freien Wasser bis zu 250 m Tiefe. Bei uns in Nord- und Ostsee weit verbreitet. **LEBENSWEISE** Schwarmfisch. Frisst winzige Krebschen, Schnecken und Fischlarven. Die Eier sinken zu Boden, sie bilden hier dichte Teppiche. **WISSENSWERTES** Als »Heringsberg« bezeichnet man riesige Schwärme aus Tausenden Tonnen Fisch. Sie werden häufig von Tausenden hungriger Seevögel begleitet.

2 Dorsch, Kabeljau

Gadus morhua

› typisch: der Bartfaden
› »Dörrfisch«
› färbt sich passend zur Umgebung

MERKMALE Wird bei uns etwa 80 cm lang. Je nach Wohngebiet unterschiedlich gefärbt, meist grünlich, rötlich oder bräunlich gefleckt. Kräftiger Bartfaden am Unterkiefer. **VORKOMMEN** Meeresfisch, bei uns in Nord- und Ostsee. **LEBENSWEISE** Sowohl in Küstennähe als auch weit draußen im offenen Meer. Lebt am Meeresgrund, wo er mit dem Bartfaden Krebse, Würmer, Schnecken, Muscheln und Fische aufspürt. **WISSENSWERTES** Dorsch bedeutet »Dörrfisch«, seit den Tagen der Wikinger sind getrocknete Dorsche (»Stockfisch«) die Lebensgrundlage nordischer Völker.

3 Aalmutter

Zoarces viviparus

› ist kein Aal
› in flachen Küstengewässern
› »Gebärfisch«

MERKMALE Bis zu 50 cm lang, aalförmig, hinten spitz zulaufend, an Bauch und Rücken mit langen Flossensäumen. **VORKOMMEN** In flachen Küstengewässern, meist in 4–10 m Tiefe. Bei uns in Nord- und Ostsee. **LEBENSWEISE** Lebt als Grundfisch in Seegraswiesen und im Brackwasser an Flussmündungen. Frisst Würmer, kleine Krebse, Muscheln, Schnecken und Fische. **WISSENSWERTES** Diese Fische legen keine Eier (»Gebärfische«). Nach einer Tragzeit von vier Monaten bringen Aalmuttern bis zu 400 aalartige Junge zur Welt (Name!). Sie sind etwa 0,5 cm groß und leben als Grundfische am Boden.

4 Roter Knurrhahn

Chelidonichthys lucerna

› rot mit gepanzertem Kopf
› knurrt dumpf
› »läuft« am Meeresgrund

MERKMALE Bis zu 60 cm großer Fisch mit gepanzertem Kopf, oben rotbraun, an den Körperseiten orange. **VORKOMMEN** Bei uns in der Nordsee in 5–300 m Tiefe. Jungfische häufig in Küstennähe an Flussmündungen. **LEBENSWEISE** Meist als Bodenfisch am Meeresgrund, aber auch im freien Wasser, springt bisweilen weit aus dem Wasser. Frisst Fische und kleine Krebse. Knurrt hauptsächlich zur Paarungszeit. **WISSENSWERTES** Läuft mit seinen fingerartigen Bauchflossen auf dem Boden und ertastet Beutetiere.

1

2

3

4

1 Dicklippige Meeräsche
Chelon labrosus

- dicke Oberlippe
- von den Kanaren bis zur Nordsee
- in flachen Küstengewässern

MERKMALE Schlanker, bis zu 60 cm großer Fisch mit plattem Kopf und dicker, warziger Oberlippe. **VORKOMMEN** Sommergast in flachen Küstengewässern der Nord- und Ostsee, auch im Brackwasser der Flussmündungen. **LEBENSWEISE** Schwarmfisch, der gern über weichem Grund mit reichhaltiger Vegetation nach Nahrung sucht. Das sind Algen und kleine Bodentiere wie Schnecken, Krebschen und Würmer. Die Jungfische leben dicht unter der Wasseroberfläche, wo sie winzige Organismen (Plankton) aus dem Wasser filtern. **WISSENSWERTES** Lebt bevorzugt in gemäßigten Meeren vor der westafrikanischen Küste, den Kanarischen Inseln, Madeira und den Azoren. Im Sommer wandern die lebhaften Schwarmfische in Richtung Norden zu uns und bis an die skandinavischen Küsten.

2 Steinbutt
Scophthalmus maximus

- rund mit schiefem Maul
- liegt platt am Boden
- geschätzter Nutzfisch

MERKMALE Bis zu 1 m großer, fast kreisrunder, flacher Fisch mit schiefem Gesicht. Je nach Aufenthaltsort unterschiedlich gefärbt und dadurch vorzüglich getarnt. **VORKOMMEN** Nordsee und westliche Ostsee in 20–70 m Tiefe. **LEBENSWEISE** Am Boden, frisst hauptsächlich andere Grundfische. Die Jungen leben in flachen Küstengewässern. **WISSENSWERTES** Plattfische haben ihre Körperform in erstaunlicher Weise an das Leben am Meeresgrund angepasst: Ihre eine Körperhälfte (nicht der Bauch!) liegt am Boden, dadurch musste ein Auge zwangsläufig »nach oben wandern« und auch ein Teil der Mundöffnung. So entsteht das schiefe Gesicht der Plattfische. Ihre Jungen sehen noch aus wie normale Fische, erst später, wenn sie 12–13 mm lang sind, wandern Auge und Mundöffnung nach oben.

3 Scholle
Pleuronectes platessa

- rot gepunktet
- »Goldbutt«
- geschätzter Speisefisch

MERKMALE Meist 25–40 cm großer, ovaler Plattfisch (selten bis zu 90 cm) mit dem typischen, schiefen Gesicht. Färbung graubraun mit roten oder orangefarbenen Punkten. Wiegt bis zu 7 kg. **VORKOMMEN** Bei uns in Nord- und Ostsee vom Flachwasser bis in 200 m (meist 10–20 m) Tiefe. Meist auf sandigem Grund. **LEBENSWEISE** Vorzugsweise nachtaktiv, dann auch im flachsten Wasser von Lagunen und Flussmündungen. Frisst Krebse, Würmer und dünnschalige Muscheln. Kann sich nahezu unsichtbar machen, indem sie ihren Körper durch kräftige Flossenschläge mit Sand und Steinchen bedeckt. Im Wattenmeer findet man Schollen bei Ebbe (Niedrigwasser) häufig in überbleibenden Wasserrinnsalen. **WISSENSWERTES** Die Scholle (»Goldbutt«) ist einer der wichtigsten Nutzfische, der weltweite Jahresfang beträgt 100 000 bis 120 000 Tonnen.

1

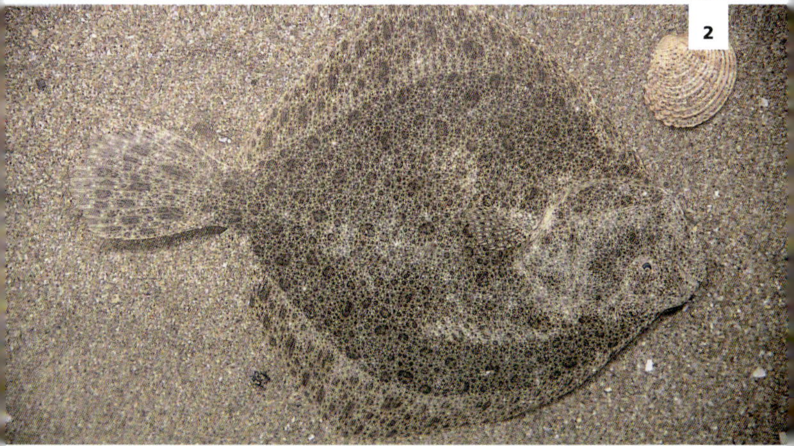
2

3

1 Weißwangengans, Nonnengans 134
Branta leucopsis

› weißes Gesicht
› Familien überwintern
› auf Salzwiesen und Weiden

MERKMALE Mittelgroße, schwarz-weiße Gans. **VORKOMMEN** Brutvogel der arktischen Tundra, bei uns hauptsächlich als Wintergast von Oktober bis April im Wattenmeer. **LEBENSWEISE** Frisst bei uns auf Salzwiesen des Wattenmeeres, aber auch auf Weiden und Äckern. Ruheplätze auf Sandbänken und im Watt. **WISSENSWERTES** Da die Weltpopulation sich im Winter auf Quartiere im europäischen Wattenmeer konzentriert, spielen unsere Küsten eine wichtige Rolle zum Schutz der hochnordischen Gänse.

2 Ringelgans 135
Branta bernicla

› Wintergast an der Küste
› oft in großen Scharen
› ruft »rott-rott« (»Rottgans«)

MERKMALE Kleinste (nur stockentengroße), dunkelste Gans mit weißem »Heck« und weißen Halbmondflecken an den Halsseiten. **VORKOMMEN** Als Brutvogel fast zirkumpolar an seenreichen Küsten des hohen Nordens, bei uns als Durchzügler und Wintergast von Oktober bis Mai im Wattenmeer. **LEBENSWEISE** Brütet kolonieweise in der Tundra, lebt auf dem Zug und im Winter von Seegräsern, Queller und Algen. **WISSENSWERTES** Bei Ebbe sieht man Ringelgans-Scharen in langen Ketten ins Watt zum Fressen fliegen, bei Flut kehren sie auf die Salzwiesen zurück.

3 Brandgans 136
Tadorna tadorna

› auffallend bunt
› brütet in Kaninchenhöhlen
› Küken in Kindergärten

MERKMALE Auffallend kontrastreich mit breitem, fuchsrotem Brustband, Männchen im Sommer mit karminrotem Schnabelhöcker. **VORKOMMEN** Brutvogel an Meeresküsten und Flussmündungen. **LEBENSWEISE** Legt zwischen fünf und zwölf Eier in Höhlen, z. B. Kaninchenbauten in Dünen. Viele Jungvögel werden zusammen von wenigen Altvögeln betreut (»Kindergärten«). **WISSENSWERTES** Von Juli bis September versammeln sich Zehntausende Brandgänse auf bestimmten Sandbänken der Nordsee, um hier ihr Gefieder zu erneuern. Während dieser Zeit sind sie flugunfähig.

4 Eiderente 137
Somateria mollissima

› Kopf keilartig
› liefert Daunen
› schätzt frische Muscheln

MERKMALE Massige, kontrastreiche Meeresente (links Männchen, rechts Weibchen), größer als Stockente, keilförmiger Schnabel. **VORKOMMEN** Brutvogel der Küsten, im Winter bei uns zusätzlich zahlreiche Gäste auf Nord- und Ostsee. **LEBENSWEISE** Ernährt sich von Muscheln und Krebsen. Taucht dabei bis zu 20 m (meist bis zu 6 m) tief. **WISSENSWERTES** Berühmt ist sie wegen ihrer hochwertigen Daunen, mit denen sie ihr Nest und wir unsere Federbetten auspolstern. Zum Gefiederwechsel konzentrieren sich Tausende Eiderenten an traditionellen Plätzen im Wattenmeer.

1

2

3

4a

4b

1 Austernfischer 138
Haematopus ostralegus

› frisst keine Austern
› ruft lautstark »kliieep!«
› wird über 35 Jahre alt

MERKMALE Etwa krähengroß. Unverwechselbar durch schwarzweißes Gefieder mit langem, rotem Schnabel und Beinen. **VORKOMMEN** Häufiger Brutvogel unserer Küsten, auch binnendeichs auf Wiesen und Weiden. **LEBENSWEISE** Bodennest mit drei Eiern. Zur Nahrungssuche stochert er mit seinem langen Schnabel im Watt nach Mies- und Herzmuscheln (nicht nach Austern!), Krebsen und Würmern. Nachbarn grenzen ihre Reviere mit gesenkten Köpfen und lautstarken Trillerturnieren gegeneinander ab. **WISSENSWERTES** Austernfischer führen mustergültige Dauerehen (bis zu 20 Jahre nachgewiesen) und brüten über viele Jahre am selben Platz. Auch die Jungvögel kehren an ihren Geburtsort zurück. Außerhalb der Brutzeit versammeln sie sich zu großen Trupps.

2 Säbelschnäbler 139
Recurvirostra avosetta

› aufwärts gebogener Schnabel
› im Seichtwasser der Küsten
› zur Brutzeit Scheinangriffe

MERKMALE Überwiegend weiß mit schwarzen Abzeichen, etwa taubengroß mit langem, aufgeworfenem Schnabel und langen, bläulichen Beinen. **VORKOMMEN** Brütet in wenigen Zentren an der Nordseeküste. Durch die hochspezialisierte Form der Nahrungsaufnahme an seichte Gewässer in Meeresbuchten oder an Flussmündungen gebunden. **LEBENSWEISE** Brütet in Kolonien, meist möglichst nah am Wasser. Nester aus zwei bis vier oder fünf Eiern am Boden auf Gras, Schlick oder Sand. Zur Nahrungssuche »säbeln« sie durch seichtes Wasser oder durch Schlick, dabei wird der Kopf seitwärts bewegt, der gebogene Schnabelteil leicht geöffnet. Zur Beute zählen Würmer, kleine Krebse und Insekten. **WISSENSWERTES** Starten während der Brutzeit Scheinangriffe auf potenzielle Nesträuber.

3 Seeregenpfeifer 140
Charadrius alexandrinus

› flotter Renner
› ruft weich »djet«
› an Stränden und in Dünen

MERKMALE Kaum größer als ein Spatz, aber mit längeren Beinen. Hell sandfarben und weiß mit wenigen schwarzen Flecken an Kopf und Hals. **VORKOMMEN** Brutvogel an sandigen Lebensräumen der Küste. **LEBENSWEISE** Legt drei Eier in eine schlichte, kleine Sandmulde ohne Nistmaterial. Männchen (links) und Weibchen (rechts) brüten abwechselnd. Die Küken verlassen das Nest bald nach dem Schlupf (Nestflüchter) und werden noch vier bis sechs Wochen von beiden Elternteilen geführt. **WISSENSWERTES** Während der Brutzeit locken die Altvögel Bodenfeinde in Nestnähe durch auffälliges Verhalten vom Nest fort: Entweder sie flitzen blitzschnell fort oder sie stellen sich verletzt und torkeln umher, um dann, kurz bevor sie erhascht werden, munter und schnell fortzufliegen. Seeregenpfeifer leiden wie wohl kaum eine andere Vogelart unter dem sommerlichen Badebetrieb an den Stränden.

1

2

3a

3b

1 | Alpenstrandläufer 141
Calidris alpina

› lebt nicht in den Alpen
› Watvogel der Nordsee
› bildet große Vogelwolken

MERKMALE Etwa starengroß mit langem Schnabel. Zur Brutzeit (links) unverkennbar mit auffälligem, schwarzem Bauchfleck. Im Winter (rechts) unten weiß und dann nicht leicht von anderen Strandläufern zu unterscheiden. **VORKOMMEN** Als Brutvogel auf Strandrasen und Weiden bei uns eher selten. Zur Zugzeit aber in riesigen Scharen im Wattenmeer der Nordsee. **LEBENSWEISE** Außerhalb der Brutzeit auf festen und feuchten Schlickflächen im Wattenmeer und an Flussmündungen. Lebt von Würmern, Schnecken, Muscheln und kleinen Krebsen. **WISSENSWERTES** Zur Zugzeit einer der häufigsten Watvögel an der Nordsee. Oft ist er mit anderen Strandläufern wie dem Knutt vergesellschaftet und verdunkelt dann zu Hunderttausenden den Himmel über dem Watt.

2 | Rotschenkel 142
Tringa totanus

› ist die »Stimme der Küste«
› »jodelt« im Gleitflug
› sitzt auf Zaunpfählen

MERKMALE Etwas größer als eine Amsel, mit langen, roten Beinen und langem, rotem Schnabel mit schwarzer Spitze. Beim Auffliegen wird ein weißer Rückenkeil sichtbar und der breite, weiße Flügelhinterrand. Rotschenkel-Rufe zählen zu den häufigsten Vogelstimmen an der Küste. **VORKOMMEN** In küstennahen Grasländern mit nicht zu hohem Pflanzenwuchs und feuchten Nahrungsgebieten in der Nähe. **LEBENSWEISE** Der Rotschenkel legt seine vier Eier in ein Bodennest, das gut in der Vegetation versteckt liegt. Er ernährt sich von kleinen Würmern, Krebsen und Muscheln. Zur Zugzeit in großen Trupps im Wattenmeer. **WISSENSWERTES** Fällt bei Spaziergängen an der Küste sofort auf mit seinen durchdringenden Jodlern »dahiddlahiddlahidl …«, flötenden Rufen »tjü-dü-dü« und harten Warnrufen »chip-chip«.

3 | Fluss-Seeschwalbe 143
Sterna hirundo

› graziler Stoßtaucher
› Langstreckenzieher
› brütet in Kolonien

MERKMALE Etwas kleiner, vor allem aber zierlicher und eleganter als eine Lachmöwe. Mit langen, spitzen Flügeln und langem, gegabeltem Schwanz. Typisch sind die durchdringenden »kriiieeää«-Rufe. **VORKOMMEN** An flachen Küsten wie dem Wattenmeer und an Flussmündungen. **LEBENSWEISE** Brütet in Kolonien von wenigen bis mehreren Tausend Brutpaaren auf ungestörten Sandbänken und Inseln der Küste. Typisch sind ihre langsamen Suchflüge über dem Meer: Hat die Fluss-Seeschwalbe einen Fisch erspäht, stößt sie pfeilschnell senkrecht nach unten ins Wasser. **WISSENSWERTES** Hält gemeinsam mit der sehr ähnlichen Küsten-Seeschwalbe den Rekord unter den Zugvögeln: Jedes Jahr im Frühling geht es vom Südzipfel der Erde bis in die arktischen Brutgebiete und im Herbst wieder zurück.

1a

1b

2

3

1 Lachmöwe 144

Chroicocephalus ridibundus

- häufigste Möwe im Binnenland
- in Städten futterzahm
- Brutkolonien an Süßgewässern

MERKMALE Etwa so groß wie eine Haustaube, aber schlanker. Trägt im Brutkleid (ab Frühjahr, links) eine schokoladenbraune Kapuze (wirkt von Weitem schwarz). **VORKOMMEN** Bei uns die häufigste Möwe des Binnenlandes, aber auch an der Küste. Brutkolonien befinden sich im Flachwasser-Bereich an Seen und Flüssen. Zur Nahrungssuche weit davon entfernt auf Wiesen, Äckern, in Städten und sogar an Mülldeponien. **LEBENSWEISE** Brutkolonien umfassen meist zehn bis 100 Paare. Feinde werden hier gemeinsam vertrieben. Die Nahrung ist vielseitig: zur Brutzeit hauptsächlich Regenwürmer, Käfer, Krebse und Aas von Kleintieren, im Winter auch vielfach Abfälle. **WISSENSWERTES** Kulturfolger des Menschen, der vom zunehmenden Ackerbau und von Mülldeponien profitiert.

2 Silbermöwe 145

Larus argentatus

- Großmöwe
- an Schiffen und in Häfen
- klagt »aau-aau-kjau-kjau-kjau«

MERKMALE So groß wie ein Bussard, weiß und hellgrau gefärbt mit gelbem Schnabel und rosafarbenen Beinen. Junge Möwen sind graubraun gefleckt. **VORKOMMEN** Häufigste Großmöwe an unseren Küsten. Folgt Schiffen und sitzt häufig in Fischereihäfen auf Pollern. **LEBENSWEISE** Brütet auf Strandwiesen, in Dünen und auf Felsen. Lebt von Fischen und Fischereiabfällen, Krebsen, Würmern sowie von Eiern und Jungvögeln anderer Seevögel. Im Winter oft zur Nahrungssuche in Häfen und auf Müllplätzen. **WISSENSWERTES** Anpassungsfähige und ideenreiche Möwe, die sich das jeweils günstigste Nahrungsangebot herausgreift: Fische, Brot oder Abfälle – notfalls räumt sie auch die Nester ihrer Brutnachbarn leer. Gibt es auch da nichts mehr zu holen, fastet sie kurzfristig.

3 Seehund 146

Phoca vitulina

- Junge sind Heuler
- ruht auf Sandbänken
- guter Taucher

MERKMALE Graue Robbe mit rundem Kopf und kurzer Schnauze. Bei Abwesenheit der Mutter »heulen« die Jungen. **VORKOMMEN** In ruhigen Küstengewässern der Nordsee mit Sandbänken. **LEBENSWEISE** Seehunde können bis zu 100 m tief und 30 Minuten lang tauchen. Dabei erbeuten sie in Küstennähe lebende Fische, Muscheln und Krebse. Zwischen April und Juli bringen sie ihre Jungen auf einsamen Sandbänken zur Welt und säugen sie dort noch etwa sechs Wochen lang. **WISSENSWERTES** Wie menschliche Säuglinge haben auch junge Seehunde in den ersten Wochen nach der Geburt einen empfindlichen Bauchnabel. Werden sie durch Schaulustige oder Wassersportler gestört, führt das fluchtartige Robben über den Sand oft zu Entzündungen und nicht selten zum Tod. »Heulende« Jungseehunde bitte nicht berühren. Meist kehrt die Mutter zurück, sobald der Mensch außer Sicht ist.

1a

1b

2

3

Extra — Tierspuren

Wespenspinne (S. 126)

KOKON Das bräunliche, ballonförmige, etwa 3–4 cm lange Gebilde ist ein sogenannter Kokon. Wespenspinnen bauen ihn im Spätsommer zwischen niedriger Vegetation und legen ihre 300–400 Eier hinein. In dem dicht gesponnenen Kokon schlüpfen noch im Herbst die Jungspinnen und überwintern dort vor Kälte, Regen, Schnee und Feinden geschützt bis in den Mai hinein. Die Kokons sind sehr robust und können noch nach Jahren die Anwesenheit der Spinnenart bezeugen.

Waldameise (S. 64)

AMEISENHAUFEN Waldameisen bauen an Waldrändern und in lichten Wäldern bis zu 1,5 m hohe, kuppelförmige Haufen. Die obersten Schichten sind mit Fichtennadeln bedeckt, das Innere besteht überwiegend aus Erde. Das Nest setzt sich unterirdisch in bis zu 2 m Tiefe fort. Im Nest finden sich zahlreiche Kammern, die über Gänge miteinander in Verbindung stehen. Je nach Witterung werden Eier, Larven oder Puppen in günstige Nestbereiche transportiert. In einem großen Bau leben bis zu 100 000 Tiere.

Rosengallwespe

ROSENGALLE An Trieben und auf Blättern von Wild- und Kulturrosen findet man häufig zottig behaarte, bis zu 5 cm großes Knäuel, die anfangs grünlich, später rot gefärbt sind. Hier handelt es sich um Pflanzengallen, die von den 3–4 mm langen Rosengallwespen *(Diplolepis rosae)* induziert werden. Im Inneren der Galle liegen mehrere Kammern, in denen sich jeweils eine Larve entwickelt und den Winter verbringt. Die Rosengalle wird auch „Schlafapfel" genannt, ihr wird eine schlaffördernd Wirkung nachgesagt.

Eichengallwespe

EICHENGALLE Ab Herbst fallen auf der Unterseite von Eichenblättern etwa 1–2 cm große, kugelrunde Gebilde auf, die anfangs grünlich, später zusätzlich rötlich und bräunlich gefärbt sind. Es sind Pflanzengallen, die von der Eichengallwespe (*Cynips quercusfolii*) stammen. Die Weibchen dieses wenige Millimeter großen Insekts stechen ihre Eier in die Blattnerven, woraufhin die Pflanze eine Galle bildet. Im Innern dieser Gallen entwickelt sich die Larve. Der Befall mit Pflanzengallen ist für die Eichen unschädlich.

Wiesen-Schaumzikade (S. 130)

SCHAUMNEST Von Mai bis August finden sich auf Wiesen 1–2 cm große. weißliche Schaumgebilde, die im Aussehen an Spucke erinnern. Lange wusste man nicht, woher diese Gebilde stammen, und gab ihnen Namen wie „Hexenspucke" und „Kuckucksspeichel". Im Innern des Schaums lebt die Larve der Wiesen-Schaumzikade und saugt an der Pflanze. Die Larve verarbeitet überschüssig aufgesaugte Pflanzensäfte sowie körpereigene Zusätze durch das Einpumpen von Luftbläschen zu schützendem Schaum. Der Befall mit Pflanzengallen ist für die Eichen unschädlich.

Libelle (S. 230/232)

EXUVIE In Gewässernähe lassen sich leere Hüllen (Exuvien) von Libellen finden. Libellen leben als Larven im Wasser, als erwachsene Tiere an Land. Beim Übergang von der einen in die andere Lebensweise kriecht die Larve an Land und verankert sich an der Unterlage. Dann reißt die Rückenhaut auf und in einem mehrere Stunden langen Prozess kriecht die fertige Libelle aus der Larvenhaut. Die leere Haut bleibt zurück. Exuvien lassen sich hervorragend sammeln und aufbewahren.

Blattroller

BLATTTÜTE An Laubbäumen und -sträucher finden sich eng in Längsrichtung zusammengerollte Blätter. Hier waren Käfer aus der Familie der Blattroller am Werk: Das Weibchen nagt dafür zunächst den Blattstiel an und zieht dann das Blatt mit den Beinen zusammen. Während der Arbeit legt es ein Ei zwischen die Wickellagen und verklebt diese mit einem rasch erhärtenden Sekret. Die aus dem Ei schlüpfende Larve ernährt sich vom Pflanzengewebe des Blattes. Die verschiedenen Blattrollkäfer-Arten sind jeweils auf bestimmte Bäume/Sträucher spezialisiert.

Haselnussbohrer

ANGEBOHRTE NUSS Im Herbst fallen Haselnüsse auf, die ein etwa 1–2 mm kleines, kreisrundes Loch aufweisen. Dies war die Larve des Haselnussbohrers (*Curculio nucum*): ein Weibchen legt ein Ei in die unreife Nuss, die sich normal weiterentwickelt. Im Innern jedoch frisst die Larve den Kern, zurück bleibt bröseliger, brauner Kot. Die ausgewachsene Larve bohrt das charakteristische Loch, um aus der Nuss zu schlüpfen und sich dann in der Erde zu verpuppen.

Borkenkäfer (S. 64)

FRASSSPUR Der Buchdrucker, einer der häufigsten Borkenkäfer, lebt an Fichten. Das typische Fraßbild entsteht so: Das Männchen nagt eine Kammer unter die Rinde einer Fichte, in die Weibchen gelockt werden. Das Weibchen nagt einen Gang in Faserrichtung des Holzes. In diesen Muttergang werden in regelmäßigen Abständen etwa 80 Eier gelegt. Die Larven fressen sich dann beiderseits senkrecht zum Muttergang durch die Rinde, zurück bleiben etwa 5 cm lange Gänge, an deren Ende sich die Larven verpuppen. Die Jungkäfer nagen sich schließlich nach außen.

Kastanien-Miniermotte

WELKES BLATT Viele Rosskastanien zeigen vorzeitig welkendes Laub, das früh vom Baum fällt. Ursache hierfür ist meist die Kastanien-Miniermotte (*Cameraria ohridella*). Dieser Kleinschmetterling legt seine Eier auf die Oberseite der Blätter. Die bis 4 mm langen Raupen fressen innerhalb des Blattgewebes, zurück bleiben bräunliche Fraßgänge. Am Ende eines jeden Fraßganges liegt eine kleine, rundliche Kammer, in der die Puppe ruht. Die Motten bilden bis zu 3 Generationen im Jahr.

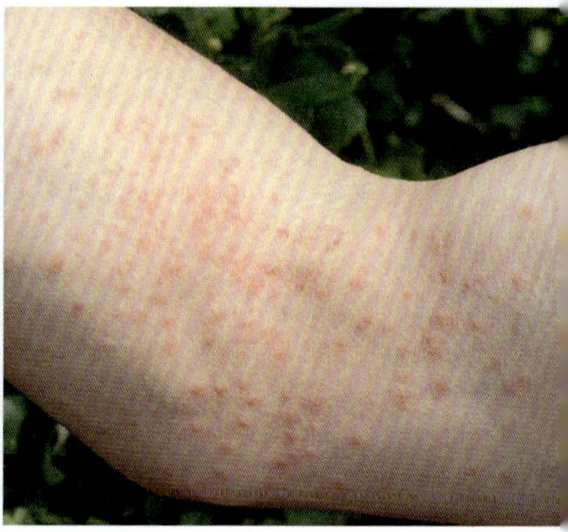

Eichen-Prozessionsspinner

(*Thaumetopoea processionea*) Auffällig und namengebend sind die Raupen: In langen Prozessionen ziehen sie von April bis Juni morgens und abends im „Gänsemarsch" zur Nahrungssuche. Besiedelt werden lichte, eichenreiche Wälder, daneben auch Eichenalleen und Parks.

NESSELAUSSCHLAG Gefürchtet ist das Massenvorkommen der Raupen: Die Raupen besitzen mikroskopisch kleine Brennhaare, die leicht abbrechen, in der Luft umherfliegen und schwere allergische Reaktionen (Hautausschläge, Atemnot) bei Menschen verursachen.

Gespinstmotten

RAUPENGESPINST Im Mai und Juni finden sich entlang von Wald-, Weg- und Straßenrändern vollständig kahlgefressene und mit einem dichten, weißen Gespinst überzogene Buschgerippe. Betroffen sind meist Weißdorn, Pfaffenhütchen, Traubenkirschen und Schlehen. Dieses Phänomen geht auf den Fraß von Gespinstmotten (*Yponomeuta* spec.) zurück, die in großer Anzahl auf den befallenen Büschen leben. Die abgestorben wirkenden Büsche erholen sich rasch und schlagen wieder aus.

Hornisse (S. 182)

NEST Hornissen bauen ihre Nester meist in Baumhöhlen, gerne auch in Vogelnistkästen und an dunklen Orten wie Dachböden und Schuppen. Die Königin beginnt im Frühjahr mit dem Nestbau, das gewaltige Ausmaße (bis 60 cm Höhe und 30 cm Durchmesser) erreichen kann, wenn zahllose Arbeiterinnen geschlüpft sind. Als Baumaterial dient morsches Holz, das zu einer papierähnlichen Masse zerkaut wird. Von außen wird eine muschelartig gemusterte Hülle angesetzt.

Wespe (S. 182)

NEST In Schuppen, Scheunen oder auch auf Dachböden finden sich frei hängende kugel- oder birnenförmige, graue Nester aus papierähnlichem Material. In den meisten Fällen stammen diese von der Sächsischen Wespe (*Dolichovespula saxonica*). Die Nester erreichen eine Größe von etwa 20 cm im Durchmesser. Das Einflugloch liegt am unteren Ende des Nests. Im Innern des Nestes liegen 3–6 in Etagen angeordnete Waben mit insgesamt bis zu 2000 Brutzellen.

Erdkröte (S. 242)

LAICHSCHNÜRE Erdkröten-Weibchen geben zur Fortpflanzungszeit im Frühjahr eine etwa 3–5 m lange, gallertige Laichschnur ab, die oft zwischen Wasserpflanzen gewickelt wird. Die Laichschnur ist 5–8 mm dick, in ihr befinden sich etwa 3000 bis 8000 schwarze, 1,5–2 mm große Eier. Aus den Eiern schlüpfen nach einer Entwicklungszeit von 2–3 Wochen kleine, ebenfalls schwarze Kaulquappen. Als Laichgewässer dienen Teiche, Uferbereiche von Seen und langsam fließende Altarme in Auwäldern.

Frosch (S. 244)

LAICHBALLEN In der Zeit von Februar bis April finden sich gallertige, etwa faustgroße Klumpen auf der Wasseroberfläche von Tümpeln und Teichen. Es handelt sich um die Eier von Gras- oder Moorfröschen. Diese Laichballen bestehen aus 1000 bis 4000 etwa 1 cm großen Gallertkugeln, in denen sich jeweils ein etwa 2 mm großes, überwiegend schwarzes Ei befindet. Nach etwa 2–3 Wochen schlüpfen Kaulquappen und entwickeln sich im Laufe von 2–3 Monaten zu kleinen Fröschen.

Ringelnatter (S. 244)

NATTERNHEMD Bei der pergamentartigen Schlangenhaut, die man mitunter finden kann, spricht man vom sogenannten „Natternhemd“: Schlangen wachsen während ihres gesamten Lebens, können dies aber nur, wenn sie von Zeit zu Zeit die verhornte Oberhaut abstreifen. Dabei platzt die Haut zunächst an der Schnauze auf. Dann kriecht die Schlange von vorne bis zur Schwanzspitze heraus, wobei sich die Haut komplett von innen nach außen umstülpt. Am Natternhemd lässt sich die Art bestimmen.

Neuntöter (S. 146)

BEUTE Neuntöter erbeuten größere Insekten wie Käfer, Hummeln, Libellen, Heuschrecken und Schmetterlinge, seltener auch Mäuse, Eidechsen und Jungvögel und spießen sie häufig auf Dornen und an Stacheldraht auf. Dieses Verhalten dient zum einen der Vorratshaltung, zum anderen der Fixierung, wodurch die Beute besser zerlegt werden kann. Der nahe verwandte Raubwürger jagt etwas größere Beute und klemmt sie eher in Astgabeln oder Rindenspalten fest.

Singdrossel (S. 196)

DROSSELSCHMIEDE Singdrosseln ernähren sich unter anderem von kleineren Gehäuseschnecken. Da sie diese nicht ohne weiteres mit dem Schnabel aufhacken können, greifen sie die Schnecken am Gehäuse-Mündungsrand und schlagen sie mit heftigen Kopfbewegungen auf eine harte Unterlage wie auf einen „Amboss", bis die Schalen zertrümmert sind. Wird diese sogenannte „Drosselschmiede" wiederholt genutzt, sammeln sich dort viele zerbrochene Schneckengehäuse.

Sperber/Habicht (S. 68)

RUPFUNG Sperber und Habichte rupfen einem erbeuteten Vogel jede Feder einzeln heraus. Dabei packen sie die Federn am Schaft und der Federkiel wird vollständig aus der Haut gerissen, Schädelreste, größere Knochen und die Beine bleiben am Kröpfplatz zurück. Ähnlich ist der Riss von Fuchs, Marder oder Katze, allerdings beißen sie die Federn in zusammenhängenden Büscheln ab, der untere Teil des Federkiels ist durchgebissen, Kopf und kleinere Knochen werden meist mitgefressen.

Amsel (S. 196)

NEST Amseln bauen ein napfförmiges Nest in einer Höhe von unter 3 m in Bäumen, Büschen, auf Dachbalken und in sonstigen Nischen. Die Basis des Nestes besteht aus dünnen Zweigen, Halmen und Moos. Der Außendurchmesser beträgt 10–16 cm, die Höhe 7–10 cm. Die Nestmulde wird mit feuchter Erde verkleistert und anschließend mit feinem Pflanzenmaterial wie Gräsern und feinen Wurzeln ausgekleidet. Das Gelege besteht meist aus 4 oder 5 Eiern.

Zaunkönig (S. 198)

NEST Das Zaunkönig-Männchen baut im zeitigen Frühjahr mehrere unfertige Nester zur Auswahl durch das Weibchen. Neststandort meist recht bodennah in Asthaufen, im Wurzelteller umgestürzter Bäume, in Höhlungen und Nischen. Das kugelförmige Außennest besitzt einen seitlichen Eingang, besteht aus Moos, trockenem Laub, Halmen und Ästchen und hat einen Durchmesser von etwa 15 cm. Das Weibchen kleidet das ausgewählte Nest mit weichen Materialien von innen aus.

Uferschwalbe (S. 254)

HÖHLEN Uferschwalben sind Koloniebrüter, die ihre Neströhren dicht an dicht in sandigen oder lehmigen, meist fast senkrechten Steilwänden an Flüssen, Meeresküsten aber auch Sand- und Kiesgruben mit freiem Anflug anlegen. Die bis etwa 1 m lange Niströhre erweitert sich am Ende zu einer etwa 10 cm großen, kugelförmigen Kammer, die mit trockenen Halmen, Federn, Haaren und dergleichen ausgepolstert wird. Das Einflugloch hat einen Durchmesser von etwa 5 cm.

Eisvogel (S. 254)

HÖHLE Eisvögel graben eine Bruthöhre meist in senkrechten oder überhängenden Steilufern von Bächen, Flüssen oder Seen, mitunter an geeigneten Stellen bis zu 1 km vom Gewässer entfernt. Der Boden wird mit dem kräftigen Schnabel gelockert und mit Beinen und Schwanz nach außen befördert. Höhleneingang etwa 5 cm im Durchmesser, die bis zu 1 m lange Röhre endet in einer rundlichen Nistkammer. Ist die Nisthöhle besetzt, ist der Eingangsbereich durch Kot verschmutzt.

Buntspecht (S. 74)

HÖHLE Buntspechte brüten in Wäldern, Parks und Gärten mit älterem Baumbestand in Baumhöhlen, die sie jedes Jahr neu in meist geschwächte Laub- und Nadelbäume zimmern. Das rundliche Einschlupfloch ist 4,5–5,5 cm im Durchmesser und führt in eine Kammer, die etwa 25–50 cm hoch ist und einen Innendurchmesser von 10–15 cm hat. Die Höhle kann in einer Stammhöhe von 1–25 m liegen, meist aber zwischen 4–8 m. Auch alle anderen heimischen Spechte zimmern Bruthöhlen in Baumstämme: Beim Kleinspecht misst das Einschlupfloch nur einen Durchmesser von 3–3,5 cm, beim Mittelspecht 3,5–4,5 cm. Beim viel größeren Schwarzspecht ist das Loch stets länglich und 10–17 cm hoch und 7–12 cm breit. Da Spechte jedes Jahr eine neue Höhle bauen, schaffen sie Wohngelegenheiten für höhlenlebende Tiere wie Meisen, Kleiber, Fledermäuse und andere.

EINGEKLEMMTER ZAPFEN Als „Spechtschmiede" wird der Platz bezeichnet, an dem Buntspechte die Zapfen von Nadelbäumen bearbeiten: Sie hacken einen Zapfen vom Baum und fliegen mit ihm an einen Baumstamm, in dessen Rinde sich der Zapfen festkeilen lässt. Entweder wählen die Spechte einen Stamm mit rissiger Borke (etwa eine alte Eiche), oder sie hacken mit ihrem Schnabel eine geeignete Ritze in den Stamm. Anschließend hacken sie mit ihrem meißelförmigen Schnabel auf den Zapfenschuppen herum, bis sie an die nahrhaften Samen gelangen. Am Ende hat der Zapfen ein grob zerzaustes Aussehen mit abgebrochenen oder umgeknickten Schuppen.

Schwarzspecht (S. 74)

KLEINHOLZ-HAUFEN Spechte ernähren sich hauptsächlich von Insekten und deren Larven und Puppen, die im Holz leben. Dazu hacken sie Löcher in Baumstämme. Besonders auffällig sind dabei die Spuren des Schwarzspechts: Er frisst bevorzugt die großen Rossameisen, die ihre Baue tief im Holz verborgen anlegen. Alte Baumstubben und morsches Holz werden bei der Nahrungssuche regelrecht zerlegt. Im Umfeld sammeln sich die herausgehackten Späne an, die eine Länge von 10–15 cm haben können.

Waldkauz (S. 70)

GEWÖLLE Eulen scheiden unverdauliche Nahrungsbestandteile wie Knochen, Fell, Federn, Zähne oder chitinisierte Insektenteile wieder aus und wir finden sie in Form eines ausgewürgten Speiballens, dem sogenannten Gewölle. Größe, Form, Inhalt und Fundort der Gewölle können Aufschlüsse über die Vogelarten und ihre Ernährung geben. Da die Magensäure von Eulen relativ schwach ist, finden sich in ihren Gewöllen gut erhaltene Knochen und Schädel der Beutetiere.

Maulwurf (S. 206)

HÜGEL Maulwürfe leben unter der Erde in weit verzweigten, bis zu 1 m tiefen Gang- und Kammersystemen. Das Aushubmaterial werfen sie mit ihren schaufelförmigen Vorderbeinen als Maulwurfshügel auf. Beim Anlegen der etwa 5 cm weiten Gänge finden sich in relativ regelmäßigen Abständen ziemlich gleichgroße, kegelförmige Erdhaufen mit einem Durchmesser von 10–20 cm. Größere Haufen entstehen, wenn unterirdische Nest- oder Vorratskammern angelegt und entsprechend mehr Boden ausgegraben wird.

Wühlmaus (S. 80/152)

GÄNGE Wühlmäuse (z. B. Feld-, Rötel-, Schermaus) legen unterirdische Gänge an, deren Verlauf man manchmal durch aufgewölbte Bahnen an der Erdoberfläche sehen kann. Außerdem finden sich mitunter rundliche, 3–4 cm große Ein- bzw. Ausgänge mit ausgeworfenem Bodenmaterial davor. Da Wühlmäuse auch im Winter aktiv sind und dann ihre Gänge direkt zwischen Boden und Schneedecke anlegen, liegt das verzweigte Gangsystem nach der Schneeschmelze gut sichtbar für den Spurensucher frei.

Wanderratte (S. 258)

KOT Der Kot von Wanderratten ist zylinderförmig und in der Größe sehr unterschiedlich, meist aber handelt es sich um etwa 12–18 mm lange und 5–6 mm dicke Kotpillen mit stumpfen, abgerundeten Enden. Die Kotabgabe erfolgt häufig an bestimmten Latrinenplätzen oder entlang von Wänden, wo sich dann erhebliche Mengen ansammeln können. Die meist etwas gekrümmte Losung der selteneren Hausratte mit etwa 10 mm Länge und 2–3 mm Dicke deutlich kleiner.

Fledermaus (S. 206/258)

KOT Fledermäuse hinterlassen dunkelbraune bis schwärzliche Kotwürstchen, die je nach Art 3–10 mm lang sind.
In Form und Farbe ähneln sie Mäusekot, sind aber nicht wie dieser fest, sondern krümelig. Der Kot von Fledermäusen besteht ausschließlich aus Insektenüberresten, während er bei Mäusen auch pflanzliche Bestandteile enthalten kann. Fledermauskot findet sich unter den Schlafplätzen auf Dachböden oder in Felshöhlen und in Fledermaus-Nistkästen.

Biber (S. 260)

NAGESPUR Biber ernähren sich vor allem von Rinde, Zweigen und Blättern. Um diese Nahrungsquellen zu erschließen, fällen sie ganze Bäume, vornehmlich Weiden, Pappeln, Birken und Eschen. Der Baumstamm wird etwa 0,5 m über dem Boden rundum benagt, sodass er sanduhrförmig immer dünner wird und schließlich umfällt. Rings um die Stammbasis liegen die 3–4 cm breiten und 10–12 cm langen, abgebissenen Holzspäne und geben einen Eindruck von der Nagekraft des Bibers.

Fischotter (S. 260)

SPUREN Auf schneebedeckten Abhängen oder Uferböschungen hinterlassen Fischotter beim Abwärtsgleiten auf dem Bauch regelrechte Rutschbahnen. Auch an Wasserlöchern eines schneebedeckten, zugefrorenen Teiches finden sich derartige Spuren. Auf weichem Boden und im Schnee sind zwischen den 5 Zehen die Abdrücke der Schwimmhäute zu sehen. Der Abdruck der Vorderpfote ist rundlich, ca. 6–7 cm lang, 6 cm breit, der der Hinterpfote 6–9 cm lang und ca. 6 cm breit.

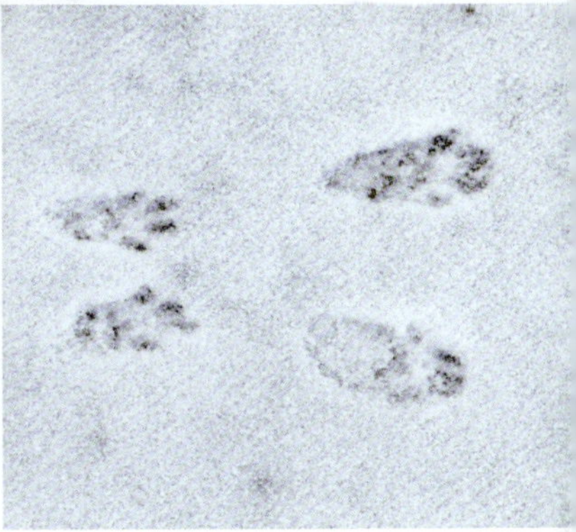

Eichhörnchen (S. 208)

KOBEL Eichhörnchen bauen zum Schlafen und zur Aufzucht der Jungen Baumnester, die als Kobel bezeichnet werden. Sie sind kugelförmig, 30–50 cm im Durchmesser und besitzen 1 oder 2 seitliche Einschlupflöcher. Die Kobel bestehen aus verflochtenen Zweigen, innen ausgepolstert mit Laub, Gras, Moos und aufgefaserter Borke. Sie werden im oberen Bereich von Bäumen nahe am Stamm auf einer Astgabel angelegt.

FRASSSPUR Die Samen von Nadelbäumen sind eine wichtige Nahrungsgrundlage. Um an die Samen zu gelangen, wird der Zapfen am oberen Ende mit den Vorderfüßen festgehalten, am unteren Ende beginnt das Eichhörnchen, die Samenschuppen mit den Zähnen rauszureißen, zur Mitte des Zapfens hin abzubeißen. Übrig bleibt eine unordentlich aussehende, zerfranste Zapfenspindel, an deren Ende meist einige Schuppen schopfartig unberührt bleiben.

TRITTSIEGEL Am Boden bewegen sich Eichhörnchen hoppelnd fort und es entstehen insbesondere im Schnee typische Sprunggruppen, in denen die 4 Pfoten voneinander getrennt trapezförmig abgedrückt werden: Die Abdrücke der Hinterpfoten liegen nebeneinander vor den ebenfalls nebeneinander liegenden, enger stehenden Vorderpfoten. Häufig endet die Fährte an einem Baumstamm, der dann erklettert wurde. Siehe auch S. 354.

Feldhase (S. 152)

SASSE Im Gegensatz zum verwandten Kaninchen leben Hasen als Einzelgänger und graben keine Erdbaue. Stattdessen verbringen sie ihre Ruhephasen in sogenannten Sassen: Dabei handelt es sich um eine leichte, gerade hasenkörpergroße, 10–12 cm tiefe Mulde im Boden oder Schnee. Oft ist der Boden sauber gescharrt und die blanke Erde sichtbar. Die Sasse liegt meist windgeschützt in einer Ackerfurche, hinter einem Grasbult oder in einer Böschung. Die Sasse dient den Hasen auch als Versteck, in der sie sich bei nahender Gefahr ducken und erst im letzten Augenblick herausspringen.

LOSUNG Die Losung von Hasen besteht aus nahezu runden, leicht zusammengedrückten Kotpillen mit 1,5–2 cm Durchmesser. An der Oberfläche sind deutliche Reste von Pflanzenteilen zu erkennen. Je nach Jahreszeit und Nahrungsangebot hat die Losung eine unterschiedliche Farbe und Konsistenz.

TRITTSIEGEL Hasen bewegen sich hoppelnd vorwärts, es entsteht eine typische Spurgruppe aus 4 getrennten Fußabdrücken: Die Hinterfüße werden direkt nebeneinander vor die Vorderfüße aufgesetzt, die ihrerseits hintereinander stehen. Die Abstände der Spurgruppen zueinander sind von der Bewegungsgeschwindigkeit abhängig. Siehe auch S. 354.

Kaninchen (S. 152)

BAU Die unterirdischen Bauanlagen der Kaninchen stehen durch ausgedehnte Gangsysteme miteinander in Verbindung. Kaninchenbaue finden sich in Dünen, auf Heideflächen, an Waldrändern, in lichten Wäldern und parkähnlichen Landschaften mit trockenen, sandigen Böden. Die Wohnkessel liegen etwa 50 cm unter der Erde und werden mit Heu, Haaren und Moos ausgepolstert. Kaninchenbaue haben zahlreiche Ein- und Ausgänge, deren Durchmesser 10–15 cm beträgt. Außerhalb der Röhren bildet der Aushub Bodenhaufen. Verlassene Kaninchenbauten können von erdbewohnenden Mardern wie Iltis oder Mink bewohnt und weiter ausgebaut werden, sodass sich auch in diesem Fall frische Grabungen finden.

LOSUNG Kaninchen hinterlassen kugelförmige Kotpillen, ähnlich wie Hasen, aber mit etwa 8–10 mm Durchmesser deutlich kleiner, außerdem dunkler und mit weniger groben Pflanzenfasern durchsetzt. Die Kotabgabe erfolgt häufig in Baunähe oder an bestimmten Latrinenplätzen.

TRITTSIEGEL Die Fährten von Kaninchen und Hasen ähneln einander, unterscheiden sich aber in den Maßen. Die Vorderpfote des Kaninchens ist z. B. ca. 3 cm lang, die des Hasen dagegen ca. 5 cm. Siehe auch S. 354.

Marder (S. 80/208)

LOSUNG Marderlosung ist meist fest, dünn-wurstförmig, spiralig gedreht und an einem Ende zu einer Spitze ausgezogen. Sie dient auch der Reviermarkierung und wird daher oft auf erhöhter Stelle abgesetzt. Die Losung von Stein- und Baummarder ist etwa 810 cm lang und 1 cm dick, die vom Iltis 6-–8 cm lang, vom Hermelin 3–4 cm lang und vom Mauswiesel entsprechend der Körpergröße noch kleiner. Die Losung besteht aus Haaren, Federn, Knochenstückchen und Insektenüberresten. Im Herbst fressen Marder auch gerne reife Beeren, die zu einer Verfärbung der Losung führen.

TRITTSIEGEL Beim Zweisprung werden die Hinterfüße in die Abdrücke der Vorderfüße gesetzt, es entstehen Sprunggruppen mit jeweils zwei leicht versetzt nebeneinander liegenden Abdrücken. Beim Dreisprung liegen die Abdrücke der Vorder- und Hinterpfote einer Seite ineinander, die der anderen leicht versetzt zueinander.
Siehe auch S. 356.

IM AUTO Steinmarder sind von Natur aus neugierig und verspielt, sie untersuchen spannende Gegenstände mit Pfoten und Zähnen. Dies könnte der Grund dafür sein, dass sie sich als „Automarder" im Motorraum über Kabel und Schläuche hermachen.

Dachs (S. 82)

BAU Dachse bewohnen umfangreiche, bis zu 5 m tiefe, unterirdische Baue mit weit verzweigten Gangsystemen in Laub- und Mischwäldern. Die Eingänge sind etwa 30 cm im Durchmesser und weisen eine typische „Rutschrinne" auf. Dachsburgen werden über mehrere Generationen hinweg von Familienverbänden bewohnt.

LATRINE Kennzeichnend für die Losung von Dachsen ist, dass sie in kleine, etwa 10 cm tiefe Gruben, den sogenannten Latrinen, abgesetzt wird. Die Losung ist je nach Nahrung trocken und wurstförmig oder breiig und enthält Reste von Haaren, Knochen, Insekten, Körnern und Beeren.

TRITTSIEGEL Dachse sind, wie wir Menschen Sohlengänger, das heißt, sie treten mit der gesamten Fußsohle auf. Da die Pfotenunterseite unbehaart ist, zeichnen sich die Ballen im Abdruck deutlich ab. Dem dreigelappten Mittelballen sind leicht bogenförmig die 5 Zehenballen vorgelagert, der Fersenballen wird meist nur bei den Hinterpfoten aufgesetzt. Die langen Krallen der Vorderpfote stehen im Trittsiegel bis zu 2–3 cm vor den Zehenballen. Abdruck der Vorderpfote ohne Fersenballen ca. 5 cm lang und 4 cm breit, der der ganzen Hinterpfotensohle 6–7 cm lang und 4 cm breit.
Siehe auch S. 356.

Rotfuchs (S. 82)

BAU Füchse bauen in Wäldern und deckungsreichen Feldgehölzen einen unterirdischen Erdbau, der aus einem verzweigten Gangsystem mit mehreren Ausgängen und einem Wohnkessel besteht. Mitunter kann es aber auch eine einfache Aushöhlung sein. Vor dem Ausgang bildet sich aus dem ausgegrabenen Boden ein relativ regelmäßiger, fächerförmiger Wall. Durchmesser der Eingangsröhre anfangs 20–25 cm, im Laufe der Jahre größer. Bewohnte Fuchsbaue weisen einen intensiven Raubtiergeruch auf, in unmittelbarer Nähe finden sich oft Beutereste.

LOSUNG Die Losung ist wurstförmig, etwa 6–10 cm lang und 1,5–2 cm dick. Sie wird häufig erhöht abgesetzt, da sie der Reviermarkierung dient. Meist ist sie an einem Ende schraubenförmig oder spitz ausgezogen und weist einen starken Raubtiergeruch auf. Die Fuchslosung besteht aus Überresten von Haaren, Knochenstückchen, Federn, Insekten- oder Pflanzenteilen. Im Herbst fressen Füchse gerne Beeren, die die Losung bläulich oder rötlich verfärben.

PERLENSCHNÜRUNG Häufigste Gangart von Füchsen ist der Trab, bei dem die Hinterfüße genau in die Abdrücke der Vorderfüße gesetzt werden und die linken und rechten Pfoten auf einer Linie liegen – die Abdrücke sind wie auf eine Schnur gezogen, man spricht vom „Schnüren". Siehe auch S. 356.

Wildschwein (S. 84)

SUHLE Wo Wildschweine leben, finden sich meist zerwühlte und stark zertretene Schlammpfützen, die sogenannten Suhlen. Hier nehmen die Tiere regelmäßig ausgiebige Schlammbäder. Die Feuchtigkeit kühlt, während der Schlamm vermutlich der Bekämpfung von Hautparasiten sowie dem Schutz vor stechenden Insekten dient.

SCHUBBERBAUM In Wildschweinrevieren finden sich regelmäßig Bäume, die in einer Höhe von 0,5–1 m deutliche Scheuerstellen aufweisen. Diese Scheuerbäume werden als Malbäume bezeichnet. Nach dem Schlammbad in einer Suhle schubbern sich die Wildschweine ausgiebig an immer den gleichen Bäumen. Die Rinde ist abgerieben, der Stamm mit Schlamm verkrustet und es haften Wildschweinborsten daran. Das Scheuern dient der Haut- und Fellpflege, der Malbaum hat außerdem eine wichtige Bedeutung als Markierungspunkt im Revier.

TRITTSIEGEL Wildschweine sind Paarhufer, die bei allen Gangarten neben den beiden Schalenabdrücken auch einen deutlichen Abdruck der beiden Afterklauen hinterlassen. Das Trittsiegel ist trapezförmig, da die Abdrücke der Afterklauen seitlich abgespreizt von den Schalenabdrücken sitzen. Oftmals sind die beiden Abdrücke knapp gegeneinander verschoben.
Siehe auch S. 354.

Reh (S. 84)

LOSUNG Die „Winterlosung" ist aufgrund der trockenen Nahrung (Knopsen, Triebe) entsprechend trocken und besteht aus 10–14 mm langen und 7–10 mm dicken, walzen- oder fast kugelförmigen, schwärzlich-braunen Kotbohnen. Die „Sommerlosung" ist durch die saftige Nahrung (Kräuter, Gräser, Blätter, Beeren) entsprechend feucht, die einzelnen Kotbohnen klumpen zusammen, mitunter ist der Kot auch breiig.

FEGESPUR Rehböcken wächst jedes Jahr ein neues Geweih. Es ist zunächst von einer durchbluteten Basthaut umgeben, die später austrocknet und sich vom Knochen löst. Die Tiere wetzen die Haut dann an Sträuchern und jungen Bäumen ab, man sagt sie „fegen" ihr Geweih. An Bäumen und Sträuchern kann man dann heftige Rindenverletzungen mit herabhängenden Rindenfetzen sowie gebrochene, abgeknickte oder abgerissene Zweige als Spuren erkennen.

TRITTSIEGEL Rehe sind Paarhufer, die zu den sogenannten Zehenspitzengängern zählen. Die Hufe sind Hornschuhe und bestehen aus zwei sogenannten Schalen, das Trittsiegel besteht daher im Wesentlichen aus den Abdrücken dieser beiden schmalen, spitz zulaufenden Schalen. Siehe auch S. 354.

Damhirsch (S. 84)

GEWEIHFUND Einmal jährlich werfen Damhirsche (April/Mai), Rothirsche (Februar–April) und Rehböcke (Oktober–Dezember) ihr Geweih ab. Ein Geweih besteht aus jeweils zwei verzweigten Knochenausbildungen, die als Stangen bezeichnet werden. Meist finden sich die abgeworfenen Stangen einzeln. Die Geweihe der bei uns vorkommenden Arten unterscheiden sich eindeutig, Größe und Anzahl an Enden des Geweihs geben Auskunft über das Alter des Tieres.

Rothirsch (S. 84)

VERBISS Das Abfressen von Baumrinde wird als „Schälung" bezeichnet. Je nach Jahreszeit entstehen dabei unterschiedliche Fraßbilder: Bei der „Winterschälung" sitzt die Rinde fest am Holz und muss mühsam abgeknabbert werden. Zurück bleiben etwa 5 mm breite Furchen auf der Stammoberfläche als Abzeichen der Vorderzähne (wie im Bild). Bei der „Sommerschälung" hingegen sitzt die Rinde relativ locker am Holz und kann in längeren Streifen abgezogen werden.

1 Rothirsch (S. 84)

- Trittsiegel breit-oval
- 6–9 cm lang und 4–7 cm breit
- Schrittlänge 80–150 cm

In Wäldern. Beim Gehen und Traben stellt der Rothirsch die Hinterhufe in etwa in die Abdrücke der Vorderhufe (s. Abb.). In deutlichen Abdrücken zeichnet sich der Ballen ab, er nimmt etwa ein Drittel des Trittsiegels ein. Auf der Flucht im Galopp und beim Sprung sind die Hufe stark gespreizt, die Abdrücke liegen dann hintereinander.

2 Reh (S. 84, 352)

- Trittsiegel länglich herzförmig
- 4–5 cm lang und 3 cm breit
- Schrittlänge 60–90 cm

In Wäldern, auf Feldern. Häufigste Gangarten: Gehen und langsamer Trab. Dabei setzt das Reh die Hinterhufe in die Abdrücke der Vorderhufe (s. Abb.), die Trittsiegel sind nach außen gewandt. Auf der Flucht galoppieren und springen Rehe. Die Hufe sind dann V-förmig gespreizt, die Abdrücke liegen hintereinander.

3 Wildschwein (S. 84, 351)

- Trittsiegel mit Afterklauen
- 3–5 cm lang und 7–9 cm breit
- Schrittlänge 35–45 cm

Typisch ist der Abdruck der Afterklauen (das sind zwei weiter oben am Fuß sitzende Zehen). Typische Gangarten: Gehen und Trab. Dabei setzt das Tier die Hinterhufe in die Abdrücke der Vorderhufe oder knapp dahinter. Man sieht den Abdruck aller vier Afterklauen (s. Abb.). Beim Galopp sind die Hufe stark gespreizt, die Abdrücke liegen hintereinander.

4 Feldhase (S. 152, 346)

- Vorderfuß rundlich, Hinterfuß länglich
- Trittsiegel Vorderpfote 5 cm lang, 3 cm breit
- Trittsiegel Hinterpfote 7–12 cm lang, 3,5 cm breit

In offenen Kulturlandschaften. Hasen bewegen sich immer hoppelnd. Die Trittsiegel der länglichen Hinterpfoten liegen nebeneinander vor den ebenfalls nebeneinander gestellten Trittsiegeln der Vorderpfoten (s. Abb.). Je schneller der Hase, umso größer ist der Abstand zwischen den Spurgruppen – er kann bis zu 3 m betragen. Spuren des Kaninchens ähnlich, nur kleiner und kürzer.

5 Eichhörnchen (S. 208, 345)

- Vorderfuß vier Zehen, Hinterfuß fünf Zehen
- Trittsiegel vorne 3–4 cm lang, 1,5–2 cm breit
- Trittsiegel hinten 4–5 cm lang, 2,5–3,5 cm breit

Die Trittsiegel der größeren Hinterpfoten liegen nebeneinander vor den ebenfalls nebeneinander gestellten Trittsiegeln der Vorderpfoten (s. Abb.). Da der Abstand zwischen den Hinterpfoten größer ist, entsteht so die typische, trapezförmige Spurgruppe.

hinten
vorne
hinten
vorne

1 Rotfuchs (S. 82, 350)

- Trittsiegel mit Haupt-, vier Zehenballen und Krallen
- 5 cm lang, 4,5 cm breit
- Schrittlänge 70–80 cm

Der Fuchs bewegt sich meist im Trab. Vorder- und Hinterpfote sind etwa gleich groß. Er setzt die Hinterpfoten in die Abdrücke der Vorderpfoten, deshalb liegen die Abdrücke der rechten und linken Pfoten wie an einer Schnur aufgereiht (»Schnüren«, s. Abb.). Fuchsspuren sind leicht mit denen von Hunden zu verwechseln. Die vom Fuchs sind aber kleiner und schmaler, die beiden mittleren Zehenballen liegen etwas weiter vorne als beim Hund (kleine Abb.).

2 Dachs (S. 82, 349)

- Hauptballen, fünf Zehenballen, Krallen
- 5–7 cm lang, 3,5–5 cm breit
- Schrittlänge 30–80 cm

In Laub- und Mischwäldern. Wichtiges Merkmal: Die Krallen drücken sich deutlich vor den Ballen ab. Typisch ist die leichte Innenwendung der Pfotenabdrücke. Häufigste Fortbewegungsart des Dachses ist der behäbige Gang. Dabei setzt er die Hinterpfoten etwas nach hinten versetzt in die Abdrücke der Vorderpfoten (s. Abb.).

3 Marder (S. 82, 208, 348)

- Hauptballen, fünf Zehenballen und Krallen
- 3,5–5 cm lang, 3–4 cm breit
- Schrittlänge 40–80 cm

In Wäldern, Feldern und Dörfern. Die häufigste Fortbewegungsweise der Marder am Boden ist der »Zweisprung«: Dabei setzen sie ihre Hinterpfoten genau in die Abdrücke der Vorderpfoten (s. Abb.). Flüchtende Marder hinterlassen meist alle vier Pfotenabdrücke.

4 Katze

- Trittsiegel fast rund, Hauptballen, vier Zehenballen
- 2–3,5 cm lang, etwa 3 cm breit
- Schrittlänge 35–45 cm

Im Abdruck sind meist keine Krallen zu sehen, weil sie beim Laufen eingezogen sind. Beim Traben setzt die Katze ihre Hinterpfoten genau in die Abdrücke der Vorderpfoten. Deshalb liegen die Abdrücke der rechten und linken Pfoten wie an einer Schnur aufgereiht (s. Abb.).

5 Igel (S. 206)

- Trittsiegel mit fünf Zehen und langen Krallen
- 2,5 cm lang, etwa 3 cm breit
- Schrittlänge 20–25 cm

Da der »Daumen« recht kurz ist, hinterlässt er oft keine Spur; das Trittsiegel kann dadurch vierzehig aussehen. Meist geht der Igel gemächlich voran. Dabei setzt er seine Hinterfüße hinter die Abdrücke der Vorderfüße. Im Trab aber setzt er die Hinterfüße in die Vorderfuß-Spuren hinein oder davor.

hinten
vorne
Hund

Register

Register

Register

Register

Das kostenlose Extra:
Die App „KOSMOS PLUS“

Dieses Buch bietet Ihnen 146 Tierstimmen, die im Buch durch dieses Symbol 021 gekennzeichnet sind.

UND SO GEHT'S:

1. Besuchen Sie den App Store oder Google Play.
2. Laden Sie die kostenlose App „KOSMOS PLUS“ auf Ihr Mobilgerät.
3. Öffnen Sie die App, schalten Sie die Inhalte mit dem Code LYNX frei und laden Sie die Inhalte für das Buch „Kosmos Naturführer für unterwegs“ herunter.
4. Auf den Seiten mit dem Symbol 021 können Sie die Stimmen anhören. Dazu geben Sie den dort genannten Zahlen-Code in die App ein.

Weitere Informationen finden Sie unter plus.kosmos.de

Mehr entdecken, mehr verstehen

DAS KOSMOS VERSPRECHEN

Expertenwissen seit 1822

Welches Thema dich auch begeistert – auf unsere Expertise kannst du dich verlassen. Und das schon seit über 200 Jahren.

Unser Anspruch ist es, dich mit wertvollem Rat zu begleiten, dich zu inspirieren und deinen Horizont zu erweitern.

BEGEISTERUNG DURCH KOMPETENZ

Unsere Autorinnen und Autoren vereinen professionelles Know-how mit großer Leidenschaft für ihre Themen.

WISSEN, DAS DICH WEITERBRINGT

Leicht verständlich, lebensnah und informativ für dich auf den Punkt gebracht.

SACHVERSTAND, DEN MAN SEHEN KANN

Mit aussagestarken Fotos, Zeichnungen und Grafiken werden Inhalte besonders anschaulich aufbereitet.

QUALITÄT FÜR HEUTE UND MORGEN

Dafür sorgen langlebige Verarbeitung und ressourcenschonende Produktion.

Du hast noch Fragen oder Anregungen?
Dann schreibe uns: kosmos.de/servicecenter

Impressum

BILDNACHWEIS
Alle Farbfotos von **Frank Hecker**, außer
Bellmann, Heiko/Frank Hecker: 35 u l, 39 m, 45 u l, 117 u l, 163 m l, 165 o r, 329 o l, 330 o l, 330 o r, 332 o l, 332 o r, 335 o r, 335 u r
Bethge, Günter: 283 u
Buchhorn, Wolfgang/Frank Hecker: 77 o, 77 u, 191 u, 247 o r, 253 u, 341 o l
Danegger, Manfred: 83 u, 293 u
Laux, Hans E.: 11 u, 37 o l, 37 o r, 37 m l, 45 m l, 47 o l, 103 u, 109 u, 113 m r, 159 m, 161 o, 219 u, 265 m, 267 o, 271 m l, 277 m l, 277 m r, 279 m l, 279 u l
Limbrunner, Alfred: 69 o, 69 m, 71 m, 73 m, 77 m l, 77 m r, 143 u l, 193 u, 207 u l, 209 u r, 253 m r, 259 o, 261 o, 283 o l, 283 o r, 283 m, 285 o l, 287 o, 287 m r, 291 o l, 291 o r
Mestel, Eckhard/Frank Hecker: 73 o l, 79 m l, 83 o, 85 m r, 85 u l, 145 u, 153 o r, 199 o, 199 u r, 205 u l, 205 u r, 209 o, 247 m, 247 u l, 247 u r, 285 m l, 285 m r, 285 u l, 285 u r, 319 m l, 319 m r, 321 o, 323 o l
Wolfgang Lang: alle 10 s/w Schemenzeichnungen

Umschlaggestaltung von Jorge Schmidt, München, unter Verwendung eines Fotos von Frank Hecker. Das Foto zeigt einen Laubfrosch.

Unser gesamtes lieferbares Programm finden Sie unter **kosmos.de.**
Über Neuigkeiten informieren Sie regelmäßig unsere Newsletter, einfach anmelden unter **kosmos.de/newsletter**

MIX
Papier | Fördert gute Waldnutzung
FSC® C110508

* Quelle: Media Control MC Metis, DACH, FY 2025, WG 42-Natur, Umsatz

Gedruckt auf chlorfrei gebleichtem Papier

8. Auflage

Pfizerstraße 5–7, 70184 Stuttgart
kosmos.de/servicecenter

ISBN 978-3-440-18494-3
Redaktion: Ben Boden
Grundlayout: Peter Schmidt Group GmbH, München, überarbeitet durch Walter Typografie und Grafik GmbH Würzburg
Satz: typopoint GbR, Ostfildern
Produktion: Markus Schärtlein
Druck und Binden: Westermann Druck, Zwickau
Printed in Germany / Imprimé en Allemagne

EIBE (S. 164) Alle Teile außer rotem Samenmantel stark giftig. Symptome: Erbrechen, schmerzhafte Koliken, Schwindel. Potenziell tödlich durch Atemlähmung.

SADEBAUM Alle Teile stark giftig Symptome: Hautentzündungen, Übelkeit, Erbrechen, heftiger Durchfall, Bewusstlosigkeit. Potenziell tödlich durch Atemlähmung.

THUJA (S. 164) Insbesondere Zweigspitzen, Zapfen und Holz aller Thuja-Arten stark giftig. Symptome: Äußerlich Hautreizungen und Ekzeme, innerlich Übelkeit, Krämpfe, Durchfall, Bewusstlosigkeit. Potenziell tödlich.

ILEX (S. 46) Sowohl die Blätter als auch die appetitlich anmutenden Beeren sehr stark giftig. Symptome: Übelkeit, Erbrechen, Durchfall, Herzrhythmusstörungen. Potenziell tödlich.

EFEU (S. 172) Blätter und Früchte giftig. Symptome: Übelkeit, Erbrechen, Kopfschmerzen, Fieber. Potenziell tödlich, aber sehr bitter, daher wird man kaum eine letale Dosis verzehren.

BUCHSBAUM (S. 164) Alle Teile dieser häufigen Gartenpflanze, insbesondere Blätter und Früchte stark giftig. Symptome: Übelkeit, Erbrechen, Schwindel, Durchfall, Krämpfe, Kollaps.